Ulf Brandes

Social Energy

Für die Gestalter der neuen Arbeitswelt
Ein Inspiratorial

Campus Verlag
Frankfurt/New York

Dieses Werk wurde vermittelt durch Aenne Glienke/Agentur für Autoren und Verlage
www.AenneGlienkeAgentur.de

ISBN 978-3-593-50674-6 Print
ISBN 978-3-593-43568-8 E-Book (PDF)
ISBN 978-3-593-43591-6 E-Book (EPUB)

Copyright © 2018 Campus Verlag GmbH, Frankfurt am Main.
Umschlaggestaltung: total italic, Thierry Wijnberg, Amsterdam/Berlin
Illustrationen: Manuel Dorn, Frankfurt/Berlin
Satz: Fotosatz L. Huhn, Linsengericht
Gesetzt aus: Minion und DIN
Druck und Bindung: Beltz Bad Langensalza
Printed in Germany

www.campus.de

Inhalt

Räume öffnen für Kulturwandel

Wie gedeihen Organisationen auch in Krisen? In welchen Formen von Gemeinschaft gelingt gemeinsame Entwicklung? Diese Fragen beschäftigen mich seit dem Ende des »New Economy«-Booms der 1990er Jahre. Insbesondere interessiert mich, ob überlebensfähige, »resiliente« Unternehmenskulturen so etwas wie einen gemeinsamen Nenner haben – günstige Umstände, besondere Organisationsweisen, Methoden oder Führungsstile etwa. Heute bin ich mir sicher: Ob eine Unternehmenskultur resilient und veränderungsfähig ist, ist keine Frage der Umstände, es ist eine Entscheidung. Eine Entscheidung für Freiheit, Leichtigkeit und Klarheit – oder für das Gegenteil, etwa für Unterordnung, Schwere und Intransparenz. Eine Entscheidung für ein Arbeitsumfeld, in dem alle Beteiligten aufblühen, oder für ein Umfeld, in dem sich jeder durchmogelt und verstellt. Für ein Betriebsklima, das uns erfüllt und voranbringt oder krank macht und ausbremst.

Innovation, Entwicklung und Veränderung brauchen lebendiges, gemeinsames Engagement – kraftvolle Vitalität, die den Unterschied ausmacht, ob gemeinsam etwas wirklich Bedeutsames entsteht oder wir nur das Immergleiche hervorpressen; den Unterschied, ob wir uns auf Veränderungen einlassen und sie vorantreiben oder uns in unseren Komfortzonen einigeln; den Unterschied, ob Organisationen im ständigen Wandel der Welt wie gesunde Bäume flexibel und kraftvoll in die Höhe sprießen oder starr wegbrechen, wenn Herbststürme und Schneelasten ihnen zusetzen.

Gemeinschaftsleistung und nachhaltiger Kulturwandel erfordern ein echtes Miteinander. Denn wir stehen gemeinsamer Kraft und Wirkung im Weg, wenn wir unverbunden und teilnahmslos nebeneinanderher arbeiten, oder gar gegeneinander. Ohne eine kritische Revision unserer heutigen Annahmen und Grundhaltungen, die unser Verhalten leiten, bleiben moderne »agile« Arbeitsweisen wie Scrum, Design Thinking & Co. genauso leblos wie Hierarchie, Rivalität, »politische« Kämpfe und all die anderen Begleiterscheinungen der traditionellen Arbeitswelt. Dies ist die Realität in allzu vielen Unternehmen – leider.

Doch mit einseitigen Appellen zum Kulturwandel sind im Grunde beide Seiten überfordert: die Initiatoren, die Veränderung wollen, mit dem Vermeidungsverhalten der »Unwilligen«; und die »Unwilligen«, die sich verändern sollen, mit dem äußeren Druck, mit dem sie nicht einverstanden sind und vor dem ihre natürlichen Reflexe sie schützen wollen. Allein schon in Selbstbildern wie »Initiatoren« und »Hüter des Status quo« liegt eine Abgrenzung, ein »Wir« gegen »Die«, als müsse man dem anderen etwas abtrotzen. So gehen wir Abkürzungen und versuchen mit Druck zu erreichen, was sich von selbst scheinbar nicht einstellen will. Und hintertreiben auf diese Weise womöglich schon im Ansatz die Kultur, die wir eigentlich anstreben.

In drei Jahrzehnten intensiver Projekte und Begegnungen mit Menschen in vielen Winkeln der Welt habe ich eine klare Gewissheit gewonnen: Kraftvolle Veränderung und echtes Miteinander sind jederzeit möglich. Doch ohne Social Energy – ohne freiwilliges, lebendiges Engagement *aller* Beteiligten – wird Kulturwandel nicht selten zu einem Akt der Zwangsbeglückung. Einer selbstorganisierenden, innovativen, gemeinschaftlichen, kundenorientierten, resilienten oder ähnlich angestrebten Kultur fehlt ohne ein solches lebendiges Miteinander der Nährboden.

Zeitlebens habe ich mich gefragt, weshalb wir Menschen uns oft nicht so »rational« verhalten, wie es doch »sachlich« wünschenswert scheint, und ich habe wieder und wieder versucht, menschliches Verhalten durch Beobachtung und Einfühlung besser zu verstehen. Heute weiß ich: Die Frage ist nicht, wie wir endlich voll und ganz rational werden – sondern wie wir gut mit all dem umgehen, was uns als Menschen ausmacht. Der heute auf dem Gebiet der Ökonomik und Verhaltensforschung stattfindende Paradigmenwechsel vom stets rational-egoistischen Homo oeconomicus zu einer Sichtweise des Menschen als intelligentem, emotionalem Gemeinschaftswesen hat in meinem Leben eine Fährte gelegt, der ich bis heute begeistert und dankbar folge – beflügelt unter anderem durch meinen damaligen VWL-Professor Reinhard Selten und den Pionier der Verhaltensökonomik Richard Thaler, der für seinen Beitrag zu einer menschlicheren Wirtschaftswissenschaft 2017 mit dem Wirtschaftsnobelpreis geehrt wurde. Diesen Paradigmenwechsel, dieses tiefgreifende Umdenken beobachte ich auch in vielen Unternehmen und Organisationen. Hieraus schöpft dieses Buch.

Denn was uns als Mensch neben Verstand und Eigennutz noch alles ausmacht – etwa Intuition, Empathie und Gemeinschaft –, kann Großes mobilisieren und damit betriebliche Ergebnisse enorm fördern. Wir verspielen ein enormes Potenzial und womöglich unsere Zukunft, wenn die überwiegende Mehrzahl der abhängig Beschäftigten allen einschlägigen Studien zufolge in Demotivation, innerer Kündigung und Krankenständen ihr Leben vergeudet, statt kraftvoll und lebendig ihr Bestes zu geben. Gleichzeitig können wir beispielsweise bei ehrenamtlicher, freiwilliger Arbeit gerade für gemeinnützige oder künstlerische Zwecke immer wieder erleben, dass Menschen begeistert Großes leisten. Hier – wie auch in immer mehr begeisternden Unternehmensbeispielen wie etwa den vier »Impulsen aus der Praxis« zwischen den Kapiteln dieses Buches – finden sich Räume, in denen Intuition, Empathie und Gemeinschaft ihre ganze Kraft entfalten.

Was wäre, wenn in unserer Arbeitswelt Intuition, Empathie, Gemeinschaft und damit Social Energy mehr Raum bekämen? Solche Aussichten auf mehr gemeinsame Kraft begeistern viele, und ich würde behaupten, es gibt keinen Führungskreis – ob Konzern, Mittelstand oder Behörde –, der sich derzeit nicht Gedanken machte, welche Kultur er sich für seine Organisation zukünftig wünscht. Dennoch bleibt »der Change« konzeptionell meist ein klassisches Projekt mit eher rationalen Strategien und Methoden und scheut zumindest in der Wahl der Mittel und Wege häufig noch vor Intuition, Empathie, Gemeinschaft und ähnlichen soften Themen zurück.

Die Natur hat uns diese weichen, aber mächtigen Kapazitäten und Ressourcen mitgegeben, um komplexe Herausforderungen zu bewältigen: Doch es scheint, als fürchteten wir uns im Arbeitsalltag geradezu vor ihnen, wenn sie in einem allzu engen Begriff von »Professionalität« keinen Platz finden – einem professionellen Selbstverständnis, das die Komplexität der Welt wie einen Mechanismus allein mit Zahlen, Daten, Fakten und Kontrollstrukturen in den Griff zu bekommen glaubt, und auf diese Weise all das unterdrückt, was uns als gesellige Säugetiere ausmacht.

Natürlich hat jeder Gesellschafter, jeder Verantwortungsträger und wohl jeder Mensch alles Recht, sich von seinen Kollegen und Mitmenschen eine bestimmte Kultur, einen bestimmten Umgang und das Bekenntnis zu bestimmten Werten zu wünschen. Doch wenn wir Menschen mitnehmen wollen in die Weiterentwicklung der Organisation, Betroffene zu Beteiligten machen und sie ermutigen wollen, engagiert zu einer gemeinsamen Weiterentwicklung beizutragen, dann kommen wir nicht umhin, sie in geeigneter

Weise einzuweihen, sie anzuhören und ihnen einen geeigneten Rahmen anzubieten – einen Rahmen, in dem die Vielfalt der individuellen Sichtweisen und Impulse der Interessierten und Willigen sich in Kohärenz und gemeinsame Kraft verwandeln kann.

Aber wie? Selbst wenn uns sehr klar scheint, wie wir uns Kultur wünschen und an welchen Stellschrauben des menschlichen Verhaltens gedreht werden müsste, geht das Bild der Stellschraube fehl: Zwischenmenschliche Entwicklungsprozesse unterliegen nicht den Regeln der Mechanik, wo wir wie bei einer selbst konstruierten Maschine mit dem richtigen Dreh jederzeit das Gewünschte bewirken können, wenn wir nur das passende Werkzeug haben. Menschen funktionieren nun einmal nicht nach einem linearen Ursache-Wirkungs-Prinzip.

Was wir brauchen, sind nicht Diskurse über die »richtigen« Techniken und Methoden, sondern Diskurse, wie wir Spannungsfelder und Räume schaffen, in denen kulturelle Verwandlungsprozesse von unseren heutigen Organisationen zu kraftvollen Gemeinschaften stattfinden können. Räume, in denen unterschiedliche Sichtweisen in all ihrer Vielfalt auf Augenhöhe zusammenkommen – statt dass nur eine Sichtweise den Ton angibt und alle, die es anders sehen, verschweigen, was sie denken. Räume, in denen tiefere Fragen besprechbar werden, die sich lange niemand anzusprechen traute. Räume, in denen wir uns beistehen, wenn etwas schiefgeht, statt mit dem Finger auf andere zu zeigen. Räume, in denen wir gemeinsam wichtige Entdeckungen machen und echte Lösungen finden, die wir allein nie entdeckt hätten, erst recht nicht im Streit. Räume, in denen wir uns miteinander verbinden, statt uns gegeneinander durchsetzen zu wollen, weil wir alle täglich in unser Miteinander investieren, es schützen und manch anderes dafür zurückstellen.

Wir müssen keine Übermenschen und keine Heiligen sein, damit solche Räume entstehen. Hierfür braucht es ein Bewusstsein dafür, worauf es im »Change« wirklich ankommt – jenseits von Allgemeinplätzen, Klischees und überholten Annahmen, die meist eher Hindernisse als Lösungsbestandteile bilden. Entscheidend ist unsere Weltsicht, unsere Haltung, in der wir Veränderungsprozesse angehen – viel mehr als die Methoden, die wir verwenden. Daher möchte ich in diesem Buch gemeinsam mit Ihnen erkunden und erarbeiten, was uns bei der Erweiterung unserer Weltsichten – neudeutsch unserer »Mindsets« – voranbringt und was uns hindert, Social Energy zu fördern. Uns, damit meine ich Sie und mich, denn auch für mich ist es ein lebenslanger Weg, ein sehr erfüllender noch dazu. Manches habe ich auf diesem

Weg inzwischen erfahren und einordnen können und erschließe es anderen bereits. Daran möchte ich Sie teilhaben lassen. In diesem Inspiratorial lernen Sie Ihre Haltungen, Mindsets und Möglichkeiten bewusster kennen, um wirksam zu gelingender Kulturentwicklung beizutragen. Hierzu gibt *Social Energy* Ihnen ein solides, systemisches Grundverständnis wesentlicher Zusammenhänge der modernen Psychologie – und ein feineres Gespür für die menschliche Natur und für Sie selbst, für Ihre persönlichen Mindsets und für die Muster Ihrer Beziehungsgestaltung.

Unsere inneren Einstellungen mögen tief in uns verwurzelt sein, doch unveränderlich sind sie nicht. Aber: Sie können nur durch uns selbst verändert werden. Die Veränderung beginnt also bei Ihnen. Nicht im »Außen«, bei Methoden, Tools und Tipps, sondern im »Innen«: bei Ihrer eigenen Lebendigkeit, Ihren persönlichen Haltungen und Prägungen. So wie Sie Veränderung angehen und vorleben, so entfaltet sich Social Energy in der Organisation. Ich lade Sie ein auf eine Entdeckungsreise: Erforschen Sie, wie Sie Veränderungsfähigkeit stärken – Ihre eigene wie auch die Ihrer Kollegen. Finden Sie auch mit hinderlichen Haltungen und Verhaltensweisen einen guten Umgang. Machen Sie sich bewusst und erkennen Sie, welche Anteile in Ihnen Veränderung inspirieren und fördern und welche ihr womöglich im Weg stehen. Hierzu gibt es neben zahlreichen Praxisbeispielen im gesamten Buch insbesondere sehr viel Raum für Selbsterfahrung und Perspektivwechsel.

Sie werden in diesem Buch keine Patentrezepte finden, aber einen Reisebegleiter zu den Wurzeln nachhaltiger Entwicklungsprozesse – und die eine oder andere neue Perspektive auf die Herausforderungen, Hintergründe, Zusammenhänge und konkreten Chancen für jeden Einzelnen und für die Organisation als Ganzes sowie längere reale Fallbeispiele nach jedem Kapitel. So können Sie Social Energy nachhaltig in der Organisation fördern und ein Umfeld schaffen, in dem Ihre Kollegen andere damit anstecken: frei, eigenständig und wirksam.

Kapitel 1
Die Wurzel von Veränderungen

»Jenseits von richtig und falsch liegt ein Ort.
Dort treffen wir uns.«

Rumi

Echte Verbesserungen und Innovation, mehr Engagement, mehr Gemein-schaft – wer wollte das nicht? Doch Veränderungsvorhaben gelingen selbst dann nicht von selbst, wenn sie im Interesse aller Beteiligten liegen. Wo wollen wir ansetzen?

Stabilität und Veränderung sind wie Standbein und Spielbein, das eine ist der Kontrast des anderen: Ein Standbein allein kann nichts bewirken, kommt nicht vom Fleck und kann sich allenfalls mit sich selbst beschäftigen. Ein Spielbein allein fällt um, und seiner Beweglichkeit fehlt der Rückhalt. Im Leben sind beide unverzichtbar. Social Energy, die Kraft der gemeinschaft-lichen Veränderung, ist das lebendige Bindeglied zwischen Standbein und Spielbein, das flexibel Stabilität gibt und am Ende alles zusammenhält, wenn draußen der Sturm tobt. Veränderung muss nicht zwangsläufig Bestehendes gefährden und einreißen. Social Energy will Sicherheit und Stabilität – doch nicht als leblose Starre, sondern als Motivation zur lebendigen Weiterent-wicklung.

Vor diesem Hintergrund ist die Frage, worauf wir im Veränderungs-prozess unsere Kräfte richten möchten, bei näherer Betrachtung recht kom-plex: Woran wollen wir festhalten, was verändern? Können und wollen wir uns selbst weiterentwickeln? Sollen unsere Beziehungen bleiben, wie sie sind? Stemmen wir uns gegen die unabwendbaren Veränderungen der Zeit, fol-gen wir ihnen geschmeidig oder gestalten wir sie sogar aktiv mit? Was soll dadurch besser werden, und vor allem für wen?

So zeigen sich Themen der Zeit wie disruptive Innovation, Digitalisierung, Globalisierung, Talentbindung und Generation Y in einem neuen Licht: Sie sollen Stabilität bringen, und brauchen dafür unsere Veränderungsfähigkeit und -bereitschaft. Die entscheidende Frage lautet: Was hindert uns immer wieder daran, die Spielregeln unserer Arbeit nachhaltig zu ändern – und was würde uns weniger hindern oder uns gar dazu beflügeln?

1.1 An der Oberfläche: Gängige Stolpersteine bei Change-Initiativen

Wir sind sicher nicht die Einzigen in unserem beruflichen Umfeld, die Gutes wollen – für uns selbst wie für andere. Doch trotz bester Absichten gelingt der Wandel aus den unterschiedlichsten Gründen oftmals nicht. In Unternehmen ist es nicht leicht, Stabilität und Veränderung in eine gute Balance zu bringen, allein schon wegen der Vielzahl der Beteiligten und Betroffenen. Doch auch im Privaten stößt jede beabsichtigte Wirkung auf Einwirkungen anderer, ob wir im Wohnzimmer das Bücherregal verschieben wollen, die Zuständigkeiten für Hausarbeiten diskutieren, jemanden zum Geburtstag einladen oder uns von unserem Partner trennen wollen.

Naturgemäß sind Veränderungsvorhaben in Unternehmen und Organisationen auf die Zukunftsfähigkeit des Betriebs gerichtet. Konsens ist schnell erreicht in der Frage, *dass* sich etwas ändern muss. Doch *was* sich ändern soll, *wofür* eigentlich, und vor allem, *wo* und bei *wem* begonnen werden soll – in dieser Hinsicht sind wir von einem tragfähigen Konsens anfangs meist weit entfernt. Stattdessen wird es bei der Frage, wer wirklich zum Gelingen beitragen will, oftmals konfliktreich. Etwas hinnehmen, neu gestalten, aufhören, beginnen: Veränderungsvorhaben gehen zwangsläufig mit Zumutungen einher, und entsprechend wägt jeder ab, wie viel er bereit ist, in die Verheißungen einer besseren Zukunft zu investieren.

Und wir denken: Wie viel Mühsal oder Freude ein Veränderungsvorhaben uns beschert, hängt vor allem davon ab, welche Wege wir dazu beschreiten. Also fokussieren wir uns auf Strategie und Umsetzung: »Wie gehen wir vor?«, »Wer macht was?«, »Nächste Schritte« – schon hat die Führung ihren Beitrag zum Change geleistet. Sobald die notwendigen Beschlüsse dazu unter Dach und Fach sind und für letzte Lücken im Plan notfalls kurzerhand »Freiwillige« benannt wurden, ist »der Change« nur noch eine Frage der konsequenten Umsetzung. So einfach könnte es doch gehen!

Diesen überwiegend strategischen Fragen widmet sich in der Tat in Theorie und Praxis ein Großteil der heutigen Change-Ansätze: Zuständigkeiten, Meilensteine, Ansätze und Methoden, Kosten, Return on Investment et cetera. Entsprechend setzt so manches Unternehmen auf durchsetzungsstarke Macher, die die »Strategie 2020« oder »den Change« geräuschlos über die Bühne bringen sollen, sodass er den Regelbetrieb nicht zu sehr stört. Alles abgestimmt, alles geplant und eingetaktet – jetzt kann nichts mehr schiefgehen, oder? Im Fall des Scheiterns erlöst uns die Suche nach dem Schuldigen: wenn wir klagen, dass die Zweigstelle mauert, die Abteilung schimpft, der Chef laviert und das Team sich totstellt. Oder das gewählte Change-Management-Tool hat schlichtweg versagt.

An Tools und Methoden allein liegt es vermutlich am allerwenigsten, obwohl vielerlei Statistiken das immer wieder gern nahelegen, nach dem Schema: »Mehr als 68 Prozent aller Change-Projekte in Unternehmen scheitern.« Hier stellt sich die Frage, ob solche Kassandrarufe die Betroffenen womöglich eher verängstigen und die Veränderungsbereitschaft bremsen – etwa indem sie suggerieren, ohne den perfekten Berater sei »der Change« ein höchst riskantes Unterfangen, wie Stefan Kühl 2011 in einem Artikel im *Harvard Business Manager* mutmaßte. Hieran muss ich manchmal denken, wenn ich in Betrieben Aussagen höre wie: »Wir wollen Kulturwandel, aber bitte bloß keine Post-its/kein World Café/keinen Stuhlkreis! Das haben wir schon lange ›durch‹, das funktioniert bei uns nicht. Auf keinen Fall! Wir wollen ganz normal ›Change‹ machen, alles andere führt zu nichts.« Auch wenn es wohl immer im Ungewissen bleiben wird, wie viele Veränderungsvorhaben tatsächlich scheitern, eins ist sicher: Sich allein auf Methoden zu verlassen und bei ersten Zweifeln aufzugeben und Schuldige zu benennen, trägt selten dazu bei, dass sich couragiert und kraftvoll etwas Neues entwickelt.

Zugleich zeigt die Praxis: Jenseits von Tools und Methoden begegnen wir bestimmten Stolpersteinen bei klassischen Veränderungsvorhaben immer wieder. Insofern lohnt es nach meiner Erfahrung durchaus, uns zu fragen: Warum ist das so? Was liegt diesen Phänomenen wirklich zugrunde? Worauf weisen uns solche Hindernisse hin?

Veränderungsprozesse in Organisationen sind komplexe Unterfangen, und die meisten Hindernisse haben mehr als nur einen Grund. Entsprechend liegt bei der Betrachtung der folgenden konkreten Beispiele solcher Stolpersteine der Fokus darauf, zunächst tieferliegende Verstrickungen transparenter zu machen. Denn wirklich handlungsfähig – im Sinne von Lösungsansätzen, um solche Hindernisse zu überwinden – sind wir frühestens, wenn wir beginnen, ein feineres Gespür für die vielfältigen Zusammenhänge einer Situation zu entwickeln, statt uns mit oberflächlichen Schuldzuweisungen, Tipps und Patentlösungen zu begnügen.

So ist es nicht das Ziel der folgenden elf Fallbeispiele, mit diesen knappen Schilderungen aus der Praxis eine vollständige Klassifikation gängiger Veränderungshürden und passender Lösungsansätze zu entwickeln, so paradiesisch das auch wäre. Stattdessen wollen wir als Grundlage für alles Folgende anhand dieser verdichteten Fallbeispiele einen Überblick solcher typischen Verstrickungen gewinnen. Sie beruhen auf realen Begebenheiten unterschiedlicher Kunden. Um die Vertraulichkeit zu wahren und möglichst aussagekräftige und nachvollziehbare Beispiele zu gewinnen, habe ich Beobachtungen aus verschiedenen Betrieben montiert und Details abgewandelt. Ich nenne sie »Stolpersteine«, weil sie solche tragischen Verstrickungen illustrieren, vor denen wohl niemand von uns ganz gefeit ist. Im weiteren Verlauf blicken wir immer wieder einmal kurz auf sie zurück.

Erste weiterführende Gedanken und Verweise zu wesentlichen Aspekten finden Sie gleich bei den jeweiligen Fallbeispielen. Ab dem Abschnitt »Aus der Perspektive des anderen betrachtet« entwickeln wir in diesem Anfangskapitel mit weiteren Anregungen, Reflexionen und praktischen Übungen ein erstes tieferes Verständnis derartiger Situationen und grundsätzlicher Handlungsmöglichkeiten. Praktische Lösungsansätze für solche und viele andere Hemmnisse in Veränderungsprozessen erarbeiten wir in Kapitel 2 und 3. Den Abschluss bilden vielfältige Anregungen zu einem systematischen Kulturwandel in der Organisation in Kapitel 4.

Enthusiasmus über alles

Praxisbeispiele sind im Buch farbig dargestellt und mit einem Bildsymbol gekennzeichnet. Dasselbe gilt für Aufgaben und wissenschaftliche Zusammenhänge.

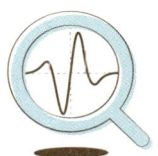

Mit maximalem Schwung gegen Widerstände
Es ist schon beschlossene Sache: Der Vorstand eröffnet das Management-Meeting zusammen mit dem Seniorpartner der Wirtschaftsprüfung, um die neue Transformationsmethode vorzustellen: »Agile Matrix Control« soll das Unternehmen nach vorne bringen. Die anwesenden Bereichsleiter werfen sich vielsagende Blicke zu.

Der Produktionsleiter macht sich danach im Gespräch mit seinen Kollegen Luft: »Was soll das nun wieder? Die nächste Change-Initiative? Das ist nach Six Sigma, Wissensmanagement, PMI und Lean schon die fünfte Methode, die ich hier mitmache – und ich bin keine fünf Jahre dabei!« – »Ach«, erwidert der IT-Direktor, »die Methode klang gar nicht so schlecht. Aber wenn wir ein Mal so etwas konsequent, durchdacht und freiwillig einführen würden!«

»Das war hier schon immer so«, seufzt der Finanzdirektor und hebt resigniert die Schultern. »Sobald es etwas Neues in Sachen Change-Management gibt, wird alles, was bisher galt, über Bord geworfen. Und an den Zahlen ändert sich nichts.« – »Dieser Ansatz wird auch nicht besser sein – schon gar nicht für alle Abteilungen und Länder«, winkt der Vertriebsleiter ab. »Ich hab' den Wirtschaftsprüfer während seiner Präsentation mal gegoogelt: Die haben bis vor kurzem auch noch Six Sigma angepriesen und jetzt halt ›Agile Matrix Control‹.«

Der Vorstandsvorsitzende ist Feuer und Flamme, er will handeln, Veränderung vorantreiben, Fakten schaffen und schnelle Fortschritte sehen – und diese Methode ist jetzt definitiv die richtige. Im nächsten Management-Meeting wird er verkünden, welche Bereiche bereits in der Pilotphase an den Schulungen teilnehmen sollen und welche erst später im Roll-out.

Change-Management-Tools gibt es wie Sand am Meer, und gerne wird bei vielen Unternehmen wie in der Beratungsbranche neue Mode kreiert und das heißeste Tool, die angesagteste Methode kurzerhand zum Nonplusultra erklärt. Das kann man als Aktionismus geißeln – doch wer weiß? Womöglich verfolgt auch derjenige nichts als gute Absichten, der bestrebt ist, möglichst modern vorzugehen: etwa allen Beteiligten das Leben zu erleichtern und ent- schlossen eine klare Richtung vorzugeben. Und wer lässt sich nicht manchmal begeistert von neuen Möglichkeiten verzaubern?

Zugleich kann »Nicken und aussitzen« ja durchaus eine rationale Strategie sein, wenn man sich als Betroffener einer beschlossenen Veränderung nicht gehört fühlt und womöglich argwöhnt, dass »der Change« letztlich anderen zugutekommen wird und man selbst etwas opfern soll. Nicht zuletzt mangelt es dem Einzelnen häufig an Zeit, Motivation und auch der fachlichen Nähe, sich intensiv mit dem *State of the Art* der Organisationsentwicklung aus- einanderzusetzen und die unterschiedlichen Vor- und Nachteile der vielen

Interventionen für sich abzuwägen und zu reflektieren. Widerstand hat viele Gründe und ist mit Tempo selten nachhaltig in Unterstützung und Engagement zu verwandeln.

Unter dem Strich gehen häufig – wie in diesem Beispiel – nicht nur die Change-Methoden an unseren eigentlichen Herausforderungen vorbei, sondern auch die Art, wie wir darüber diskutieren: Allzu oft bleiben wir in hinderlichen Mustern gefangen und übersehen dabei wesentliche Aspekte und Chancen. In Kapitel 2 entwickeln wir ein systematischeres Verständnis solcher Situationen, und erarbeiten in Kapitel 3 mit »natürlichen« und »künstlichen Spannungen« eine griffige Unterscheidung hilfreicher und problemverstärkender Sichtweisen.

Der Traum vom reibungslosen »Change«

Eine Konzerntochter mit mehreren Standorten hat den Umzug der Zentrale vom Rheinland nach Süddeutschland gerade relativ geräuschlos über die Bühne gebracht. Nach der Trennung von einigen Hundert Mitarbeitern läuft der Betrieb im neuen Headquarter inzwischen wieder weitgehend nach Plan.

Als Nächstes steht »Kulturwandel« auf der Vorstandsagenda. Der Wunsch: Die Führungskräfte sollen unternehmerischer werden. Als erster Schritt wurde daher ein neues Ideenmanagement eingeführt, um systematisch mehr Ideen und innovativere Konzepte zu generieren. Nach dem erwarteten Anfangswiderstand wird das Tool inzwischen tatsächlich genutzt.

Solchermaßen bestätigt, will die Unternehmensleitung nun weitergehen. Sie sieht diese beiden Erfolge – den Umzug der Zentrale und die Einführung des neuen Ideenmanagements – als Blaupause, wie die Weiterentwicklung zu einer unternehmerischen Führungskultur vonstattengehen soll. Nun sucht sie einen Berater, der dafür ein geeignetes Tool anbietet.

Das Bild vom Kapitän, der den Kurs bestimmt und gegenüber seinen Vorgesetzten beziehungsweise Gesellschaftern verantwortet, ist weit verbreitet. Doch inwieweit lassen sich Kultur oder Entwicklung überhaupt top-down anordnen oder gar erzwingen? Wie weit reicht unser Einfluss auf das Verhalten anderer, als Führungskraft wie als Mitmensch? Ähnlich insofern das folgende Beispiel:

Begeistert Gutes erzwingen wollen

Der Gründungsgesellschafter eines erfolgreichen mittelständischen Familienunternehmens ist so beseelt von einem Managementbuch, das ein menschliches und zukunftsfähiges Miteinander als Erfolgsfaktor im Unternehmen anregt, dass er jedem Mitarbeiter ein Exemplar auf den Schreibtisch legt mit dem Vermerk, so wie darin beschrieben solle in seinem Unternehmen ab sofort nur noch gearbeitet werden.

Nun macht er sich Sorgen, welche Effekte sein Impuls über die gewünschte Wirkung hinaus bei den Mitarbeitern womöglich auslöst.

Wer weiß nicht aus eigener Erfahrung, wie schwer es ist, das eigene Verhalten zu verändern, egal ob man sich gesünder ernähren, mehr Sport treiben, Stress und Hektik reduzieren oder mehr Zeit für Hobbys oder die Familie haben will. Jeder gute Vorsatz ist eine Herausforderung und bedarf einer ordentlichen Portion Motivation und Beharrlichkeit, um alte Gewohnheiten abzulegen und neues Verhalten zur alltäglichen Routine werden zu lassen. Nahezu im Keim erstickt wird die Bereitschaft zur Veränderung hingegen, wenn Außenstehende versuchen, uns gegen unseren Willen zu ändern. In dem Fall ist Widerstand geradezu programmiert, ob passiv oder aktiv: Resilient ist schließlich auch, wer sich Druck widersetzt, wie ich in Diskussionen über »Change« immer wieder hervorhebe.

Generell ist noch keine Karotte schneller gewachsen, nur weil man an ihr gezogen hat. Sich positive Entwicklungen zu wünschen und sie fördern zu wollen ist das eine, doch wer hält letztlich den Schlüssel dazu in der Hand? Inwieweit lassen sich Innovationsgeist und gegenseitiges Vertrauen verordnen oder höhere Leistungsfähigkeit erzwingen? »Übergriffig« nennen Psychologen das Phänomen, dass wir manchmal über die Grenzen eines partnerschaftlichen Miteinanders hinaus versuchen, auf die persönlichen Belange anderer einzuwirken. Denn wie fühlen wir uns, wenn andere uns zu unserem Glück zwingen wollen? Zunächst einmal leidet unsere Beziehungsqualität, auf die wir gleich in Kapitel 1.2 eingehen. Zudem hat Widerstand eine wichtige Funktion, die wir beim Entwicklungszyklus in Kapitel 2.1 tiefer betrachten. Und die künstlichen Spannungen, die wir mit Druck erzeugen (Kapitel 3.3), führen selten zu echten Lösungen.

Zwar können wir unsere Verfügungsgewalt und damit unsere Zuständigkeit und Verantwortung für viele Lebensthemen durchaus an andere abgeben, etwa wenn wir uns arbeitsteilig organisieren, Dienstleister engagieren oder ähnliche Vereinbarungen treffen. Doch der Großteil der Themen, die heute den Veränderungsdruck der Arbeitswelt ausmachen – von Kundenorientierung über Innovationskraft und Digitalisierung bis hin zu Agilität –, lassen sich nicht als Zuständigkeit delegieren. Vielmehr braucht gemeinschaftliche Entwicklung einen belastbaren Grundkonsens (Kapitel 4.1), den die Betroffenen engagiert mittragen und weiterentwickeln, wenn sie ihn sich zu eigen machen und die Entwicklung ihnen wirklich etwas bedeutet.

In der Praxis lassen Menschen sich weder ändern noch zwangsbeglücken – nicht einvernehmlich und erst recht nicht über ihre Köpfe hinweg. Das bedeutet, wir können positive Entwicklungen nicht forcieren, sondern lediglich fördern, indem wir günstige Rahmenbedingungen schaffen. Hierzu wie auch zu den tieferen Wurzeln der folgenden Stolpersteine finden Sie im gesamten Buch praktische Herangehensweisen und die entsprechenden Grundlagen, beispielsweise zum »Prozessvertrauen« in Kapitel 3.6 »Räume öffnen« und 3.7 »Social Energy erleben«, mit dem ich die ersten drei Kapitel ausklingen lasse, bevor wir im vierten Kapitel unsere Erkenntnisse in die Organisation tragen.

Veränderung fordern und im Grunde nicht wollen

Wenn die Erfolge nicht schnell genug eintreten
Ein produzierender süddeutscher Traditionsbetrieb verfügt über eine breitgefächerte Produktpalette und Dutzende Niederlassungen in aller Welt. Der Vorstandsvorsitzende liebt Tempo und Herausforderungen; als drahtiger Triathlet und einstiger Schachmeister bildet er ein kraftvolles Gegengewicht zu der gewissen Behäbigkeit, die seine Vorstandskollegen und die erfolgsverwöhnte Führungselite des Konzerns über die Jahrzehnte entwickelt haben – insbesondere der Personalleiter. Dieser kann sich allerdings einer der niedrigsten Fluktuationsraten der Branche rühmen und hat zudem das schier Unmögliche geschafft: für knapp 24 000 Mitarbeiter in 18 Jahren keine einzige fehlerhafte Gehaltsabrechnung versandt zu haben.

Die allgemeine Trendwende geht auch an dieser Branche nicht vorüber. Die Konkurrenz auf den Weltmärkten bedroht mittlerweile massiv Margen und Marktanteile etlicher Bereiche des alteingesessenen Unternehmens, und die einstige Innovationskraft der Wirtschaftswunderjahre ist längst dahin. Um gegenzusteuern, bewilligen Gesellschafter und Vorstand zusätzliche Marketing- und Technologieinvestitionen in zehnstelliger Höhe. Flankierend wird auf Drängen des Vorstandsvorsitzenden ein Leiter Kulturwandel eingestellt, der nach ersten gescheiterten internen Versuchen des Personalbereichs nun den Wandel zugunsten der längst überfälligen Digitalisierung und Flexibilisierung vorantreiben soll – unter Führung des Personalleiters. Dieser hatte skeptisch und etwas unwillig zugestimmt, nach wie vor überfordert mit der ungewohnten Aufgabe, neben der Personalverwaltung nun auch Kulturentwicklung zu verantworten.

Doch der neue Change-Beauftragte ist gut gerüstet und spult rasch sein gesamtes Repertoire ab: World Cafés, Kicker-Ecken, Filzmöbel und bunte Haftnotizen werden von den Mitarbeitern freudig angenommen und gehören in einigen Unternehmensbereichen bald mehr und mehr zum Arbeitsalltag – wenngleich den meisten Führungskräften niemals in den Sinn käme, solche »Spielereien« selbst zu nutzen. Manche staunen zwar über die ersten Ergebnisse, doch insgesamt fremdeln sie mit seinen Methoden und vermissen klare Planungen und Strukturen.

Als nach acht Monaten die Zahlen in Asien aufgrund des dortigen Preisdrucks erneut einbrechen und die erhofften Früchte der Innovationsoffensive ausbleiben, reißt dem Personalleiter der Geduldsfaden. »Das war mir doch schon von Anfang an klar!«, poltert er. »Ohne Meilensteine, klare Vorgaben und Druck ändert sich rein gar nichts an der Unternehmenskultur!« Die Konsequenz: Der Change-Beauftragte wird auf eine unschädliche Parkposition ohne Führungsverantwortung geschoben und eine namhafte Unternehmensberatung erhält den Auftrag, ein großes Kostensenkungsprogramm zu entwerfen, um die Milliardeninvestition zu retten.

Der »Change« ist beschlossen, und nun wollen wir Ergebnisse sehen – und zwar so schnell wie möglich! Viele Unternehmen verfallen in Hektik und Unruhe, wenn der ersehnte Wandel auf sich warten lässt. Es ist paradox: Uns ist ja aus unserer Lebenserfahrung bewusst, dass sich Verhaltensänderungen nicht über den Zaun brechen lassen, dass sie Zeit, Raum und Zutrauen brauchen, um sich zu finden, sich zu entfalten und zu festigen. Und dennoch neigen wir überwiegend dazu, ausgerechnet Kulturwandelprojekte sehr forcieren zu wollen, während wir bei anderen Vorhaben, wie etwa einer Umstellung unserer Buchhaltung, engelsgeduldig davon ausgehen, dass selbst geringfügige Fortschritte Jahre dauern werden. Weshalb eigentlich?

Zum einen zeigt dies wohl die Bedeutung, die wir der Kulturentwicklung inzwischen beimessen: Wer lässt sich für ein überlebenswichtiges Resultat schon gern auf die Folter spannen? Und sind wir zum anderen nicht manchmal gerade mit solchen Entwicklungen ungeduldig, die wir im Grunde ablehnen? Die schnell vorübergehen sollen, sodass wir wieder zum Tagesgeschäft übergehen können: weil wir uns nicht damit identifizieren können, nicht mit im Boot sind, die dahinterliegenden Grundannahmen nicht teilen, den Nutzen nicht sehen – oder schlicht und ergreifend überfordert sind?

Und wie unverzichtbar ist es, als Verantwortlicher bei aller Freude an neuen Methoden intensiv im Blick zu behalten, wie es den Beteiligten damit geht, und für Rückhalt zu sorgen – bis hinauf in die oberste Führungsspitze, und häufig gerade dort. Ein Lippenbekenntnis ist schnell ausgesprochen, doch wenn die gesamte Sozialisation und Führungserfahrung modernen Formen der Zusammenarbeit entgegensteht: Wie wollen wir echte Entwicklung und dauerhafte Veränderung fördern, wenn wir solchen fundamentalen Konflikten keinen Raum geben?

Der Sog der gewohnten Hierarchie

Nach einer innovativen und erfolgreichen Start-up-Phase mit rasantem Wachstum hat sich ein junger Mittelständler immer mehr zum Konzern entwickelt – inklusive der hierarchischen Strukturen. Doch nun wünscht sich die Geschäftsleitung die Innovationskraft der Anfangsjahre zurück, um dem Wettbewerbsdruck und den Entwicklungen im Technologie- und Marktumfeld etwas Neuartiges entgegenzusetzen. Derzeit sind die Zahlen gut, doch wie lange wird das noch so bleiben?

Klar ist aber von Anfang an: An den bestehenden Strukturen soll nichts verändert werden, sondern ein agiles, selbstorganisiertes, hochmodernes Labor soll parallel dazu neue Arbeitsweisen erproben und Innovationen vorantreiben.

Nur wer soll für dieses Experiment abgezogen werden? Bloß nicht die fähigsten Leute – die werden schließlich im Regelbetrieb dringend gebraucht! Doch tatsächlich gelingt der Spagat, der Laborbetrieb nimmt begeistert Fahrt auf, und spätestens mit der Überstellung zahlreicher Leistungsträger wollen auch zunehmend die Führungskräfte der obersten Ebenen in der neuen agilen Projektorganisation mit von der Partie sein. Für sie werden dort nun mehr und mehr Leitungspositionen geschaffen. Entsprechend rückt die Abgrenzung von Rollen und Zuständigkeiten in den Mittelpunkt des allgemeinen Interesses und verdrängt zusehends die lebendige Selbststeuerung der Anfangsmonate. Durch die Doppelrolle der oberen Führungskräfte, in beiden Organisationen leitend tätig zu sein, werden der konkrete Auftrag und die Entscheidungsbefugnisse der Projektbeteiligten gegenüber der Regelorganisation immer unklarer.

Nach der anfänglichen Euphorie machen sich zunehmend Demotivation und Sorgen breit. Zudem wird spürbar, dass die Muttergesellschaft nach wie vor mehr an den Zahlen als an der Kulturentwicklung des Unternehmens interessiert ist. Das Thema »agil arbeiten« ist damit nun durch. »Agil« wird zur Ausrede, wenn man zu spät zum Meeting kommt.

Wir verlangen absolute Sicherheit, wie ein Veränderungsvorhaben ausgehen und was es bewirken wird, sonst können wir keinen einzigen Schritt tun. Einerseits weil wir unsere Bindung an die uns zugeordneten Ressourcen ungern aufgeben, andererseits weil wir unsere Strukturen, Entscheidungsprozesse und Gewohnheiten für wiederholbare, planbare Entwicklungen optimiert haben und weniger dafür, zügig auf Unvorhersehbares zu reagieren. Also sind wir bewusst oder unbewusst doch immer wieder versucht, Kontrolle auszuüben – und nehmen umso fester in den Griff, was wir eigentlich loslassen wollten. Manchmal wird das zu einem regelrechten Teufelskreis. Experimente ja, aber bloß keine Fehler – wie soll das gelingen?

Alles im Griff

Ein erfolgsverwöhnter inhabergeführter Branchenführer möchte in das Miteinander seiner obersten Führungsebenen investieren. Er lädt zu einer Klausurtagung ein, in der sich alle gemeinsam mit neuen Arbeitsweisen vertraut machen und besprechen können, wie sie ihre Zusammenarbeit verändern und weiterentwickeln möchten.

Die Teilnehmer sind von den neuen Impulsen und der Tagung insgesamt sehr angetan, und es entwickelt sich ein lebendiger Dialog über Chancen und Verbesserungspotenziale in der Führungsarbeit. Zum Ende hin steht auf der Agenda, reale Umsetzungsideen zu entwickeln und zu besprechen, wie diese konkret im Arbeitsalltag verwirklicht werden können. Die Teilnehmer machen Vorschläge, die Diskussion kommt in Schwung und die Führungskräfte entwickeln erste ernst gemeinte Initiativen, auch über Abteilungsgrenzen hinweg.

Doch plötzlich schaltet sich der Inhaber ein, der bisher ausgesprochen wohlwollend und zurückhaltend im Workshop mitgemacht hatte. Was er hier hört, ist ihm alles noch zu unverbindlich: Er will Butter bei die Fische; und seine Leute ducken sich weg. »Was genau hast du vor?«, verlangt er von einem Teilnehmer zu wissen und hakt nach: »Was wird dabei herauskommen? Bis wann hast du das fertig?« – mit dem Effekt, dass unter dem Druck seiner Forderungen der Strom der persönlichen Beiträge rasch verebbt. Dies sieht der Inhaber indes als Handlungsaufforderung, die Zügel erst recht in die Hand zu nehmen. Er beginnt nun, geradezu verbissen, seinen Führungskräften Zuständigkeiten zuzuweisen: »Wenn ihr euch nicht freiwillig meldet, muss ich eben die Aufgaben verteilen … Also, wer kümmert sich darum? Niemand?! – Wie immer!«

Wir nehmen uns vor, ab sofort alles anders zu machen und eingefahrene Gewohnheiten zu ändern. Doch das ist manchmal leichter gesagt als getan. Wir wollen einerseits prozessorientiert arbeiten, fordern jedoch andererseits Vorhersehbarkeit ein. Häufig fehlt es uns schlicht an Zutrauen, dass sich auch ohne unser Einwirken die Dinge gut entwickeln. Interessanterweise bemerken wir diese Widersprüchlichkeit, uns gleichzeitig einzulassen und die Entwicklung im Griff behalten zu wollen, oft nicht. So beschränken wir ungewollt die Freiräume, die ein engagiertes Miteinander dringend bräuchte, um sich entfalten zu können.

Das muss ich alleine machen
Der Leiter des Callcenters ist seit zwölf Jahren verantwortlich für inzwischen 220 Mitarbeiter an zwei Standorten. Er hat auf einer Konferenz von einem Unternehmen gehört, das im Vertrieb erfolgreich Selbstorganisationsprozesse und Doppelbesetzungen eingeführt hat, nach dem Vorbild des Pair Programming in der agilen Software-Entwicklung. Hiervon verspricht er sich eine gesteigerte Motivation und Qualität bei der Arbeit sowie eine deutliche Entlastung seiner Führungsmannschaft. Also liest er sich in die Materie ein, wägt ab, bespricht Details mit Experten und einzelnen Mitarbeitern – allerdings ohne diese in seine Pläne einzuweihen –, entwickelt neue Abläufe und eine entsprechende

Kommunikations- und Schulungsstrategie. Nach reiflicher Überlegung stellt er für die erste Projektphase 45 Paare zusammen, die ab sofort zusammenarbeiten sollen.

Als er nach diesem Alleingang der Belegschaft seinen Plan vorstellt, fühlen sich einige Leistungsträger vor den Kopf gestoßen. Manchen ist Tandemarbeit durchaus ein Begriff. Sie freuen sich über die Möglichkeit, zu zweit unterschiedliche Kompetenzen zu bündeln und so gerade komplexe Fälle deutlich schneller, vertrauensvoller und fehlerloser bearbeiten zu können als allein. Doch der Chef hat in ihren Augen einige wichtige Aspekte schlichtweg nicht bedacht. Und überhaupt: Wieso hat er sie nicht schon im Vorfeld in die Planung miteinbezogen?

Der Vorgesetzte ist tief enttäuscht über die Kritik an seinem sorgfältig ausgetüftelten Plan. Warum verstehen seine Mitarbeiter ihn nicht? »Zugegeben, einige Dinge hätte ich schon besser machen können … aber niemand ist perfekt«, grübelt er im Nachhinein. »Schließlich trage ich die Verantwortung und muss mich um alles kümmern. Ich weiß, ich muss die anderen mehr einbeziehen, damit sie es sich zu eigen machen. Aber bis ich die alle mitgenommen habe, steht meine Chefin längst vor der Tür!« Er zieht sich schmollend zurück und überarbeitet seine Prozesseinführungs- und Kommunikationsstrategie.

Beim nächsten Besuch seiner Chefin in zwei Monaten möchte er ihr seine neue Strategie live präsentieren; er hatte ihr zum Punkt Motivation und Qualitätssicherung bereits Zusagen gemacht, die er einhalten möchte. Bis dahin müssen die neuen Prozesse »durch« sein!

Hier geht, wie so oft, unsere Hoffnung auf eine Abkürzung nach hinten los. Gerade unter Druck – zum Beispiel seitens unserer eigenen Vorgesetzten – neigen wir dazu, schnell alleine klären, entscheiden und durchsetzen zu wollen, was eigentlich einen gemeinschaftlichen Prozess erfordern würde. Was hindert uns daran, Betroffene schon viel früher in Herausforderungen einzubeziehen, die für alle bedeutsam sind? Vieles könnte erheblich leichter gehen, wenn wir das Zutrauen hätten, dass unsere Mitarbeiter und Kollegen mit unseren Herausforderungen gut umgehen werden.

Zudem wird in diesem Fallbeispiel besonders spürbar, wie wenig hilfreich generell der Versuch ist, Miteinander und Vertrauen im Alleingang anzuordnen, statt den Weg gleich mit den Betroffenen zu beginnen. Dies führt zu verletzten Gefühlen und Missverständnissen – auf beiden Seiten. »Ich ziehe das jetzt durch« versus »Wir lassen dich auflaufen«: Der eine prescht aus der Not heraus vor und beschließt etwas über die Köpfe der anderen hinweg; die anderen schweigen vorwurfsvoll schmollend und letztlich bequem, statt anzusprechen, was sie empfinden und bräuchten. Auch hier herrscht kein Miteinander, sondern geradezu ein Gegeneinander. Wie soll in einem solchen verdeckt ausgetragenen Interessenkonflikt ein kraftvoller Entwicklungsprozess entstehen – oder auch nur eine einzige Entscheidung zügig getroffen werden? Organisationen im Kulturwandel zu helfen, einen guten Umgang mit verdeckten Konflikten zu finden, scheint mir in der Praxis eine der wichtigsten Aufgaben zu sein. Ein Großteil des dritten Kapitels ist dem gewidmet, aufbauend auf den ersten beiden Kapiteln.

Unbesprechbare Veränderungshemmnisse

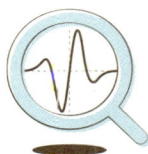

Das Argument der mangelnden Klarheit
Bei der zweitägigen Führungsklausur besteht schon nach einem halben Tag Konsens, dass ein Kulturwandel für mehr Kundenorientierung, Agilität und Flexibilität notwendiger ist denn je – fast einstimmig und viel schneller, als der Unternehmensgründer je gedacht hätte. Er hat stets eine familiäre Kultur gefördert, das Miteinander seiner 850 Mitarbeiter liegt dem dreifachen Vater sehr am Herzen, und der Erfolg gibt ihm recht. Die Einstimmigkeit auf der Tagung freut ihn einerseits, andererseits traut er dem Frieden nicht so recht. Er hätte bei diesem Thema mit mehr Dissens gerechnet.

Der zweite Tag der Klausur verläuft dann auch ganz anders: Trotz der einfühlsamen Moderation durch die Prozessbegleiter kommt die kraftvolle Energie des Vortags nicht wieder in Gang. Die Plenumsrunde zum Mittag stellt fest, dass große Uneinigkeit besteht in der Frage, was Agilität sei und wie man in Zukunft führen solle. »Solange das nicht für alle verbindlich geklärt ist und wir uns nicht einig sind, kann ich doch meinen Leuten nicht zumuten, etwas zu ändern. Sonst ersticken wir alle im Durcheinander!«, fasst der Produktionsleiter die allgemeine Stimmung zusammen und erntet dafür starken Zuspruch seitens seiner Kollegen. Das Argument des Gründers, Agilität werde sich doch sicher in jedem Bereich anders darstellen, lässt er nicht gelten.

Am Nachmittag wird auf Druck einflussreicher Führungskräfte die Agenda geändert und versucht, die wichtigsten neuen Begriffe und Führungsstile für alle verbindlich zu definieren. Am Ende bricht regelrecht Streit aus zwischen der langjährigen IT-Leiterin und dem deutlich jüngeren Chef der Innovationsabteilung, was den übrigen Beteiligten ausgesprochen unangenehm ist.

Der Unternehmensgründer fährt nach dieser Tagung sehr nachdenklich nach Hause: Das war nicht das, was er sich von der Klausur erhofft hatte …

Unbesprechbarkeit, Tabus und vorgeschobene Argumente können vielfältige Ursachen haben. Manchmal, wie in diesem Beispiel, trägt sicherlich die Sorge vor Überforderung dazu bei, die kaum jemand gern offen eingesteht. Oder, wie im folgenden Fall, schlichtweg die interne Politik.

Trügerische Harmonie überdeckt den Veränderungsdruck von innen

Die Hauptverwaltung hat ihren Job jahrzehntelang tadellos gemacht, aber seit der SAP-Einführung und der gleichzeitig neu hinzugekommenen elektronischen Akte scheint nichts mehr, wie es war. Zum einen ist es – für die IT wenig überraschend – nicht gelungen, die komplizierten, in Jahrzehnten gewachsenen Verwaltungsprozesse sauber in den neuen Software-Systemen abzubilden. Zum anderen hat das Betriebsklima unter der Vielzahl der Probleme und Eskalationen deutlich gelitten.

Vor ein paar Jahren hätte jeder hier die Unternehmenskultur als ausgesprochen kollegial und harmonisch beschrieben; ein reges Geben und Nehmen, sehr auf Ausgleich bedacht. Entsprechend läuft alles Wichtige über persönliche Beziehungen, damals wie heute. So hatte sich der IT-Leiter beispielsweise nicht gegen den Finanzchef durchsetzen können mit seinem Anliegen, erst die Prozesse zu vereinfachen und dann die Software entwickeln zu lassen statt umgekehrt. Als ihm angesichts der Probleme der beiden IT-Großprojekte Versagen vorgeworfen wird und er trotz der schützenden Hand des Beiratsvorsitzenden nicht mehr haltbar scheint, kündigt er. Bei diesem Eklat könnte auch der stellvertretende Verwaltungsratsvorsitzende seine Hände im Spiel gehabt haben, der gerne einen »Leiter Organisation und Operations« aus dem Kreis seiner Vertrauten aufbauen würde.

Die familiäre Atmosphäre des Betriebs zeigt immer stärker ihre Schattenseiten: Die einst hochgeschätzte Harmonie ist im Grunde nur noch eine trügerische Fassade für unausgesprochene Meinungsverschiedenheiten. Zugleich erscheint es angesichts des Dickichts verdeckter bilateraler Absprachen unmöglich, für jedwede positive Entwicklung klare Anliegen zu formulieren oder gar Freiräume zu schaffen.

Zu allem Überfluss liefert eine externe Kundenzufriedenheitsumfrage zum dritten Mal in Folge katastrophale Ergebnisse. Der Leiter Kommunikation hätte die Umfragewerte am liebsten unter Verschluss gehalten, doch irgendjemand muss sie an die Presse gespielt haben. Schon wird spekuliert, wer wohl als Nächstes seinen Hut nehmen muss.

Die Mitarbeiter nehmen von außen den zunehmenden Unmut der Kunden wahr, doch mehr noch leiden sie ohnmächtig im Inneren an der vollständigen Lähmung, welche die intransparenten internen Verflechtungen und ungelösten Konflikte hervorrufen, die auch den Kunden kaum verborgen bleiben.

Noch schlimmer als schlechte Ergebnisse ist schlechte Stimmung, meint man manchmal. Wie gut jemand seinen Bereich »im Griff« hat, messen wir gern daran, wie geräuschlos dort gearbeitet wird. Dass lautstarke Streitereien und innerbetriebliche Vernichtungsfeldzüge jemals irgendetwas verbessert hätten, ist tatsächlich unwahrscheinlich. Aber müssen wir mit aller Macht Meinungsverschiedenheiten ausmerzen? Darf es zu jeder Frage im Unternehmen immer nur ein und dieselbe Antwort geben?

Die Annahme, ohne einstimmige Sicht der Situation nicht handeln zu können, erscheint äußerst einleuchtend, aber wird der Wirklichkeit komplexer Situationen meist nicht gerecht. Gerade wenn wir im Unklaren sind, braucht es mutige Hypothesentests an vielen verschiedenen Stellen, um die nötige Klarheit zu gewinnen. So wird die Notwendigkeit von Einstimmigkeit und Harmonie leicht zum vorgeschobenen Argument: Eher schweigen wir oder theoretisieren ausweichend, als uns auf schwierige Diskussionen, Versuche und Risiken einzulassen. Selbst wenn dies bedeutet, gar nicht zu handeln und damit womöglich gemeinsam den größten Fehler zu begehen: als Organisation vor der Wirklichkeit die Augen zu verschließen.

Vielen ist bewusst: Die Tragik solcher Entwicklungen ist hausgemacht, aber völlig unbesprechbar. Von einer Unternehmenskultur, die die Perspektiven der anderen wertschätzt und so erlaubt, gemeinsam aus Fehlern zu lernen und Verbesserungen an den Wurzeln der Probleme anzugehen, sind solche Betriebe weit entfernt.

Vieles, das Veränderungsprozesse und Entwicklung hemmt, ist tief in der Organisation verwurzelt: Weltbilder, Haltungen und Tabus etwa, die Spielräume eng machen und notwendige Dialoge erschweren. Solche Hindernisse müssten wir eigentlich adressieren, bevor anderer Wandel überhaupt stattfindet. Doch häufig sind sie kaum besprechbar.

»Teile und herrsche«: Die Verlockung, als Chef über Richtig und Falsch zu entscheiden

Jede Woche im Leitungsteam dasselbe Ritual: Die Bereichsleiter stellen die Ergebnisse ihrer Mitarbeiter vor, beklagen sich über Versäumnisse, Mängel und Entscheidungen der Nachbarabteilungen und betonen, wie sehr diese es ihnen erschweren, ihren Aufgaben nachzukommen. Jeder weiß: Der Geschäftsführer legt auf diesen »offenen Austausch« großen Wert. Er hört aufmerksam zu und entscheidet nach kurzer Anhörung, wer Recht und wer Schuld hat und wie weiter zu verfahren ist. Die Klarheit wird unter den Managern letztlich begrüßt, da ihre zahlreichen Konflikte so wenigstens zügig geklärt werden; nur die Mitarbeiter finden, dass bereichsübergreifende Zusammenarbeit durch die häufigen Eskalationen und die damit einhergehende Schuldigensuche stark erschwert wird.

Umso größere Bedeutung kommt bei jedem Vorfall der gründlichen Klärung zu, wer zur Rechenschaft gezogen werden muss, denn wenn schon Schuldige gesucht werden, dann wenigstens nicht man selbst. Der Geschäftsführer genießt sein Richteramt; zu einem der Gesellschafter sagte er kürzlich, auf diese Weise sitze er bei seiner Führungsmannschaft fest im Sattel.

Manchmal vermeiden wir klare Worte, wo wir Konflikte scheuen – und manchmal schüren klare Worte erst Konflikte, die sich mit einer anderen Haltung von selbst entspannen könnten. Klare Abgrenzung und unverblümte Sachlichkeit können für ein gutes Miteinander so förderlich sein wie Galanterie und Charme, doch die rechte Balance zwischen notwendiger Unmissverständlichkeit und verbindender Kommunikation ist oft schwer zu finden: Wem fällt es schon besonders leicht, unangenehme Botschaften zu übermitteln? Stattdessen dramatisieren wir in unserer Not, fordern mehr als wir brauchen, drohen, klagen, sabotieren, taktieren – alles letztlich nachvollziehbar, doch höchst hinderlich, wo Zusammenarbeit und Kulturentwicklung eher eine vertrauensvolle Atmosphäre brauchen als endlosen Zwist.

Im Grunde sind in diesem Fallbeispiel alle gegen alle. Alle, Führende wie Geführte, machen es sich leicht, indem Verantwortung nach oben zurückdelegiert wird, und hoffen damit »durchzukommen«. Leitungsteam wie Mitarbeiter sind in der Folge durch den ständigen Fokus auf Schuld und Schuldvermeidung erheblich blockiert.

Wie soll ein kraftvolles Miteinander gedeihen, solange wir mit unseren Worten den anderen eher bewerten und bekämpfen als zu verstehen versuchen? Und wie viel Arbeitskraft bleibt uns in einem Umfeld, wo wir ständig auf der Hut sind, uns bloß nichts zuschulden kommen zu lassen, für die Belange von Kunden oder gar für mutige Innovationsentwicklung?

Die geschilderte Situation spitzt zu, was ich in Betrieben immer wieder wahrnehme: Neben dem Unmut über das mäßige Miteinander herrscht de facto Konsens darüber, dass ein solches Richteramt und die rigorose Schuldigensuche im Grunde zu jeder Führungsrolle dazugehört – entspricht dies doch auch beispielsweise einem traditionellen Verständnis der Elternrolle. Dass es für viele so Geführte zugleich auch verlockend ist, sich weitgehend ihrer Eigenverantwortung zu entziehen – etwa ihre Angelegenheiten untereinander selbst zu regeln –, gerät in einer solchen »Angstkultur« leicht aus dem Blickfeld. Spätestens in Kapitel 3.3 lohnt es, noch einmal auf dieses und ähnliche Szenarien zurückzublicken.

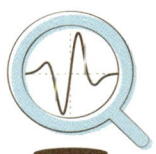

Wenn die Wahrheit nicht zumutbar erscheint

Die Börsen-Forecasts sind schlecht, und die Strategie 2020 soll es richten. Der Vorstandsausschuss zur Personalkommunikation beschließt jedoch, intern andere Details zur Strategie zu kommunizieren als tatsächlich in der Strategie kalkuliert, indem er den einzelnen Bereichen jeweils höhere Ziele setzt als nötig. So will man sicherstellen, dass die Ziele erreicht werden, die der Vorstand mit seiner Strategie 2020 den Börsenanalysten verspricht – ein wenig wie auf dem Basar, dessen ist man sich bewusst, aber im Haus nicht sonderlich unüblich.

Entsprechend groß ist das Lamento der Führungskräfte, die beim jährlichen Strategietag ihren neuen Bereichs-Targets zustimmen müssen. Widerwillig und murrend fügen sie sich und übernehmen die hohen Zielkennzahlen in die Jahresplanung für ihren jeweiligen Bereich. Für

Diskussionen ist ohnehin kein Raum, und es wäre auch zu spät: Schließlich ist alles längst beschlossen, vom Board abgenickt und der Börse gemeldet.

Das Finanzjahr kommt, die Monate vergehen, und ein Bereich nach dem anderen meldet seine Targets ab: Die gesetzten Ziele seien doch nicht zu schaffen, der Wettbewerb zu übermächtig, die Lieferanten verspätet, die Kunden untreu, der Euro zu stark oder zu schwach. Viel Energie fließt in die Ausarbeitung entsprechender Zahlenwerke, wortreicher Berichte und vor allem wasserdichter Erklärungen, weshalb die vereinbarten Ziele verfehlt wurden, ohne dass sich der Bereich etwas hätte zuschulden kommen lassen. In der Produktion witzelt man schon, die Führung sei mehr mit dem Frisieren interner Zahlen als mit ihren Frisuren beschäftigt, obwohl sie sich so oft die Haare raufe.

Gegen Ende des Fiskaljahrs meldet der Finanzausschuss wenig überraschend, insgesamt sei die Strategie 2020 gefährdet, weil Effekte eingetreten seien, die man im Zahlenwerk nicht hatte vorhersehen können. Der Vorstand geht einer weiteren unerfreulichen Hauptversammlung entgegen.

Hier scheint es mehr Harmonie zu geben als in manchen der vorangegangenen Fallbeispiele, und doch ist man von so etwas wie echter gemeinschaftlicher Kraft meilenweit entfernt: Ein gepflegtes Nebeneinander – jeder sieht zu, dass er gut aussieht, ohne sich ernsthaft um die Belange der anderen oder gar des Gesamtunternehmens zu scheren. Im Grunde ist die unproduktive, wirklichkeitsferne und unehrliche Kommunikation, die sich mit den Jahren eingespielt hat, allen Beteiligten bewusst. Doch offiziell wird darüber nicht gesprochen – wie auch? Schlimmer noch: Völlig unmöglich wäre zu besprechen, welch enorme Aufmerksamkeit und Ressourcen der alljährliche Planungszirkus im Betrieb bindet, geschweige denn, wie mühsam es wäre, all das Vertrauen wiederherzustellen, das die gegenseitigen Versteckspiele auf allen Ebenen kosten.

In manchen Betrieben ist üblich, dass rote Status-Ampeln in den Berichten auf dem Weg nach oben immer grüner werden, bis beim Aufsichtsrat nur noch gemeldet wird: »Alles im grünen Bereich!« Melonenprinzip heißt das dann oft – innen rot, außen grün. Anderswo wird, wie in diesem Fallbeispiel, unten Grün und oben Rot gemeldet, um sich vor zu hohem Erwartungsdruck zu schützen. So oft im Leben, wie auch in diesem Fall, meinen wir, unangenehmen Wahrheiten ausweichen zu müssen. Müssen wir?

Der hohe Preis des Schweigens

Bei all diesen Fallbeispielen und besonders bei den letztgenannten stellt sich die Frage: Was nützt unser Schweigen, und was verhindert es womöglich alles?

»Die Wahrheit ist dem Menschen zumutbar« ist ein wichtiges Zitat der österreichischen Schriftstellerin Ingeborg Bachmann. Es ist ein Zitat aus einer ihrer Reden, in der sie 1959 Schriftsteller ermutigte, der Sehnsucht der Menschen, dass ihnen »die Augen aufgehen« mögen durch die Wahrheit, Nahrung zu geben. Innerhalb der Grenzen der gesellschaftlichen Ordnung, sinniert sie, haben wir »unseren Blick gerichtet auf das Vollkommene, das Unmögliche, Unerreichbare, sei es der Liebe, der Freiheit oder jeder reinen Größe. Im Widerspiel des Unmöglichen mit dem Möglichen erweitern wir unsere Möglichkeiten«.

Ist Wahrheit zumutbar? Ich meine schon. Wie soll Miteinander gelingen, wenn wir uns gegenseitig Wahrheiten verschweigen? Wenn Schlüsselfragen einer Gemeinschaft nicht besprechbar sind, oder wenn die einen etwas wissen, was die anderen nicht wissen sollen, entstehen zwei Lager, und das gegenseitige Vertrauen wird brüchig. Für verletzende Taktlosigkeit wollte die wohl bedeutendste deutschsprachige Lyrikerin mit ihrem berühmten Ausspruch sicher nicht plädieren, aber womöglich für Respekt, Courage und Zutrauen? Wie viel ist zu gewinnen und wie viel zu verlieren, wenn wir Menschen vor der Wahrheit zu schonen versuchen, statt ihnen zu ermöglichen, dass ihnen »die Augen aufgehen«? Man stelle sich vor, die Organe unseres Körpers würden sich untereinander wichtige Informationen vorenthalten …

Aus der Perspektive des anderen betrachtet

Diese elf zugespitzten Schilderungen aus realen Unternehmen unterschiedlicher Branchen, mit denen ich über die Jahre in Berührung war, sind verdichtet, um die Tragik der komplexen Verstrickungen spürbar zu machen. Dennoch kommt Ihnen womöglich der eine oder andere Stolperstein bekannt vor – entweder aus Ihrer eigenen Erfahrung oder aus Erzählungen von Kollegen oder befreundeten Unternehmen über deren gescheiterte Change-Initiativen.

Das Paradoxe ist: Von außen meinen wir schnell, allerlei Zusammenhänge zu sehen, die den Betreffenden zu entgehen scheinen. Mehr Zutrauen, gegenseitiger Respekt, Authentizität, ehrlicher Austausch, Demut und Geduld – all dies täte sicher gut in diesen Beispielen und würde den Betroffenen helfen, im Interesse ihrer Betriebe ihre Ziele leichter zu erreichen. Was führt zu solchen Entwicklungen, wo man doch unterstellen könnte, dass alle im Grunde ihres Herzens etwas anderes wollen?

Auch hinter den gröbsten Fehlentwicklungen stecken häufig gute Absichten für irgendeinen Zweck – zumindest die eigene Situation nicht zu verschlechtern. Was erleben die Mitarbeiter, die Führungskräfte aus ihrer eigenen Sicht? Was fehlt und verhindert dadurch positivere Entwicklungsverläufe? Solche Fragen stellen sich Ihnen vielleicht gerade. Oder vielleicht sind Sie in der Rückschau auf die Fallbeispiele gefangen in Fragen nach Schuld und Tätern? Vielversprechender als unsere persönliche Wertung ist nach meiner Erfahrung für unseren eigenen Erkenntnisprozess als Beobachter oft ein neugieriger Blick auf die tieferliegenden Zusammenhänge, der unsere Perspektive öffnet und weitet für die wesentlichen Aspekte der Situation.

Blickwinkel wechseln

Unsere Einschätzung einer Situation gewinnt enorm an Sicherheit, wenn es uns gelingt, sie aus mehreren Perspektiven zu betrachten, statt nur unsere eigene Weltanschauung zugrunde zu legen – und das nicht nur auf der Sachebene, sondern auch auf der emotionalen Ebene. Wenn wir uns erlauben, uns ganz bewusst in die Motive und Gefühle der unterschiedlichen Beteiligten hineinzuversetzen, können wir aus dieser Vielfalt von Perspektiven und Gefühlen neue Muster und Details wahrnehmen, die uns aus unserer ursprünglichen, womöglich wertenden Perspektive entgangen wären.

- Welches der genannten Fallbeispiele spricht Sie jetzt im Moment am meisten an? Welche eigenen Erfahrungen verbinden Sie mit dieser Geschichte? Welche Emotionen ruft sie bei Ihnen gerade wach, wenn Sie daran denken?

Erkunden Sie das gewählte Fallbeispiel oder Ihre eigene Erinnerung ein wenig tiefer, und beantworten Sie für sich die folgenden Fragen:

- Wo liegen dem Handeln der Personen gute Intentionen und Anliegen zugrunde, die man durchaus offen besprechen könnte – sofern man die Möglichkeit hätte, sich frei von Befürchtungen über gemeinsame und unterschiedliche Anliegen auszutauschen?

- Was macht es den Beteiligten schwer, sich frei von Befürchtungen zu äußern? Muss es so schwer sein, ist das ein Naturgesetz? Was trägt zu dieser Erschwernis bei? Was möchte jemand schützen, der anderen eine unbequeme Wahrheit nicht mitteilt? Wie könnten die Beteiligten sich erleichtern, offen zu sagen, was ihnen wichtig ist?

Merken oder notieren Sie sich die Situationen, die Sie hier reflektiert hatten. Wir werden sie später in diesem Kapitel wieder aufgreifen.

1.2 Beziehungsqualität: Das unterschätzte Gefühl

Es wäre leicht und verlockend, die Tragik der zuvor genannten Fallbeispiele allein den handelnden Personen anzulasten. Nicht nur weil es billig ist, von der Zuschauertribüne aus das Geschehen in der Arena zu bewerten, ohne selbst dort im Getümmel Verantwortung für sich und andere zu tragen. Sondern auch weil die Dinge meist komplexer sind, als sie auf den ersten Blick scheinen. Hand aufs Herz, wer kann schon in einer Zweierbeziehung mit Gewissheit sagen, welche Personen die Kultur einer Organisation maßgeblich beeinflussen?

Für die Redensart »Der Fisch stinkt vom Kopf« spricht aus Mitarbeitersicht regelmäßig einiges, doch im Grunde tragen wir auf allen Ebenen zu unserem Miteinander bei. Auch als Geführte haben wir großen Einfluss darauf, wie gut oder schlecht Führung gelingt. Gleiches gilt für die Zusammenarbeit, die Vertrauensbasis oder die Unternehmenskultur. Ob als Geführter oder als Führender, schnell meint jeder, er selbst mache alles richtig und schuld sei der andere.

Wenn eine Ehe solche Züge annimmt und dann noch stille oder laute Vorwürfe hinzukommen, entsteht im Freundeskreis schnell die Sorge, ob diese Beziehung noch lange halten wird. Ist es mit unseren Arbeitsbeziehungen völlig anders? Müssen wir still ertragen, wenn unsere Arbeitsbeziehungen so viel schlechter sind, als wir es uns wünschen? Können wir die Qualität unserer Arbeitsbeziehungen tatsächlich viel weniger beeinflussen als die Qualität unserer persönlichen Beziehungen? Wenn man bedenkt, wie viel Zeit wir tagein, tagaus mit unseren Kollegen verbringen und wie viel von der Qualität unserer gemeinsamen Arbeit abhängt, ergibt es Sinn, sich mit der Qualität von Arbeitsbeziehungen auseinanderzusetzen.

Wie sich unsere Beziehungen anfühlen

Beziehungsqualität ist einer der wichtigsten Faktoren in der Frage, welche Rahmenbedingungen gelingende Veränderung braucht. Zugleich ist sie ein aussagekräftiger Indikator dafür, ob die Unternehmenskultur und damit die Zusammenarbeit sich in die gewünschte Richtung entwickeln. Die gute Nachricht: Kaum etwas ist leichter zu beobachten als die Beziehungsqualität – viel leichter als die meisten anderen weichen Kennzahlen einer Organisation.

Wir alle haben einen tief in uns verwurzelten Sinn für Beziehungsqualität, schließlich ist die Qualität unserer Beziehungen buchstäblich von Geburt an einer der wichtigsten Parameter unserer Überlebenschancen. Dem Säugling kann egal sein, wo die Sonne oder der Ölpreis gerade steht. Aber ob seine Mutter sich um ihn kümmert und ob es ihm gelingt, jemanden für seine berechtigten Anliegen zu gewinnen – Hab Durst! Bin müde! Will Kontakt! Windel voll! –, ist die wichtigste Frage in seinem Leben: Das ist Beziehungsqualität, hiervon hängt für das Neugeborene alles andere ab. Und hierauf optimiert es sein Verhalten.

Dies ist in der psychologischen Grundlagenforschung heute unbestritten – anders als noch bis in die 1970er Jahre, als beispielsweise viele Kinderärzte der Auffassung waren, Säuglinge könnten noch keine Gefühle wahrnehmen. Das Thema Beziehungsqualität wurde lange regelrecht ignoriert. Es ist uns manchmal geradezu fremd, solche »soften« Aspekte in den Mittelpunkt der Betrachtung zu rücken – obwohl jeder von uns ein angeborenes Augenmerk auf die Messgröße »Beziehungsqualität« hat und ab Geburt einübt, sie zu erkennen. So sind wir heute imstande, instinktiv zum Beispiel ein Betriebsklima zu erfassen, sobald wir durch die Tür einer fremden Abteilung treten: Irgendwie spüren wir, wie man hier miteinander umgeht, nicht wahr?

Auf einfache Weise lässt sich Beziehungsqualität besprechbar machen, indem wir Merkmale hervorheben, die wir alle in Bezug auf einen bestimmten Menschen oder eine ganz konkrete Gruppe gefühlsmäßig klar unterscheiden können – etwa die fünf unterschiedlichen Beziehungsqualitäten in Abbildung 1.

Jede dieser fünf Beziehungsqualitäten hat ihren Sinn, doch nicht alle fördern Vertrauen, Innovation, gemeinsame Entwicklung und Social Energy gleichermaßen. So offensichtlich diese Systematik zunächst erscheinen mag, so nützlich ist sie in der Praxis: Denn im Kern kann gegeneinander nichts und nebeneinander kaum etwas geleistet werden, miteinander hingegen

Abbildung 1: Fünf unterschiedliche Beziehungsqualitäten

Qualität / Merkmal	Gegen-einander	Neben-einander	Miteinander	Füreinander	Vereint
Illustratives Beispiel	Verdeckter oder offener Kampf	Wartezimmer, Fußgänger-zone, ein-geschlafene Freundschaft	Kollegen, gute Bekanntschaft	Opferbereit-schaft, echte Freundschaft	Ehe, Grün-derteam, Vereinigte Staaten von Amerika
Was wir empfinden	Aggression, kalte Gleich-gültigkeit, Groll, Abwen-dung, Arg-wohn, Furcht, Ungerechtig-keit, Zorn	Fremdheit, höfliches Desinteresse, Respekt, Zugänglich-keit, keine Beziehung	Verbun-denheit, Zuwendung, grundsätz-liche Hilfs-bereitschaft, Verständnis, Mitgefühl, Zutrauen	Fürsorge, Vergebung, Hingabe, blindes Vertrauen, Geborgenheit, Individualität und gemein-same Identität	Teil eines Ganzen, Einfachheit, Selbstver-ständlichkeit, Stabilität, Klarheit, Verzicht auf Individualität, neue Identität, neuartige Möglichkeiten
Was wir tun	Mauern errichten, uns verteidigen, lästern, kla-gen, kämpfen, angreifen, auf der Hut sein	Uns begeg-nen, aber freundlich ignorieren, unseren Bedürfnissen nachgehen, Ärger ver-meiden	Aufmerksam zuhören, in unsere Beziehung investieren, mitfühlen	Uns bei-stehen und stärken, in den anderen investieren, für-ein-ander Opfer bringen, sich angstfrei in die Hände des anderen begeben	Grenzen abbauen, übergreifende Strukturen schaffen, Aufgaben umverteilen, eins werden
Konsequenz	Trennung, Vernichtung, Platz für Neues	Reibungs-loses Zusam-menleben	Freude, Wir-Gefühl, Schwarm-intelligenz, voneinander lernen	Einheit, multiplizierte Kraft, Social Energy	Verschmel-zung, Ver-einigung, neue Daseins-form

einiges und füreinander Großes. Wie viel Potenzial bleibt auf der Strecke, wenn wir unsere Kräfte gegeneinander richten? Wie viel mehr könnten wir bewirken, wenn wir unsere Kräfte bündelten oder sogar gegenseitig unsere Schwächen ausglichen und uns stärkten, statt über die Unzulänglichkeiten der anderen zu klagen?

Beziehungsqualität ist der Schlüssel zu Social Energy – wie wollen wir anders unser gemeinsames Potenzial ausschöpfen und Kraft entfalten?

Die vier »Einander«, also »gegeneinander«, »nebeneinander«, »miteinander« und »füreinander« und echte Einheit erleben wir in vielen Alltagssituationen: Nicht nur beim Betreten einer Firma, sondern zum Beispiel auch beim Fußball spüren wir, was in einer Mannschaft los ist. Selbst am Bildschirm ist dies wahrnehmbar, ganz ohne selbst mitzuspielen! Und wie viel mag es sogar beim Elfmeterschießen, wo an sich nur noch die Einzelleistung zählt, ausmachen, wie der Schütze beziehungsweise der Torwart den Rückhalt seiner Mannschaft, seines Trainers und seiner Fans empfindet? In der Sportpädagogik sind die »vier Einander« entsprechend ein fester Begriff.

Oder beim gemeinsamen Musizieren: Wenn es gelingt, gibt's Gänsehaut, insbesondere wenn man selbst musiziert – und auch das Publikum wird in diesen Bann gezogen. Manchmal harmonieren Musiker so sehr, dass sie das Gefühl haben zu »verschmelzen«.

Und auch ein kurzer, heftiger Konflikt, nach dem wir wieder zusammenfinden, kann Ausdruck eines lebendigen Miteinanders sein: Selbst wenn wir uns im Moment des Streits wohl kaum sonderlich verbunden fühlen, sind wir auf diese Weise zumindest intensiv im Kontakt und kommunizieren, wenngleich mit unangenehmen Mitteln. Im Vergleich dazu können abweisende Gleichgültigkeit, eine dauerhafte »kalte Schulter« oder etwa die unehrliche »Pseudo-Harmonie« mancher der vorangegangenen Fallbeispiele fraglos ein echtes unterschwelliges Gegeneinander ausdrücken.

Mit welcher Haltung und welchem Verhalten beginnt das »Gegeneinander«? Die Frage hat mich lange sehr beschäftigt. Im dritten Kapitel blicken wir genauer hin und entwickeln Alternativen in Kapitel 3.3 »Einander künstliche Spannungen ersparen«.

Wie jedes Modell hat auch diese Systematik der Beziehungsqualitäten die Eigenheit, dass ein bestimmter Aspekt aus dem Schema etwas heraussticht und auf etwas Neues hinweist. Gegenüber den vier Beziehungsqualitäten »gegeneinander«, »nebeneinander«, »miteinander« und »füreinander« lässt echte Einheit mit ihrer auf Dauer angelegten Bindung eine andere Wesensart entstehen, gewissermaßen eine neue Dimension: Wenn Strukturen verschmelzen, etwa bei einer Gründergemeinschaft, einer GbR, der begeisterten Fusion zweier Organisationen oder der freiwilligen Zusammenlegung zweier Unternehmensteile, oder im Privaten bei Familiengründung, Ehe oder ähnlichen auf Dauer angelegten Formen des Zusammenlebens, geben wir abgrenzende und redundante Strukturen auf und schaffen neue, übergreifende Organe und entsprechende neue Hoheits- und Verantwortungsbereiche. Dies schließt nicht aus, dass nach der Euphorie der Fusion später auch trennende Gedanken wieder Raum gewinnen, wie beispielsweise der »Brexit« Großbritanniens nach 45 Jahren Mitgliedschaft in der Europäischen Gemeinschaft beziehungsweise Union. Doch zuvor entsteht aus der Koexistenz etwas Neues, Eigenes, im Idealfall eine neue Identität, die die Beziehung der vormals Getrennten auf eine neue Stufe stellt: Man mag im Inneren immer noch unterschiedlicher Auffassung sein, aber man handelt nach außen als Einheit.

Beziehungsqualität besprechen: Was erleben wir? Was wollen wir?

Es ist geradezu paradox, wie selten wir Beziehungsqualität ausdrücklich zum Gegenstand unserer Betrachtungen machen, wenn wir die Rahmenbedingungen von gelingenden Veränderungsprozessen thematisieren. Natürlich sprechen wir oft über unser Verhältnis zu anderen, insbesondere unser Urteil über die andere Person: »Den mag ich nicht«, »Der ist gut«, »Ich weiß nicht, was ich von dem halten soll.« Zugleich tun wir im Arbeitskontext häufig so, als sei es ein Gradmesser von Professionalität, mit jedem Kollegen ein sauberes Nebeneinander hinzubekommen und im Übrigen durchsetzungsstark zuzusehen, dass wir unsere eigenen Ziele erreichen, also die Ellbogen auszufahren. Der produktive Zugewinn eines echten Miteinanders oder gar eines hingebungsvollen Füreinanders gerät bei dieser Sichtweise völlig aus dem Blick. Entsprechend lassen sich viele der zuvor beschriebenen Fallbeispiele in diesem Kapitel deuten.

Nichtsdestotrotz stellt sich die Frage, inwieweit die eine Beziehungsqualität grundsätzlich »gut« und die andere grundsätzlich »schlecht« ist. Aus meiner Sicht spricht auch hier vieles dafür, statt absoluter Werturteile vielmehr zu betrachten, welche Beziehungsqualität wofür *geeignet* ist: Tochtergesellschaften auf verschiedenen Kontinenten genügt im Zweifel ein gepflegtes Nebeneinander, und sie empfänden ohne gemeinsame Ziele den Zeitaufwand eines Miteinanders womöglich als so überflüssig, wie es uns stressen würde, wenn wir samstags im Einkaufszentrum mit jedem Menschen ein Gespräch führen müssten, dem wir begegnen. Selbst ein Gegeneinander kann betriebsintern eine notwendige Haltung sein, etwa wenn es darum geht, mit klarer Kante Korruption zu bekämpfen – und ohnehin nach außen, etwa um mit vereinter Kraft eine feindliche Übernahme zu verhindern. Andererseits ist beispielsweise ein Füreinander unabdingbar, wenn eine Gruppe gemeinsam ein Wagnis eingehen möchte – sei es eine riskante Bergbesteigung oder die Gründung eines Unternehmens.

Als wesentlichen Nutzen für die Organisation schafft das hier vorgestellte Modell der Beziehungsqualität eine gemeinsame Blickrichtung und verständliche Begriffe, mit deren Hilfe wir uns leichter darüber verständigen, was wir hinsichtlich einer bestimmten Beziehung empfinden und was wir anstreben. Dabei geht es im Zusammenhang mit Beziehungsqualität nicht um ein absolutes »Schneller, höher, weiter« mit dem Ziel, »ganz oben« anzukommen, sondern letztlich um eine Investitionsentscheidung: Jede Beziehung, die wir eingehen, will gepflegt sein, und wir sind gut beraten, zu entscheiden, auf welche wir uns einlassen und auf welche nicht. Weit nützlicher ist es, sich im Dialog mit anderen in Bezug auf ganz konkrete Situationen über die Unterschiede unserer Wahrnehmungen und Wünsche auszutauschen.

Denn über Beziehungen zu sprechen, ist ohnehin heikel genug; mit schwammigen Schlagworten, Werturteilen oder gar ganz ohne gemeinsame Sprachbasis wird das Thema geradezu unbesprechbar. Der andere mag eine bestimmte Beziehung ganz anders empfinden als wir, doch sobald wir zumindest davon ausgehen können, dass er für bestimmte Empfindungen gleiche Begriffe und Kategorien verwendet wie wir, wird es erst möglich, auf dem schwierigen Terrain des Beziehung-Besprechens vertrauensvoll unsere Perspektiven auszutauschen.

Eine solche differenzierende Beschreibungsmöglichkeit ist insbesondere wichtig, weil sie uns erleichtert, Unterschiede zwischen Kontexten zu benennen: Nehmen wir beispielsweise an, wir pflegen zur Nachbarabteilung ein solides Nebeneinander, konkurrieren aber innerhalb unserer Abteilung unter dem Deckmäntelchen eines harmonischen Miteinanders unbewusst und erbittert um Budgets und Ressourcen. Welches Problem sollten wir in diesem Gedankenexperiment nun zuerst angehen? Leichter besprechbar ist sicher das Verhältnis zur Nachbarabteilung (»Die unterstützen uns nicht!«), doch nötiger erscheint wohl, das schwer besprechbare Innenverhältnis im Team (»Arbeiten wir hier eigentlich gegeneinander oder füreinander?«) in den Blick zu nehmen.

Eine unternehmensweit vereinbarte Sprache, der gemeinsame Definitionen zugrunde liegen, unterstützt uns sehr dabei, klar zu beschreiben, was wir wahrnehmen, ohne zu werten. Das hier vorgestellte Modell der Beziehungsqualität liefert hierfür einen strukturierten, intuitiv nutzbaren Rahmen, um Probleme der Zusammenarbeit alltagstauglich zu benennen und einzuordnen. Anregungen, wie Sie dieses und die folgenden Frameworks dieses Buches im Betrieb praktisch nutzen können, gibt *Social Energy Language and Framework* »SELF« in Kapitel 4.

Im »Change« sind Weg und Ziel identisch

Wesentlich bei der Betrachtung unserer Beziehungsqualitäten im Kontext von Kulturwandel ist auch, dass Beziehungsqualität nicht nur etwas über die Aussichten des Veränderungsprozesses aussagt, sondern auch über die Qualität der Veränderung selbst. Dies ist ein Aspekt, dessen Bedeutung für Kulturwandel man kaum überschätzen kann: Meist betrachten wir »den Change-Prozess« (Ansätze, Ressourcen, Meilensteine et cetera) getrennt von dem, was »der Change« eigentlich erreichen soll (Innovation, Wachstum, Mitarbeiterbindung et cetera). Tatsächlich ist dies aus der Perspektive der Beziehungsqualität ein und dasselbe: In dem Maße, wie wir im Transformationsprozess bereits die Beziehungsqualität der Beteiligten in den Mittelpunkt stellen, nähern wir uns dem Ziel der Transformation. Mit anderen Worten: Unser Ziel ist zugleich schon unser Weg. Ziel und Prozess sind im Kulturwandel ein und dasselbe. Wir können gar nicht anders, als »im Change« vorzuleben, was wir anstreben.

Denn betrachten wir noch einmal die beschriebenen Stolpersteine durch diese Brille: Wie steht es um unsere Beziehungsqualität, wenn »der Change« von oben kommt, wenn wir uns im Prozess gegenseitig etwas vormachen, wenn wir versuchen, durch »den Change« Vorteile zulasten anderer Beteiligter zu erringen, oder wenn wir uns in Kämpfe darüber begeben, welcher Transformationsansatz der richtige ist? Ein Veränderungsprozess hat unter solchen Rahmenbedingungen kaum Aussichten auf Erfolg. Und »nach dem Change« – wann immer das sein mag – wäre wohl kaum eine begeisternde

Beziehungsqualität zu erwarten, wenn die Veränderungsbemühungen selbst ein ungeeignetes Vorbild für das zukünftige Miteinander geben.

Dieser Abstrahleffekt der Beziehungsqualität besteht nicht nur in Transformationsprozessen, sondern kontinuierlich: Im engen Geflecht der Organisation beeinflussen uns negative Vorbilder so sehr wie positive. »Womit kommt man hier durch? Was führt hier zu welchen Ergebnissen?«, diese Fragen stellen sich uns unbewusst ständig, während wir lernen, wie wir uns in unseren verschiedenen Lebenskontexten besserstellen können. So ziehen uns große Charaktere in ihren Bann, und ebenso übernehmen wir Führungsgewohnheiten von unseren Vorbildern der anderen Art: Ob und wie wir Druck weitergeben, über Abwesende herziehen, Kleinkriege und große politische Manöver fahren oder für kleine und große Aufmerksamkeiten empfänglich sind – all diese Verhaltensweisen senden Signale an unsere Kollegen, was für uns zählt, und wirken ein auf deren Beziehungsqualität zu uns, ebenso wie auf unsere zu ihnen.

Beziehungsqualität ist in jedem Kontext eine bedeutsame Empfindung, die es immer wieder wert ist, zu artikulieren. Sie korreliert mit einer Reihe anderer beobachtbarer kultureller Werte, etwa mit der Frage, inwieweit wir uns vertrauen und achten. Auf den ersten Blick überraschend unabhängig erscheint Beziehungsqualität zu einer bestimmten Person davon zu sein, ob wir meinen, auf die Person angewiesen zu sein, oder inwieweit wir die Außenwelt außerhalb der betrachteten Beziehung als sicher erachten. Mit anderen Worten: Wir können stark aufeinander angewiesen sein und nichtsdestotrotz eine schlechte Beziehung führen; und wir können auch dann eine gute Beziehung führen, wenn die Welt jenseits der betrachteten Beziehung uns Sorgen oder gar Angst macht.

Psychologische Sicherheit: Weicher Faktor, harte Münze

Ganz besonderes Gewicht haben Beziehungsqualität und der offene Austausch darüber, wenn wir die Bedeutung von Sicherheit und Ängsten innerhalb unserer Beziehungen betrachten: Ob wir gemeinsam mit einem Kollegen eine brenzlige Situation durchstehen oder vor dem Kollegen selbst Angst haben, macht einen gewaltigen Unterschied – für die Betroffenen wie für die Erträge des Unternehmens. Google hat hierzu im Jahr 2016 eine interessante, mit starker Empirie unterlegte interne Studie vorgelegt.

Was Teams leisten (können)

Ein internes Forschungsteam um Prasad Getty, Googles Vice President of People Operations, stellte beim BetterWorks Goal Summit im Mai 2016 die Ergebnisse einer zweijährigen internen Studie vor, die anhand von 200 Interviews und 35 statistischen Modellen zu 180 internen Teams bei Google untersuchte, welche Faktoren tatsächlich einen Unterschied machen in der Frage, was ein Team leisten kann. Demzufolge macht beispielsweise die individuelle Qualifikation der Teammitglieder weit weniger aus als die Art und Weise, wie das Team zusammenarbeitet. Auch taugen populäre Vergleiche mit Sportmannschaften immer weniger als Vorbild, je mehr die heutigen Aufgaben gerade in internationaler oder fachübergreifender Zusammenarbeit erfordern, dass die einzelnen Talente auch dann gut ineinandergreifen, wenn man sich kaum oder niemals persönlich begegnet oder in einer Vielzahl von ganz unterschiedlichen Teams und Projektgruppen eingebunden ist.

Unter dem Strich, konstatierte Prasad Getty, fand seine Studie drei Schlüsselfaktoren, welche die Leistungsfähigkeit der untersuchten Teams merklich beeinflussten:

1. Die tiefere Bedeutung der Zusammenarbeit – insbesondere die Frage, wem die eigene Arbeit zugutekommt;
2. eine gute Balance von klaren Strukturen und Selbstorganisation – also ein flexibler Rahmen, der die Bedürfnisse der Beteiligten nach Autonomie und Verbundenheit gut miteinander in Einklang bringt;
3. »psychologische Sicherheit« – in dem Sinne, dass das Team einen angstfreien Raum bietet, in dem beispielsweise auch schlechte Nachrichten ohne Scham und Angst vor Strafe ausgesprochen werden können.

Den ersten Befund dieser Studie – die Schlüsselfunktion der Sinnstiftung für die Leistungsfähigkeit von Teams – kann ich gar nicht genug unterstreichen. Die Frage, was Menschen aus welchen Gründen wirklich etwas *bedeutet*, spielt im menschlichen Entwicklungszyklus eine große Rolle, der uns ab Kapitel 2 immer wieder begegnen wird. Viele andere Publikationen thematisieren Sinn und Bedeutung (engl. sehr treffend *purpose*); auch in meinem ersten Buch *Management Y* habe ich »Menschen ehrlich begeistern« ein ganzes Kapitel gewidmet.

Googles Befund deckt sich mit zahlreichen weiteren Untersuchungen zu menschlicher Leistungsfähigkeit, Innovationskraft und Veränderungsbereitschaft, wie die einschlägigen Mitarbeiter- und CEO-Befragungen von Gallup, McKinsey und IBM jedes Jahr aufs Neue in erschreckender Konsistenz belegen. Viele Arbeitnehmer sind demnach kaum bereit, sich aktiv für die Ziele ihrer Firma einzusetzen – oder haben sogar schon innerlich gekündigt, mit den einschlägigen Folgen: mehr Fehltage, sinkende Produktivität und zunehmende Mitarbeiterfluktuation.

Und auch der zweite Befund – eine gute Balance von gegenseitiger Abhängigkeit und Unabhängigkeit – steht seit langem im Blickpunkt der Organisationsgestaltung. »Richtig« ist weder das eine Extrem noch das andere, sondern wohl am ehesten ein situativ stimmiges Sowohl-als-auch. Ob wir mit dem einen Mitarbeiter aus bestimmten Gründen eine Zeit lang engere Vorgaben vereinbaren, der andere ins kalte Wasser springt, der nächste mit seinen Kollegen eine klare Rollenverteilung ausmacht und fünf andere für ihr Projekt flexible Selbstorganisation ohne festgelegte Zuständigkeiten anstreben – idealerweise ist für all dies Raum: und zwar Raum sowohl für unterschiedliche Formen von Freiheit und Bindung als auch für die notwendigen Dialoge darüber.

Neben diesen beiden häufigen Diskussionsgegenständen – *wofür* und *wie* wir uns organisieren – tritt in Googles interner Studie ein ganz wesentlicher dritter Punkt, nämlich wie *sicher* wir uns in der Organisation fühlen. Über diesen Aspekt wird selten diskutiert, obwohl er die besondere Bedeutung von Beziehungsqualität aus einem ganz anderen, ausgesprochen wichtigen Blickwinkel unterstreicht: Wie angstfrei wir uns am Arbeitsplatz bewegen, hat enormen Einfluss auf unsere berufliche Leistungsfähigkeit – weit mehr als Lob, Boni oder die Arbeitsinhalte selbst, wie die psychologische Forschung seit Jahrzehnten belegt.

Dieses Bild deckt sich auch mit dem gesunden Menschenverstand: Wenn wir uns bei einem anderen Menschen nicht wirklich sicher fühlen oder meinen, uns nicht zeigen zu können, wie wir sind – Beziehungsqualität »gegeneinander« oder »nebeneinander« –, fällt es uns sehr schwer, gemeinsam mit diesem Menschen produktiv zu arbeiten. Zu viel Energie und Aufmerksamkeit müssen wir darauf verwenden, uns zu verstellen oder uns gar dagegen zu wappnen, von diesem Menschen unangenehm überrascht zu werden. Konkret gemessen führte dies bei Google zum Beispiel dazu, dass Vertriebsteams, die in der Studie geringe psychologische Sicherheit angegeben hatten, ihre Vertriebsziele durchschnittlich um 19 Prozent verfehlten, während

Teams mit geringer teaminterner Angst ihre Ziele im Schnitt in ähnlicher Höhe übertrafen. Betrachtet man, von welchen Faktoren Vertriebszahlen noch abhängen (nicht zuletzt Produkt, Preis und Kundenzufriedenheit), sind 38 Prozent Unterschied im durchschnittlichen Verkaufserfolg äußerst signifikant.

Ein leistungsfähiges Miteinander hat es schwer, sich zu entfalten, wenn wir unsere echten Seiten voreinander verbergen oder unsere Aufmerksamkeit sich gar argwöhnisch gegeneinander richtet. Doch Angst und gegenseitige Vorsicht innerhalb eines Teams sind kein Naturgesetz, sondern entstehen mit der Zeit. Das Verhalten und die inneren Einstellungen jedes Einzelnen tragen dazu bei, ob die Mitglieder eines Teams sich auf ihre Aufgaben oder auf ihre Profilierung und ihren natürlichen Selbstschutz konzentrieren. Man stelle sich einen Organismus vor, dessen Bestandteile sich wichtige Impulse vorenthalten oder die gar voreinander auf der Hut sind: Der Magen beäugt die Beine, die Arme hüten sich vor den Ohren, und alle fürchten das böse Hirn ... Skurrile Vorstellung, aber ist sie wirklich so weit entfernt von dem, was sich auf der zwischenmenschlichen Ebene in vielen Betrieben abspielt?

Die entscheidende Frage ist: Wie könnten wir auf allen Ebenen dazu beitragen, dass eine Organisation intern ein angstfreier, lebendiger Raum wird, und alle Kraft sich auf die Außenwelt richten kann? Entsprechend grundlegend sind Themen wie »Bedeutung«, die Balance von »Ich« und »Wir« sowie ein tieferes Verständnis von Motivation und Angst (ab Kapitel 2.3 »Werte: Was wir schätzen, was wir schützen«).

Gewichtige, spannende Themen – doch bleiben Sie zunächst noch einen Moment bei der Beziehungsqualität und vertiefen die bisherigen Gedanken mit der folgenden Reflexion.

Beziehungsqualität wahrnehmen

Beziehungsqualitäten wahrzunehmen ist eine Fähigkeit, die jeder trainieren kann. Es kann aber durchaus eine Weile dauern, wieder ein klares Gefühl dafür zu entwickeln. Denn oftmals ist unsere Wahrnehmung sehr stark vom Kopf bestimmt, von Gedanken, Wunschvorstellungen oder Werturteilen. Je deutlicher wir hingegen bewusst spüren, wie verbunden und sicher wir uns in einer Situation fühlen, desto eher wird unsere Beziehungsqualität besprechbar und damit veränderbar.

- An welche Menschen denken Sie spontan, wenn Sie über Beziehungs- qualität nachdenken? Notieren Sie kurz, wer Ihnen einfällt, zunächst ohne weitere Betrachtung.
- Ergänzen Sie nun weitere wesentliche Beziehungen, die Ihnen viel bedeuten – in der Familie, im Freundes- und Bekanntenkreis, in der Freizeit (Hobby, Verein et cetera) oder in der Arbeit –, ganz gleich ob Sie sich auf einzelne Personen, ein Team oder eine Gruppe bezie- hen.

Gehen Sie noch einmal zurück zur »Systematik unterschiedlicher Bezie- hungsqualitäten« und versetzen Sie sich der Reihe nach in die verschie- denen Beziehungsqualitäten hinein.

- Welche Beziehungen kommen Ihnen nun bei jeder der Spalten in den Sinn? Denken Sie nicht viel nach, suchen Sie keine Schuldigen, sondern erkunden Sie Ihre Gefühle und welche Situationen Ihnen unwillkürlich als Erste vor Ihrem geistigen Auge erscheinen.
- Was sagt Ihr Bauchgefühl: Wo stehen Sie in einzelnen Beziehungen? Können Sie sich zeigen, fühlen Sie sich sicher und frei? In welchen Konstellationen spüren Sie ein Gegeneinander, ein Nebeneinander, ein Miteinander oder ein Füreinander?

Wechseln Sie nun die Perspektive, und betrachten Sie einzelne Bezie- hungen aus einer anderen Warte:

- Was sagt Ihr Bauch hier, ganz intuitiv und spontan: Wie würde die- ser Kollege, dieser Freund oder dieses Familienmitglied seine Bezie- hungsqualität mit Ihnen einschätzen?
- Wenn Sie versuchen, sich einfach nur einzufühlen, ohne zu werten: Wo entdecken Sie Unterschiede zu Ihrem eigenen Empfinden? Wo sind Gemeinsamkeiten?

Was haben Sie entdeckt? Wenn Sie sich noch etwas Zeit nehmen möch- ten, kehren Sie nun zurück zu der Situation, die Sie bei der Reflexion »Blickwinkel wechseln« ausgewählt hatten:

- Was könnte sich entwickeln, wenn die Beziehungsqualität in dieser Situation offen besprechbar wäre? Was würden die Beteiligten über- einander lernen, welche neuen Seiten könnten sie aneinander ent- decken? Welche Lösungswege könnten sich eröffnen?

- Welche Beziehungsqualität bräuchte es denn in dieser Situation – oder auch in einer Ihrer eigenen Beziehungen – damit sie sich für Sie wirklich stimmig anfühlen würde?

In Kapitel 3 betrachten wir tiefere Zusammenhänge und Lösungswege für Konflikte in der Beziehungsgestaltung.

Challenge Map: Tiefere Herausforderungen besprechbar machen

Jeder Veränderungsimpuls stellt uns vor eine ganze Reihe von Fragen, und oft zieht es uns zu bestimmten Antworten, bevor uns die grundlegende, die entscheidende Frage überhaupt bewusst ist: »Wir müssen mit den Kosten runter«, sagen wir vielleicht, aber könnte die Kostensituation womöglich für ein tieferes Problem stehen? »Wir brauchen einen anderen Umgang mit Fehlern« – auch so ein Klassiker im Kulturwandel. Doch Hand aufs Herz: Welche tieferliegenden Wünsche und Hindernisse könnten hinter unseren Veränderungszielen stehen: Zeit? Beziehungsqualität? Zutrauen? Was noch alles? Geht es in Wirklichkeit, auf der Ebene der Ursachen solcher Veränderungswünsche, nicht eher um einen Mangel an gegenseitigem Austausch oder an Mut zu heiklen Dialogen?

Offener Dialog, Respekt und gegenseitiges Zuhören können helfen, Veränderungsziele leichter zu erreichen. Ein wichtiger Schritt zu Beginn jedes gemeinsamen Veränderungsvorhabens ist es daher, in Austausch zu treten und gemeinsam eine Übersicht zu gewinnen, welche Veränderung den Beteiligten vorschwebt. Denn hier gehen bei aller Einigkeit, dass sich etwas ändern muss, die Vorstellungen naturgemäß schnell auseinander. Was wollen wir erreichen? Zu welchem Zweck? Und was ist dafür zu tun? Oder, mehr auf der häufig entscheidenden emotionalen Ebene: Wie steht es um unsere Beziehungsqualität? Eine gemeinsame Erkundung des Veränderungsvorhabens und seiner Rahmenbedingungen hilft uns, gemeinsam genauer hinzusehen – statt dem erstbesten Impuls zu folgen und Veränderung dort zu forcieren, wo sie uns am meisten zu stören scheint.

Die Challenge Map ist ein bewährtes, einfaches Diskussionsformat, um zum Einstieg in ein geplantes Veränderungsvorhaben wesentliche Fragen auf der Sachebene schnell und sehr leicht in Gruppen so weit zu erkunden, wie es im Moment angemessen erscheint. So entsteht ein Gesamtbild der grundlegenden Motive und Voraussetzungen für das geplante Vorhaben. Diese gemeinsame Kartierung der Situation und ihrer wahrgenommenen Zusammenhänge und vor allem der wertschätzende gegenseitige Austausch schaffen eine belastbare Grundlage für die weitere gemeinsame Entwicklungsarbeit.

Im Mittelpunkt steht eine vorab festgelegte Ausgangsfrage, etwa: »Wie könnten wir innovativer werden?« Das Grundprinzip ist, nun in zwei Richtungen weiterzufragen:

- Wofür ist das gut? (Wunsch)
- Was braucht es dafür? (Hindernis)

Die eiserne Regel bei der Challenge Map und damit ihr Erfolgsrezept lautet: Jede Ansicht, jeder Beitrag eines Teilnehmers, egal ob Wunsch oder Hindernis, wird in Form einer sogenannten »Wie könnten wir«-Frage (kurz WKW-Frage) formuliert.

Der Clou dabei: Eine WKW-Frage ist eine offene Frage, sie gibt im Gegensatz zur Entscheidungsfrage keine Antwortalternativen vor. Unter den offenen Fragen gelten in Veränderungsprozessen »Wie könnten wir«-Fragen als diejenigen mit dem größten Potenzial, neue Perspektiven und Möglichkeiten zu eröffnen. Ein Beispiel: Die Frage »Wie könnten wir dafür sorgen, dass wir uns in der Kantine gesünder ernähren?« führt zu einem anderen, ergebnisoffeneren und womöglich weiterführenden Gesprächsverlauf als »Verbannen wir die fette Bratwurst endlich vom Speiseplan?«. Die Besonderheit liegt in der Einladung an die Adressaten, sich von der Ausgangsfrage zu neuen Gedanken inspirieren zu lassen und dabei weiter zu kommen als bei klassischen offenen oder gar geschlossenen Fragen.

Die Challenge Map macht intensiv Gebrauch von WKW-Fragen, um eine komplexe Herausforderung oder ein Vorhaben gemeinsam zu erörtern. Sie macht auf diese Weise individuelle Annahmen, Anliegen und Sichtweisen besprechbar und erleichtert damit erheblich, ein neues, gemeinsames Bild der zugehörigen Beweggründe und Aufgaben zu entwickeln und auch kontroverse Blickwinkel und Wünsche jedes Einzelnen zu integrieren. Dies macht sie zu einem unverzichtbaren Instrument, um in der Gemeinschaft den Beteiligten die unterschiedlichen Zielsetzungen und grundlegenden Motive von Veränderungsimpulsen als Ressource zu erschließen. Im Ergebnis entsteht auf der Sachebene nach dem tiefen, verbindenden Austausch ein greifbares Bild der wesentlichen anstehenden Ziele und Aufgaben.

Abbildung 2: Die Challenge Map ist ein kurzweiliges Besprechungsformat, um in die Tiefe zu kommen.

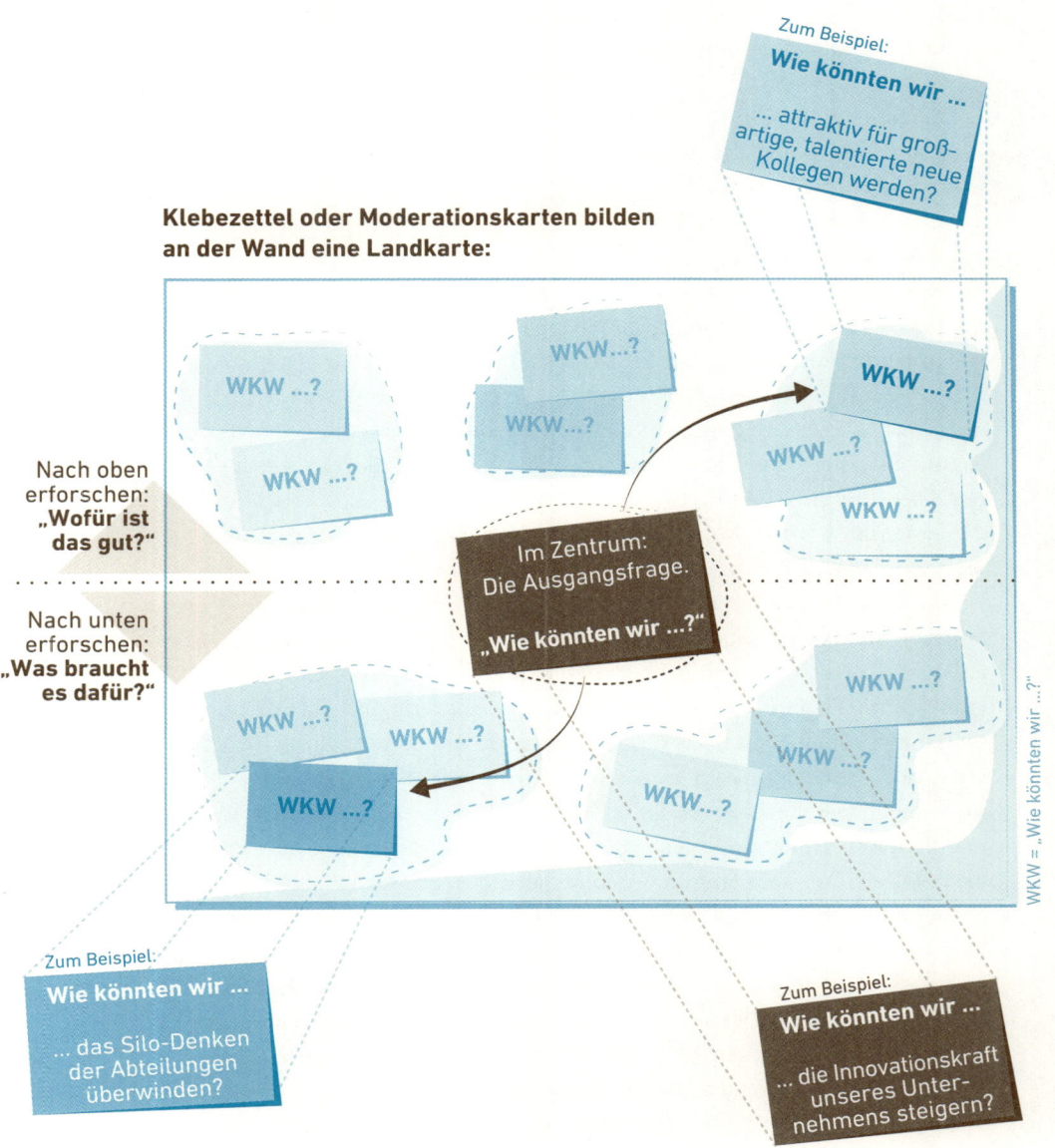

Zum Beispiel:

Wie könnten wir …

… attraktiv für groß-artige, talentierte neue Kollegen werden?

Klebezettel oder Moderationskarten bilden an der Wand eine Landkarte:

WKW …?

WKW …?

WKW …?

WKW …?

WKW …?

WKW …?

WKW …?

Nach oben erforschen: **„Wofür ist das gut?"**

Im Zentrum: Die Ausgangsfrage.

„Wie könnten wir …?"

Nach unten erforschen: **„Was braucht es dafür?"**

WKW …?

WKW …?

WKW …?

WKW …?

WKW …?

WKW …?

WKW …?

WKW = „Wie könnten wir …?"

Zum Beispiel:

Wie könnten wir …

… das Silo-Denken der Abteilungen überwinden?

Zum Beispiel:

Wie könnten wir …

… die Innovationskraft unseres Unter-nehmens steigern?

Challenge Map: Gemeinsame Wünsche und Hindernisse entdecken

Sie brauchen Ihre Kollegen, einen Raum mit einer freien Wand oder Moderationswand pro Kleingruppe, 60 bis 90 Minuten Zeit und pro Teilnehmer einen Stift und zehn etwa postkartengroße Klebezettel oder Moderationskärtchen.

Die Teilnehmer finden in Kleingruppen von drei bis maximal sechs Personen zusammen. In die Mitte ihrer freien Wandfläche platziert jede Gruppe eine Karte mit der Ausgangsfrage ihrer zentralen Herausforderung, natürlich formuliert als »Wie könnten wir«-Frage, zum Beispiel »WKW innovativer werden?«. Am Rand ihrer Wand notieren die Teilnehmer einen Pfeil nach oben, beschriftet mit »Wofür?«, und einen Pfeil »Wodurch?« nach unten. Die zentrale Frage der Gruppe ist vorab benannt worden, etwa mit der Einladung zum Termin.

Als Variante können die Teilnehmer stattdessen auch selbst ihr eigenes wichtigstes Anliegen auf eine Karte schreiben und diese nebeneinander auf die Mittelachse zwischen »Wofür« und »Wodurch« platzieren. Die Themenvielfalt nimmt dadurch naturgemäß zu, doch auch in dieser Variante wird spürbar, wie sehr man an einem Strang zieht und wo gemeinsame Anliegen und Synergien bestehen.

Als Nächstes notieren die Teilnehmer, jeder für sich, in fünf Minuten Stille auf einigen wenigen Karten zum einen, wofür es wirklich wichtig ist, dass man sich mit dieser Frage beschäftigt, und wofür dies wiederum wichtig ist et cetera. Zum anderen schreiben sie auf, was dafür unbedingt nötig ist, und was hierfür wiederum unbedingt erforderlich wäre, und so weiter. Ziel ist es, das wirklich Wesentliche festzuhalten – nicht möglichst viele Karten zu füllen. Dabei ist es entscheidend, wie in Abbildung 2 dargestellt jede Karte als »Wie könnten wir«-Frage zu formulieren. Das ist anfangs ungewohnt, aber immer möglich. Sind wir bequem und tun es nicht, verlieren wir ungemein an Kreativität und Durchdringungstiefe.

Nach Ablauf der Zeit pinnen oder kleben alle Teilnehmer ihre Karten oder Haftnotizen an geeigneter Stelle über und unter die Ausgangsfrage, und stellen sie sich gegenseitig kurz vor. Wo sich Themen ähneln und Zusammenhänge bestehen, werden Karten zusammengelegt.

Anschließend haben die Teilnehmer fünf bis zehn Minuten Zeit, über die bisherigen Erkenntnisse nachzudenken, die Ideen der anderen zu reflektieren und wichtige fehlende Aspekte zu ergänzen.

Nach etwa einer halben Stunde werden die Karten grob nach den ausschlaggebenden Themen geclustert und den anderen Gruppen kurz vorgestellt. Zum Abschluss tauschen sich alle gemeinsam darüber aus, was die gefundenen Ergebnisse für sie bedeuten.

Die Challenge Map blickt – entsprechend der aus Qualitätssicherungsmethoden wie Six Sigma und Kaizen bekannten Explorationsmethode »Fünfmal warum« – aus verschiedenen Blickwinkeln hinter die Kulissen unserer Gegebenheiten und Herausforderungen und bringt damit eine nützliche Übersicht über die verschiedenen Perspektiven, Motive und Lösungsansätze der Teilnehmer. Darüber hinaus leistet sie durch die Verbindung der Perspektiven aller Beteiligten aber noch einiges mehr. Denn wo die gemeinsame Orientierung auf der Sachebene, also an der Oberfläche der Phänomene, einen guten Einstieg in gemeinschaftliche Entwicklungsprozesse gibt, liegen die wahren Schätze, die Sie mit der Challenge Map heben können, noch tiefer: Silodenken aufbrechen, Raum für Dialog schaffen, sich noch einmal ganz anders kennen lernen et cetera.

Das offene, hierarchieübergreifende Erkunden der Ausgangsfrage und der dabei entstehende Austausch können in der Tiefe weitere Entwicklungen, Gedanken und Erkenntnisse anstoßen. Regelmäßig höre ich Teilnehmer beim Workshop zueinander sagen: »Mensch, jetzt arbeiten wir schon so viele Jahre zusammen, und heute habe ich dich von einer ganz anderen Seite erlebt«, oder »Jetzt verstehe ich, wie ihr in eurer Abteilung das Problem seht … ganz anders als wir in unserem Bereich. Und irgendwie habe ich trotzdem jetzt mehr als vorher das Gefühl, dass wir an einem Strang ziehen können.«

Manchmal führt die Challenge Map auch zu überraschendem Unmut: Etwa wenn einzelne Gruppen feststellen, dass die Probleme, die sie an der Wand kartiert haben, schon seit Jahren bestehen und sich immer noch nicht verbessert haben. »Es ärgert mich, dass wir nach einer Stunde schon wieder bei denselben Themen ankommen wie jedes Jahr. Ich dachte, wir entdecken hier etwas Neues!«, machte sich eine Seminarteilnehmerin einst Luft. Der Ärger ist verständlich und zeigt in solchen Fällen vor allem, dass die Ausgangsfrage offenbar am eigentlichen Thema der Teilnehmer vorbeiging: Man glaubt, man hätte ein Innovationsproblem, doch in Wahrheit hat man ein Vertrauensproblem. Oder ein Disziplinproblem. Oder ein Führungsproblem. Oder ein anderes Problem, das wesentlich tieferliegt und schwieriger zu besprechen ist, als zu erörtern, ob die Abteilungen für echte Innovation mit genügend leistungsfähigen Laptops und Flachbildschirmen ausgestattet sind – mehr dazu unter »Zehn typische Veränderungsziele von Kulturwandelprojekten« im folgenden Abschnitt.

Wir könnten angesichts solcher diffusen, unangenehmen Problemstellungen den Kopf einfach in den Sand stecken. Doch wenn wir die mit der Challenge Map aufgeworfenen Fragen entschlossen angehen, stehen die Chancen nicht schlecht, unser ursprünglich gestecktes Ziel tatsächlich zu erreichen und dabei noch eine Menge über uns zu lernen, das uns hilft, auch bei eher heiklen Themen gemeinsam dranzubleiben, statt ihnen auszuweichen und zum Tagesgeschäft überzugehen.

Insofern ist der naheliegende nächste Schritt meist, die zutage getretenen Aufgaben auf die Teilnehmer zu verteilen – möglichst in Zweiergruppen, in denen die Teilnehmer sich leichter gegenseitig austauschen und verantwortlich halten können.

Ein anderer nächster Schritt könnte eine weitere Challenge Map sein, mit einer tiefergehenden Ausgangsfrage, zum Beispiel: »Wie könnten wir in den kommenden drei Wochen entschlossen das tieferliegende Problem angehen, das uns seit Jahren zu lähmen scheint – etwa unsere Beziehungsqualität?«

1.3 Schätze im Verborgenen: Entdeckungsreise in die Tiefe

So gut wie nie ist es nur genau eine Ursache, die einen hartnäckigen Missstand hervorruft. Kein Problem steht allein auf einem Bein. Fast immer ist es ein ungünstiger Mix tieferliegender Phänomene, die in ihrem Zusammenspiel die Situation bewirken, die wir ändern wollen. Bei solcher Komplexität ist es selten ein geeigneter Weg zu behaupten, die einzig wahre Lösung von vornherein zu kennen. Wir können nur gemeinsam aus verschiedenen Blickwinkeln mögliche Ansätze erkunden und mögliche Lösungen entdecken: Wir kommen also nicht umhin, uns überraschen zu lassen.

Erst wenn wir unseren Fokus auf die Wurzeln der zu verändernden Phänomene richten, können wir wirksam ergründen, warum bisherige Change-Initiativen gescheitert sind, selbst wenn mit den neuesten Tools und den kreativsten Methoden gearbeitet wurde. Sobald wir über diese Hemmnisse offen und ehrlich miteinander in regen Austausch kommen, haben wir reelle Chancen, gemeinsam in den »Veränderungsmodus« zu wechseln und die Kraft von Social Energy zu nutzen.

Fokus auf Wurzeln

Viele Reformversuche der Unternehmenskultur adressieren letztlich Symptome, und die spannende Frage ist: Symptome wovon?

Die Beispiele typischer Veränderungsziele von Kulturwandelprojekten zeigen das Dilemma: Sicher entspricht es guter Projektmanagementpraxis, die Bemühungen auf beobachtbare Zielgrößen zu konzentrieren. Doch bei allen Punkten fehlt ein ganz wesentliches Element: die unmittelbare Veränderbarkeit der tieferliegenden Ursachen und damit die Planbarkeit der Veränderung.

Zeitliche Zielvorgaben (»Der Change muss bis zur Fusion durch sein!«) verstärken noch die Illusion, Kultur- und Verhaltensänderungen seien so planbar wie der Bau einer neuen Lagerhalle: Wunsch – Auftrag – Projektcontrolling – fertig! Und wie wir alle wissen, läuft selbst bei noch so gut durchdachten Bauvorhaben nicht immer alles reibungslos und planmäßig ab – geschweige denn bei zwischenmenschlichen Themen.

Weder im Beruflichen noch im Privaten passt bei menschlichen Entwicklungen das komfortable Bild der »Maschine«, wo wir meinen, mit dem richtigen Kunstgriff jederzeit den gewünschten Effekt bewirken zu können. Innovationskraft verdoppeln, Loslassen lernen, Beziehungsqualität steigern, Rauchen aufhören, Fußballweltmeisterschaft gewinnen: alles nur eine Frage der richtigen Planung?

Nun, wir schmunzeln, denn wir wissen: Die Welt ist komplex, manches Team erst recht, und bloße Planung ist systemischer Komplexität per Definition nicht gewachsen – zumal es noch nie viel gebracht hat, Symptome verändern zu wollen statt ihrer Ursachen. Dabei es ist mitnichten so, dass wir in komplexen menschlichen Systemen nichts Gutes bewirken könnten. Wir haben nur zu wenig Erfahrung damit, und wir richten den Blick nicht in die entscheidende Richtung – nämlich in die Tiefe, zu den Wurzeln der beobachtbaren Phänomene, Resultate und Symptome, die wir so gerne ändern würden: nicht um dort Schuldigensuche zu betreiben, sondern um aussichtsreiche Ansatzpunkte für nachhaltige Entwicklung zu gewinnen. Vor dieser Herausforderung standen und stehen viele Organisationen, die Wege zur Transformation ihres Geschäfts und ihrer Arbeitsweisen suchen und lieber an Äußerlichkeiten feilen.

Abbildung 3: Zehn typische Veränderungsziele von Kulturwandelprojekten

Wir wollen ...	... und könnten an den Wurzeln der Phänomene einiges entdecken, etwa ...
Agilität, Flexibilität und Leistungsbereitschaft fördern	die Lähmung der Organisation
begeisternde Innovation entwickeln	die Bedeutungslosigkeit des Betriebs
talentierte, junge Mitarbeiter gewinnen	das Senioritätsprinzip: Alter geht vor Talent
Empathie, Begeisterung und Partizipation fördern	überwiegende Führung durch Druck
bereichsübergreifende Verbundenheit stärken	patriarchalischer Führungsstil, der Rivalität der Untergebenen fördert
Commitment und Zieltreue steigern	Gewöhnung an übermäßige Unverbindlichkeit im Miteinander
Chancen ergreifen und Fehlertoleranz ausbauen	vorherrschende Angstkultur, die auf empfindlichen Strafen basiert
agiles Projektmanagement einführen	Planungsillusion, statt sich vor Ort der Wirklichkeit auszusetzen
weniger Krankentage	Ursache von Demotivation und Überforderung
EBIT bis 2020 verdoppeln	was Mitarbeiter tatsächlich motiviert

Was liegt dort in der Tiefe, das wir normalerweise nicht sehen, aber betrachten müssten, wenn wir die Veränderung fördern wollen? Edgar H. Schein hat diese Frage zeitlebens fasziniert. Er untersuchte als Professor an der MIT Sloan School of Management die Auswirkungen unserer Einstellungen auf die Organisation und beriet jahrzehntelang große Unternehmen. Heute gilt Edgar H. Schein als geistiger Vater des Organisationsentwicklungs-Klassikers *Die fünfte Disziplin* von Peter Senge und überhaupt als einer der Doyens der modernen Organisationsentwicklung.

Das erweiterte Seerosenmodell nach Edgar H. Schein

Das Seerosenmodell gibt uns wie das Modell der Beziehungsqualitäten einen weiteren einfachen, höchst praxistauglichen Rahmen, um tieferliegende, komplexe Probleme unserer Organisationskultur besser zu verorten und einzuordnen. Es gibt uns ein Gefühl dafür, was wir selbst ändern können, worauf wir Einfluss nehmen können, welche Änderungsprozesse Zeit brauchen und welche Gegebenheiten wir lediglich akzeptieren können, statt sie zu bekämpfen. Je nach Quelle wird es auch als Kulturebenenmodell oder mit etwas anderer Bedeutung als Eisbergmodell bezeichnet.

Das Seerosenmodell unterscheidet verschiedene Kulturebenen von Organisationen, von denen wir auf den ersten Blick nur die oberste, oberflächliche Ebene beobachten können – eben wie die Seerosenblüten und -blätter auf der Oberfläche eines Teichs. Zu dieser beobachtbaren Kulturebene gehören alle sichtbaren Verhaltensweisen im Unternehmen sowie Äußerlichkeiten, wie etwa Strukturen, Logos und Kennzahlen.

Unterhalb dieser Ebene liegen die wahren Treiber für die sichtbaren Elemente, vor allem zahlreiche offizielle und inoffizielle Erwartungen: Was Erfolg ausmacht, wie Entscheidungen tatsächlich zustande kommen, wie mit der Wahrheit und mit Fehlern umgegangen wird und Ähnliches.

Finden um diese zweite Ebene häufig noch zumindest vertrauliche Diskussionen statt, gibt es noch eine dritte, implizite Ebene der vielen Grundannahmen, die als so selbstverständlich angenommen werden und so tief in den allgemein vorherrschenden und individuellen Vorstellungen und Weltbildern verwurzelt sind, dass sie den Mitgliedern der Organisation zumeist im Unternehmensalltag nicht bewusst sind. Diese Wurzeln bestimmen stark unser Verhalten und werden manchmal »vom Gefühl her« durchaus wahrnehmbar, etwa wenn wir zu einer Beförderung oder Neueinstellung zu erklären versuchen, warum wir meinen, dass jemand »passt« oder nicht.

Die Veränderlichkeit dieser Wurzeln auf der dritten Ebene ist es, um die es bei Kulturwandel geht. Als festes Gefüge aller Grundannahmen ihrer einzelnen Mitglieder erscheint die Unternehmenskultur per se eher unveränderlich. Doch auf individueller Ebene ist zeitlebens durchaus Weiterentwicklung möglich und auch ganz natürlich, wie wir dank

Abbildung 4: Das erweiterte Seerosenmodell nach Edgar H. Schein

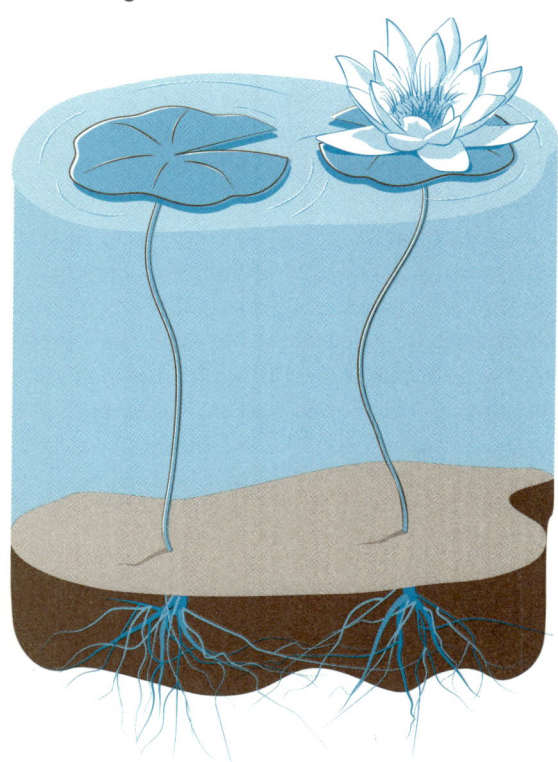

I. Blätter und Blüten
   an der Oberfläche:
   · Beobachtbare
     Verhaltensweisen
   · Prozesse und
     Strukturen
   · Resultate

II. Stängel unter
    der Oberfläche:
    · Führungs-
      vorbilder
    · Gewohnheiten
    · Informelle
      Entscheidungswege
    · Anreizsysteme

III. Wurzeln in
     der Tiefe:
     · Werte
     · Haltungen
     · Grund-
       annahmen

IV. Nährboden:
    · Menschliche
      Kernanliegen
    · Instinkte

der modernen Hirn- und Verhaltensforschung heute schlüssig verstehen (Stichwort: Neuroplastizität).

Daher erweitere ich das dreistufige Organisationskultur-Modell von Edgar A. Schein um eine vierte Ebene: den Nährboden der Wurzeln, sprich unsere biologischen Grundbedürfnisse. Im Wechselspiel unserer eigenen Erlebnisse und unserer im Kern unveränderlichen »Kernanliegen« entwickeln sich unsere persönlichen Lebenseinstellungen und Grundannahmen weiter: Wir lernen hinzu. Dieses individuelle Wechselspiel zwischen der dynamischen dritten und der weitgehend statischen vierten Ebene bildet den Schlüssel zum Kulturwandel. Hier entsteht aus individuellem Umdenken ein Umdenken der Gemeinschaft – ein natürlicher Überlebensprozess von Gemeinschaften, den wir mit geeigneten Maßnahmen der Organisationsentwicklung fördern können.

Wenn man das Seerosenmodell betrachtet, wird deutlich, wo sich Change-Vorhaben normalerweise bewegen: In der Regel kümmern wir uns in Veränderungsprojekten um die Herausforderungen nahe der Oberfläche, also um jene Symptome, die mit bloßem Auge sichtbar sind. Das tun wir allein schon deshalb gerne, weil die tieferen Ursachen dessen, was wir ändern wollen, im Dunkeln, im Verborgenen liegen wie die Wurzeln der Seerose im Teich. Wir sind also gut beraten, den Scheinwerfer auf die dritte Ebene und vierte Ebene in der Tiefe zu richten, wo wir beim klassischen Change-Management meist nicht hinsehen. Warum? Weil man an der Oberfläche zwar schnell Ergebnisse erzielen und sichtbar machen kann, der Wandel jedoch in vielen Fällen an einem der beschriebenen Stolpersteine scheitert, deren Ursprung viel tiefer reicht. Wie soll sich ein kraftvolles Miteinander entwickeln, solange sich unsere Gespräche nicht in die Tiefe trauen?

Kultur: Unbewusste Haltungen, ungeschriebene Gesetze

Ein gewichtiges Hemmnis, gerade in beruflichen Kontexten in die Tiefe zu kommen, sind die vielfältigen festgefügten Grundannahmen, die wir über die Natur des Menschen haben und in unserem Umgang miteinander unbewusst immer wieder bestätigen.

Das X/Y-Spiel: Grundannahmen erleben
Douglas McGregor, einer von Edgar H. Scheins Professoren am MIT, untersuchte Stereotype über Mitarbeitermotivation und stellte fest, dass die meisten Menschen über Führung eine von zwei grundlegenden Theorien haben. Die eine Theorie, die er »X« nannte, steht für die Annahme, der Mensch sei naturgemäß träge und brauche Druck; die andere, »Theorie Y« nimmt an, der Mensch sei grundsätzlich von innen heraus motiviert; sie inspirierte auch den Titel *Management Y*.

McGregors Forschung regte ein kurzes Spiel an, das ich in Workshops immer wieder gern durchführe. Nach einer kurzen Erläuterung von Theorie X und Theorie Y verteile ich kleine Zettel, auf denen die Teilnehmer links mit einem X oder Y notieren, wie sie sich selbst sehen, und rechts, wie sie die Mehrzahl der Kollegen einschätzen – natürlich verdeckt.

Sobald alle die beiden Buchstaben groß auf ihren Zettel geschrieben haben, decken sie gleichzeitig auf, meist unter großem Gelächter: Typischerweise hat die Mehrzahl sich selbst als Y und die anderen als X eingeschätzt. (Eine Ausnahme war eine Werbeagentur, wo sich die meisten selbst als X und die Kollegen als Y einschätzten.)

Die anschließende Diskussion ist immer sehr erhellend und bestätigt McGregors Forschungen: Wir wollen konform mitspielen und bestätigen damit die Annahmen der anderen, obwohl diese Annahmen unseren eigenen Selbstbildern zuwiderlaufen.

Diese Grundannahmen erscheinen im Arbeitsalltag wie in Familien meist wie ungeschriebene Gesetze und sind häufig so selbstverständlich, geradezu sakrosankt und somit schier undiskutierbar, dass schon der Wunsch, sie gemeinschaftlich zu erörtern, einem Tabubruch gleichkommt. In vielen Unternehmen benötigen neue Mitarbeiter eine ganze Weile, bis sie die inoffiziellen und verborgenen Regeln und Entscheidungsprozesse der Gemeinschaft verstanden haben und beginnen können, produktiv zu werden. Das kann unter Umständen Monate dauern, weil sie bis dahin mit behutsamem Vortasten beschäftigt sind, um bloß in kein Fettnäpfchen zu tappen. Und wie wirkt es sich aus, wenn man Menschen wie X führt, die sich als Y fühlen, und umgekehrt!

Betrachten wir die dritte Ebene des Seerosenmodells genauer, die »Wurzeln in der Tiefe«. Erwartungen als X oder Y erfüllen zu sollen, ist nur eine Facette vieler gängiger ungeschriebener Gesetze. Welche individuellen und gemeinschaftlichen Grundannahmen gibt es noch? In welchen Haltungen treten wir im Arbeitsalltag anderen Menschen gegenüber? Hier einige Beispiele praktischer Kulturdimensionen in Anlehnung an Clyde Kluckhohn und Frank L. Strodtbeck, für die praktische Arbeit in Organisationen von mir etwas überarbeitet und ergänzt:

Kulturdimensionen: Beispiele zu verbreiteten Grundannahmen
Acht mal drei unterschiedliche Aussagen über die Natur des Menschen: Wie unterschiedlich man die Welt sehen kann! Wer will sagen, er hätte Recht und die anderen nicht – a, b oder c?

1. Motivation des Menschen: Der Mensch ist
   a) von Natur aus träge (Douglas McGregors Theorie X),
   b) von innen heraus motiviert (Theorie Y),
   c) das kommt vor allem auf den Vorgesetzten an.

2. Veränderungsfähigkeit des Menschen: Menschliche Haltungen sind
   a) unveränderlich,
   b) Veränderung geht immer, aber nur freiwillig,
   c) mit genügend Druck geht alles.

3. Beziehung des Menschen zur Natur:
   a) Wir sollen sie uns untertan machen,
   b) wir sollen sie respektieren,
   c) wir müssen sie retten.

4. Beziehung der Menschen untereinander: Was zählt ist,
   a) wer oben steht und wer unten,
   b) das Individuum,
   c) die Netzwerke, die wir bilden.

5. Der zeitliche Fokus des Menschen: Entscheidend ist
   a) die Tradition,
   b) die Gegenwart,
   c) die Zukunft (Innovation).

6. Was Menschen zur Gemeinschaft beitragen sollen: Ich bin ein guter Mensch, wenn ich
   a) alles im Griff habe,
   b) handle,
   c) bin, wer ich bin.

7. Das Schlimmste, das Menschen verhindern müssen:
   a) Fehler,
   b) Stillstand,
   c) offen ausgetragene Konflikte.

8. Das Ziel allen menschlichen Handelns:
   a) Effizienz,
   b) Macht,
   c) Umweltschutz.

Die Liste ließe sich fortsetzen. Neben McGregors Theorie X/Y gibt es etliche weitere Modelle solcher impliziter Grundannahmen und Präferenzen von Individuen und ganzen Kulturen, wie etwa der Myers-Briggs-Typenindikator, Biostrukturanalyse, Herrmann-Dominanz, Spiral Dynamics et cetera.

Anders als bei vielen betrieblichen und gesellschaftlichen Normen und Ideologien geht es bei modernen konstruktivistischen Modellen des Menschen nicht darum, die »richtige« Weltanschauung zu definieren, sondern sich der Vielfalt der bestehenden Grundannahmen bewusst zu werden, sie wertschätzend zu erkunden und es als Ressource zu betrachten, wie unterschiedlich die Menschen die Welt sehen.

Entwicklung: Werte und Haltungen in Bewegung

Auch Grundannahmen und Glaubenssätze sind Einflüssen unterworfen, die im erweiterten Seerosenmodell im Nährboden unserer Wurzeln verortet sind. Blicken wir also dorthin, noch tiefer, auf die vierte Ebene: Warum glaubt der eine, wir Menschen seien aufgefordert, uns die Natur untertan zu machen, und der andere, wir müssten sie retten? Oder warum meint der eine, wir müssten uns Menschen möglichst untertan machen, während der andere seine Führungsrolle als Dienst an seinen Mitarbeitern versteht? Was prägt, was bedingt unsere impliziten Grundannahmen und Glaubenssätze? Wie kommen wir zu ihnen? Wie kommen sie zu uns?

Zugegeben, dies sind keine leicht zu beantwortenden Fragen. Nichtsdestotrotz kommen wir nicht umhin, uns mit der Entwicklung, dem gemeinschaftlichen Nährboden unserer individuellen Grundannahmen eingehend zu beschäftigen, wenn wir unsere Institutionen und unser Miteinander im 21. Jahrhundert weiterentwickeln wollen. Denn Resilienz, Innovationskraft, Krisenresistenz, Mitarbeiterzufriedenheit zu fördern – und überhaupt ein gesundes Umfeld, in dem Menschen auf Dauer gern ihr Bestes geben, ohne an Kraft zu verlieren –, fällt uns nicht in jedem Betriebsklima und nicht unter jedem Führungsstil gleichermaßen leicht. Es gibt zwar keine Patentrezepte, aber manche impliziten Haltungen, Grundannahmen und Glaubenssätze sind für die von uns gewünschte Entwicklung tendenziell hilfreicher als andere.

Das Betriebsklima ist die Summe der Haltungen, Verhaltensweisen, Werte und Grundannahmen, um den Aufgaben der Organisation besser gerecht zu werden, von der Landesbehörde bis zum Start-up. An die Wurzeln des Betriebsklimas müssen wir heran, wenn wir eine ernsthafte Veränderung unseres Miteinanders in Richtung Social Energy anstreben und nicht bei den Symptomen stehen bleiben wollen.

Denn unsere Grundhaltungen, die uns prägen, sind zwar tief in unserem Erfahrungsschatz verortet, aber sie sind »plastisch«, wie man in der Hirnforschung sagt: Sie entwickeln sich weiter, sobald wir neue Erfahrungen machen, die angesichts unserer angeborenen Instinkte und Grundbedürfnisse auf Ebene vier zu unseren bisherigen Einstellungen, Vorstellungen und Haltungen nicht mehr zu passen scheinen. Solange wir solche neuen Erlebnisse noch nicht »integriert«, also bewältigt haben (vom mittelhochdeutschen Wort *waltan*: beherrschen), suchen wir nach Erklärungen. Gelingt dies, sind wir um eine Erfahrung reicher, und unser Weltbild auf Ebene drei hat sich geändert. So kommt Kulturwandel in Gang.

Wie dies gelingt, hat mich zeitlebens beschäftigt, und für das Gelingen von »Change« ist dies von zentraler Bedeutung. Bevor wir hierzu im Weiteren bis zum vierten Kapitel ein universelles, konstruktivistisches Grundgerüst entwickeln, spüren Sie doch einmal Ihren eigenen Grundannahmen nach.

Der Blick zu den Wurzeln

Was wäre, wenn wir unsere Stolpersteine bei Veränderungsprozessen nicht nur an der Oberfläche betrachteten, sondern ihre Wurzeln zu erkunden versuchten?

- Betrachten Sie die konkreten Situationen, die Sie bei den vorangegangenen beiden Reflexionen im Kontext der Stolpersteine und Ihrer eigenen Erfahrungen bereits vertieft hatten. Welche ungeschriebenen Gesetze bestimmen in diesen Situationen, wie gearbeitet wird?
- Wie sehen Sie die Welt? Welchen Grundannahmen der obigen Aufzählung »Kulturdimensionen: Beispiele zu verbreiteten Grundannahmen« würden Sie persönlich am ehesten zustimmen?
- Welche Menschen kommen Ihnen spontan in den Sinn, die einzelne dieser Aspekte ganz anders sehen als Sie selbst?
- Welche Grundeinstellungen erleichtern und welche erschweren Ihrer Auffassung nach die Veränderungsfähigkeit von Menschen?

Jede Veränderung beginnt bei uns selbst, so viel wird klar. Erst ein innerer Wandel, der uns für neue Perspektiven öffnet, kann zu einem Wandel im Äußeren führen, für den wir uns freiwillig gemeinsam engagieren. Andererseits sind populäre »Lösungen« von der Art »Ich muss mich einlassen«, »... fehlertolerant sein«, »... loslassen«, »... vertrauen«, »... auf mein Bauchgefühl hören«, »… dienend führen«, »… Sinn stiften« in der Praxis ganz schön herausfordernd, denn sie scheinen im Widerspruch zu unserer menschlichen Natur zu stehen, die sich nach Sicherheit sehnt und Veränderung zu scheuen scheint. Und wenn das »eben mal« ginge, hätten Sie es vermutlich längst geändert.

Was tun? In der Tat: Aus meiner Sicht bringt es wenig, uns mit weiteren solcher simplen Lösungsformeln noch zusätzlich unter Druck zu setzen und uns selbst de facto zum Gegner zu machen. Wir wollen sehen, wie wir es uns leicht machen können, mit uns und unseren Umfeldern zurechtzukommen, wie sie sind. Hierzu betrachten wir die menschliche Natur in Kapitel 2 genauer und erkunden, wie wir sie uns zum Verbündeten machen können.

Impulse aus der Praxis:
Social Energy ist überall möglich

Über die Jahre habe ich einige Gänsehautmomente erlebt, in denen das Mindset von Social Energy regelrecht spürbar war und mir das Herz aufging. Um Ihnen ein besseres Gefühl davon zu vermitteln, welche Kräfte, welches Engagement, welche Lebensfreude ein kraftvolles Miteinander zu entfesseln vermag, habe ich Ihnen vier Erfahrungsberichte »aus dem vollen Leben« zusammengestellt. Ausführlich kommen darin viele Akteure zu Wort, sie sprechen über Herausforderungen und Sorgen, über den Wandel und wie sie ihn erlebt haben, über ihre persönlichen Schlüsselerlebnisse und viele andere Aspekte, die für den inneren wie auch den äußeren Wandel mitentscheidend waren. Diese vier Praxisberichte finden Sie jeweils im Übergang zwischen den Kapiteln.

Den Anfang macht hier ein Praxisimpuls der Deutschen Bahn. Kulturwandel findet in einem ehemaligen Staatsbetrieb zweifellos unter signifikant anderen Rahmenbedingungen statt als im »Internet-Start-up auf der grünen Wiese«. Umso begeisternder ist in meinen Augen, welch mutige Transformation auch in einem großen Konzern mit geradezu preußischer Vergangenheit möglich ist.

Die DB Vertrieb GmbH, eine hundertprozentige Tochter der Deutsche Bahn AG, verantwortet mit ihren knapp 6 000 Mitarbeitern den Vertrieb des Personenverkehrs, sowohl der Deutschen Bahn als auch weiterer Verkehrsunternehmen im öffentlichen Personennahverkehr. Kern des Geschäfts bilden Beratung und Information sowie der Verkauf von Fahrkarten über verschiedene Vertriebskanäle, egal ob im Zug, am Automaten, im Reisezentrum oder über Internet und Apps. Zwei Mitarbeiter beschreiben im folgenden Erfahrungsbericht, wie im Haus ein Rahmen entstand für ganz konkrete, bemerkenswerte Veränderungen.

»kai« – eine Initiative legt den Grundstein für tiefgreifende Veränderungen

Ein Erfahrungsbericht von Daniela Hintze-Nicolaus und Christoph von Ungern-Sternberg, DB Vertrieb GmbH

Dieser Termin mit der Geschäftsführung verlief anders: Keine geschliffene Präsentation aus 20 Folien und noch mal 10 Seiten »Back-up«, um sich abzusichern. Kein Report mit Entscheidungsvorlage, kein Abnicken nach dem Motto »Macht mal …«, sondern ein Dialog auf Augenhöhe, ergebnisoffen und geradeheraus. Die »kai«-Initiative hatte zu einer wichtigen Frage um ein Gespräch gebeten: wie DB Vertrieb *k*undenzentrierter, *a*giler und *i*nnovativer werden könnte, kurz »kai«. »kai – das ist eine selbstorganisierte Initiative engagierter Mitarbeiter aus verschiedenen Teilen des Unternehmens: ein gutes Dutzend unterschiedlicher Charaktere, die sich vorgenommen haben, für die Zukunftsfähigkeit von DB Vertrieb auch neue Wege zu gehen.

Das Gespräch endete nicht mit einem Arbeitsauftrag an die Organisation, sondern die Geschäftsführung begann bei sich selbst. »Die Kollegen der ›kai‹-Initiative hatten Recht. Was wir von der Organisation verlangen, müssen wir zuerst für uns selbst klären. Also haben wir uns gefragt: Passt mein Verständnis von Kundenzentrierung, von Agilität, von Innovation überhaupt mit dem meiner Geschäftsführerkollegen zusammen? Wie tief ist mein eigenes Verständnis dieser Themen eigentlich wirklich?«, bekräftigt Heiko Büttner, Geschäftsführer Personal. Mehrere Reflexionstage waren die Folge, in denen sich die Chefetage der Bahn-Tochter DB Vertrieb intensiv mit diesen essenziellen Fragen beschäftigte.

Vorangegangen waren natürlich Klausuren und Beratungen in unterschiedlichen Konstellationen zur »richtigen« Strategie, um in einem durch neue Wettbewerber, Sharing-Plattformen und die Vorboten autonomer Fahrzeugflotten radikal bedrohten Markt zu bestehen. Während dieser Auseinandersetzungen auf Sachebene, mit Vertriebswegen und Betriebsabläufen, war immer klarer geworden, dass es neben der inhaltlichen Ausrichtung auch darauf ankommt, anders zusammenzuarbeiten.

Arbeit an Haltung und Führungsverständnis auf allen Ebenen

Im Mittelpunkt der Reflexionstage der Geschäftsführer stand die Beschäftigung mit der eigenen Haltung und dem eigenen Führungsverständnis. »Das waren zum Teil durchaus intensive Auseinandersetzungen«, gibt Heiko Büttner offen zu, »aber sie haben sich gelohnt – schon allein für unsere interne Zusammenarbeit in der Geschäftsführung. Außerdem haben wir nicht nur die Dimension dieser Transformation immer besser verstanden, sondern auch, dass wir ›kai‹ nicht delegieren können. Wir müssen selbst Vorbilder und Botschafter für ›kai‹ sein.« Dieser Erkenntnisgewinn auf oberster Managementebene war entscheidend dafür, dass »kai« seitdem in zunehmendem Maße Führungskultur, Haltung und Zusammenarbeit beeinflusst. Die Geschäftsführung übernahm also die Rolle des Vorreiters und die »kai«-Initiative konnte sich weiter auf die des Wegbereiters konzentrieren.

In dieser Rolle war die Initiative von Anfang an ganz bewusst für das Unternehmen – und vielleicht sogar die gesamte Branche – neue, ungewohnte Wege in puncto Change-Management, Zusammenarbeit und Fehlerkultur gegangen. Hierarchieübergreifend und interdisziplinär arbeitete sie in Sprints im DB-eigenen Kreativlabor d.lab, bediente sich agiler Methoden, entlehnte Elemente aus Scrum und Design Thinking, organisierte sich mit Kanban-Boards, entwickelte ihre Ideen iterativ mit häufigen Feedback-Schleifen mit zahlreichen Kollegen und stieß dabei immer wieder und zum Teil heftig an Grenzen – die eigenen ebenso wie die der Organisation. Doch allen Beteiligten war immer klar: Hindernisse und Scheitern gehören unweigerlich zum Lernprozess und können die Entwicklung einer zukunftsweisenden Haltung beflügeln. Entscheidend ist der richtige Umgang damit. »Gerade diese Schwierigkeiten und Misserfolge waren letztlich der Erfolgsfaktor für ›kai‹, weil sie den Weg für andere Lösungen geöffnet haben«, bestätigt Matthias Glaub, »kai«-Teammitglied der ersten Stunde. Durch intensive, teils ausgesprochen kontroverse Diskussionen hatte sich zum Beispiel schon in der Gründungsphase der Initiative herauskristallisiert, »dass wir, wenn wir die Organisation wirklich verändern wollen, nicht das x-te Multiplikatorennetzwerk brauchen – egal ob wir da schon einige Arbeit hineingesteckt hatten. Wir mussten ein ganz anderes Thema angehen: Führung. Diese Arbeit am Thema Führung musste ganz oben beginnen. Und damit sind wir dann zur Geschäftsführung gegangen. Das war Anfang 2016«.

Seit den Reflexionstagen der Geschäftsführung kommen nach und nach auch die nachfolgenden Führungsebenen in zweitägigen »kai.camps« zusammen, um sich mit ihrer eigenen Haltung auseinander-zusetzen. Innerhalb des ersten halben Jahres haben rund 90 Prozent der leitenden Führungskräfte die Camps besucht, nun durchlaufen Teamleiter die Veranstaltungsreihe. Auf der Camp-Agenda stehen die Themen Agilität, Führung, Struktur, Haltung und Kultur. In modernen Formaten übertragen die Teilnehmer theoretischen Input und Praxis-beispiele aus anderen Unternehmen in ihren eigenen Verantwortungs-bereich. Sequenzen zur Selbstreflexion, beispielsweise zu eigenen agilen Kompetenzen, oder das Hinterfragen eigener Glaubenssätze bringen die Führungskräfte intensiv in den Austausch. »Kein Camp verläuft wie das andere«, erzählt Sonja Sturm, Agile-Coach aus dem »kai«-Team, »aber die Feedbacks sind mittlerweile sehr positiv.« Der Erfolg hängt stets von der Bereitschaft und der aktiven Mitarbeit der Führungskräfte ab. »In den ersten Camps haben wir dafür nicht die richtigen Hebel gefunden. Auch da mussten wir dazulernen, haben einige Iterationsschleifen gedreht«, fügt sie hinzu.

Der durch all diese Impulse eingeleitete Wandel des Führungs-verständnisses und die wachsende Erkenntnis, anders zusammen-arbeiten zu wollen, legten den Grundstein für ein verändertes Mitein-ander in der gesamten Organisation. Erste Ergebnisse sind sichtbar: Insbesondere werden Abstimmungskaskaden hinterfragt und in den Teams werden Entscheidungsspielräume – auch mithilfe von Dele-gation Boards – neu verhandelt. Das eingangs beschriebene Vorgehen bei »kai« stellt mittlerweile keine Ausnahme mehr dar – viele Themen werden in der Sitzung der Geschäftsführung nicht mehr zur Entschei-dung vorgelegt, sondern dort zu einem viel früheren Zeitpunkt ergeb-nisoffen und unabhängig von Schulterstreifen diskutiert. Auch klassi-sche Meetingstrukturen werden mehr und mehr durch partizipative Formate ersetzt. »Es gibt eine große Nachfrage nach agilem Methoden-

Know-how. Es wird ganz viel ausprobiert«, beschreibt Matthias Glaub den sichtbaren Wandel.

LAOS: Ein internes Start-up aus dem laufenden Betrieb heraus

Die neue Kultur führt zu völlig neuen Arbeitsweisen. »Bei den Fahrkartenautomaten stand ein neues Großprojekt an – und alles begann wie immer: große Runde, lange Diskussionen, interne Reibereien. Ich spürte einen tiefen Widerstand gegen die Art und Weise der Arbeit und war ein Stück weit gefangen in dem Gefühl, es nicht ändern zu können«, beschreibt Johannes Gerner, einer der zuständigen Projektleiter, seine Eindrücke. »Dann sprach die Geschäftsführung auf einer Führungskräftetagung davon, den Herausforderungen des Marktes durch Agilität zu begegnen. Ich fing an, mich damit intensiv auseinanderzusetzen, besorgte mir Bücher, hörte Vorträge. Für mich war das eine neue Welt. Weg von der ›Ampel‹, hin zum Kreisverkehr: Da explodierte es förmlich in meinem Kopf. Ich war davon überzeugt, dass andere Arbeitsweisen uns mehr Erfolg bescheren würden, und ich fasste den Entschluss, dies für meine Themen umzusetzen.« Der feste Wille, die innere Überzeugung und die Leidenschaft zogen schnell Gleichgesinnte an, die eine Art vertriebsinternes Start-up namens LAOS, »Lean & Agile Operational Services«, gründeten. Das erste Vorhaben: Ein agiler Versuchsbetrieb der Ticketautomaten zwischen Mainz und Hanau – 2 Prozent aller Automaten bundesweit.

»Fahrkartenautomaten müssen Tag und Nacht reibungslos laufen und jederzeit mit ausreichend Wechselgeld und Ticketpapier ausgerüstet sein. Um Störungen zu beseitigen, hat das Team oft nur wenige Stunden Zeit – das verlangen die Verträge und die Kunden. Wir wollten beweisen, dass wir das mit einem agilen Team weitaus effizienter gewährleisten können als mit den üblichen Silo-Strukturen«, erläutert Johannes Gerner. »Dafür war im laufenden Betrieb sehr viel umzustellen, von den Technikereinsätzen und internen Abstimmungsprozessen bis zur Software für die Betriebsführung. Das sind wir alles agil angegangen, statt der üblichen starren, zentralistischen Abstimmungs- und Planungsprozesse.«

Einen Chef und Projektleiter gibt es bei LAOS nicht; die kleinen Teams organisieren sich selbst. Jeder Einzelne übernimmt dabei die Verantwortung für sich, seine Ergebnisse und die des Teams. Langwierige Konzepte und langweilige Meetings sind passé, die Mitglieder setzen vielmehr auf gemeinsames Hinzulernen. Auch die Rolle des Managements ist anders definiert: Geschäftsführung und Bereichsleitung bringen sich als »stille Investoren« mit Ressourcen (Server, Know-how, Räume et cetera) ein. Still bedeutet: keine inhaltliche Einmischung, keine Zielvorgaben, kein Eingreifen. »Klar, das war natürlich ganz schön viel verlangt; wir haben uns die Betriebsführung der Automaten wirklich zu eigen gemacht«, räumt Johannes Gerner ein. »Aber Bürokratie wird mehr, wenn ich alles kontrollieren will. Und Administration wird weniger, wenn ich loslasse. Als ich LAOS auf einer Strategieklausur der Geschäftsführung vorstellte, wurde applaudiert. Für den Ansatz, Dinge neu zu denken, auszuprobieren und anzupacken.« Gewonnene Erkenntnisse werden nun auf den Regelbetrieb der restlichen 98 Prozent der Automaten adaptiert.

Neue Räume, neues Denken – selbstorganisiert durch die Kollegen

Auch der Personalbereich verändert sich im Sinne von »kai«. Eine im Wortsinne sichtbare Auswirkung ist das neue Raumkonzept von Personalentwicklung, Personalcontrolling und Change-Management. Mit-Initiatorin Andrea Lachnik erklärt: »Für unseren Bereich stand ein Umzug an. Die Gelegenheit haben wir beim Schopf gepackt und gemeinsam beschlossen, dass wir gerne anders arbeiten wollen. Weg vom klassischen Zweierbüro mit Schreibtischen und Rollcontainern, hin zu einem offeneren Konzept und in der Nutzung flexibler. Wir wollten es lebendiger, daher haben wir uns die Einrichtung selbst ausgesucht, nach unserem eigenen Empfinden.« Ein »Raumpate« überlegte sich das grundlegende Design, dann wurde gemeinsam eine lange Einkaufsliste geschrieben. Die Möbelstücke stammen zum Teil aus Internetauktionen, von Flohmärkten und aus dem privaten Fundus einiger Mitarbeiter. »Und nach einem Großeinkauf im Möbelhaus fand dann eine gemeinsame Aufbauaktion statt. Jeder hat mit angepackt«, berichtet Thomas Martin aus dem Change-Management. Die Führungskräfte haben freiwillig auf ihre Einzelbüros verzichtet – ein wichtiges Zeichen für eine Zusammenarbeit auf Augenhöhe.

Nach dem Prinzip »Form follows Function« arbeiten die Abteilungen jetzt in ihren selbst gestalteten Räumlichkeiten zusammen – unter anderem im »Wohnzimmer«, im »Wald« oder im »Seebad«. Je nach Bedarf stehen Plätze für Meetings, Konzeptions- oder Stillarbeit zur Verfügung, ein großer Holztisch im »Wohnzimmer« ist gewissermaßen Symbol und Zentrum dieses Workspace-Konzepts. Besprechungen finden im Kreativraum oder in der Sofaecke statt, telefoniert werden kann unter anderem in einer alten Telefonzelle. Interdisziplinäres Arbeiten ergibt sich in einer solchen Arbeitsumgebung fast von selbst. Ideen entstehen von Anfang an gemeinsam, und Arbeitsstände werden nicht mehr im Ping-Pong-Verfahren hin und her gemailt. Andrea Lachnik sieht sich bestätigt: »Wir arbeiten jetzt seit weit über einem Jahr in dem neuen Konzept, man kann also sagen, dass es Teil unseres Alltags geworden ist. Und wir sind echt stolz darauf, denn es hat sich bewährt. Keiner, der hier arbeitet, will zurück ins klassische Büro. Inzwischen laufen hier Besuchergruppen durch, oft mehrere pro Woche, auch von anderen Firmen. Und einige Bereiche im Haus haben sich zu ähnlichen Konzepten inspirieren lassen.«

Geheime Wahl: Traditionelles Organigramm oder Selbstorganisation?

Der Veränderungswille der Personaler geht jedoch weit über dieses Workspace-Konzept hinaus. »Wir wollen die Transformation des Geschäfts aktiv mitgestalten, doch dafür müssen wir anders zusammenarbeiten: weniger Abstimmungsschleifen und Vorgaben, mehr Eigenverantwortung, Transparenz und Vertrauen in das Know-how der Kollegen. Kurz: mehr ›kai‹«, fasst Matthias Glaub die Herausforderungen für den Personalbereich bei DB Vertrieb zusammen. Doch wie soll die Zusammenarbeit künftig aussehen? In einem ersten Schritt zu mehr Transparenz und Dialog auf Augenhöhe wurden die Personalleiterrunden in ein offenes Format für alle umgewandelt. Diese sogenannten HR-Thementage leben davon, dass jeder Teilnehmer Themen aktiv beisteuert und vorstellt. Entscheidungen werden dort gemeinsam diskutiert und getroffen.

Auf einem HR-Thementag zeigte sich dann, wie sehr sich das Verständnis zu Führung und Zusammenarbeit in der Organisation im Sinne von »kai« gewandelt hat: Nicht Heiko Büttner und seine Führungsriege, sondern die ganze HR-Organisation sollte selbst entscheiden, wie der Bereich künftig strukturiert sein soll: weiterhin in der traditionellen Pyramide oder ganz anders, zum Beispiel selbstorganisiert. »Das hat mich echt beeindruckt – an der Stelle hab' ich verstanden: Das meinen wir wirklich ernst!«, erzählt Thomas Martin. »Mehr Kollaboration in der Organisationsstruktur zu verankern, klappt aber nur, wenn wir es alle wirklich wollen und gemeinsam die Verantwortung übernehmen. Glauben wir daran, dass das geht – auch mit über sechzig Leuten an unterschiedlichen Standorten?«

In den folgenden Monaten wurden in kleinen Gruppen verschiedene Modelle erarbeitet, in Iterationsschleifen diskutiert, verworfen, weiterentwickelt. In geheimer Wahl stimmten schließlich 77 Prozent der Mitarbeiter für eine Abkehr von der traditionellen pyramidalen Organisation und für ein Modell, das selbstorganisiertes Arbeiten in fluiden Teams ohne die Kästchenlogik eines Organigramms ermöglicht. Das Ziel: Ähnlich einer Pfirsichstruktur (siehe »Zappos & Co« in Kapitel 4.5) können sich Mitarbeiter kompetenzbasiert in die für das Geschäft wichtigsten Themen einbringen – Themen, die in einem partizipativen Prozess priorisiert werden. Matthias Glaub betont: »Agilität ist kein Selbstzweck. Wir wollen schneller und flexibler auf die Anforderungen des Geschäfts reagieren. Wir sind überzeugt, dass Aufgaben und Mitarbeiter in den fluiden Teams viel besser und flexibler zusammenfinden werden.« Und er gibt offen zu, dass es noch viel zu tun gibt: »Mit unserer neuen partizipativen Organisation betreten wir echtes

Neuland. Jetzt geht es darum, mit der Dynamik, die wir gerade spüren, das Modell weiter auszugestalten und Details zu klären. Eine Blaupause gibt es nicht, aber wir sind überzeugt, dass das für uns ein stimmiger und erfolgreicher Weg ist!«

Dass dieses Ausprobieren anderer Wege bei Zusammenarbeit und Führung bis hin zu einer Abkehr von traditionellen Organisationsmodellen in einem Großkonzern wie der Deutschen Bahn überhaupt möglich ist, liegt auch an »Zukunft Bahn«, einem Konzernprogramm für mehr Leistung und Qualität. Dessen Transformationsprozess verbindet inhaltliche Ansätze mit einem Kulturwandel im ganzen Unternehmen. Heiko Büttner resümiert: »Diese Freiheit und die Gestaltungsmöglichkeiten können, ja müssen wir nutzen. Wir wissen heute alle, dass das die einzige Möglichkeit für uns ist, in der VUCA-Welt zu bestehen (siehe »Die Welt ist VUCA« in Kapitel 2.6). Was mich zuversichtlich macht, dass das gelingen wird: An vielen Stellen im Vertrieb wird Zusammenarbeit nicht nur neu gedacht, sondern auch gemacht. Natürlich werden wir immer weiter dazulernen, und es können auch nicht alle diese Ansätze letztlich erfolgreich sein, aber: Die Grundhaltung und Philosophie von ›kai‹ werden sich durchsetzen.«

Kapitel 2
Die Energie der Veränderung

>»Der intuitive Geist ist ein heiliges Geschenk
>und der rationale Verstand ein treuer Diener.
>Wir haben eine Gesellschaft erschaffen,
>die den Diener ehrt und das Geschenk vergisst.«
>
>*Albert Einstein*

Wurzeln der menschlichen Natur, Wurzeln des Betriebsklimas, Wurzeln unseres Miteinanders: Was gibt es hier zu entdecken? Und wie wird Veränderung hier möglich?

Wenn wir zu Veränderungsprozessen beitragen möchten und insgesamt dazu, dass unser Miteinander gelingt, ist es hilfreich zu erkennen, wie Verhalten im Alltag entsteht und was es leitet. Sonst gehen unsere Versuche, im Verhältnis zu anderen etwas zu bewirken, an der Natur des Menschen vorbei. Auch unser eigenes Verhalten können wir so besser verstehen.

Die Wissenschaft hat inzwischen viele ältere Grundannahmen über die Natur des Menschen widerlegt, die lange gültig schienen; ein regelrechter Paradigmenwechsel spielt sich in der Verhaltensforschung ab. Nicht nur haben beispielsweise Mitgefühl und Intuition gegenüber den früheren »rationalen« Idealisierungen des Menschen erheblich an Gewicht gewonnen. Auch erfasst etwa die »systemische« Perspektive die Bedeutung und Komplexität menschlicher Beziehungsgestaltung wesentlich umfassender als ältere »mechanistische« Vorstellungen, die die Steuerbarkeit des Menschen über Anreize fokussierten.

Der Erfolg: Menschen blühen auf, wenn sie in moderne, »menschlich« gestaltete Umfelder geraten – und gerade Unternehmen sind daher sehr darum bemüht, entsprechende neue Arbeitsweisen einzuführen. Doch zu solchen Entfaltungsumfeldern gehört weit mehr als Äußerlichkeiten: Entscheidend ist, ob die Haltung der maßgeblichen, kulturprägenden Mitarbeiter ein neues Miteinander *tatsächlich* wirksam fördert oder ungewollt doch erschwert. Zudem begünstigen viele traditionelle Strukturen nach wie vor die alten Menschenbilder, zulasten der moderneren Auffassungen. Steuerungs- und Bonussysteme, Organisationsmodelle und Innovationsprozesse: Überall sind alte Schemata weiter implementiert, häufig allein schon aus dem Grund, dass Strukturen anhand alter Modelle wie dem »Homo oeconomicus« um ein Vielfaches leichter gestaltbar erscheinen als mit einem der vielen neuen Modelle – vom Bildungswesen, Gesundheitssektor, Rechtssystem und der Politik ganz zu schweigen. Überkommene Vorstellungen werden hierdurch immer wieder aufs Neue gefestigt, obwohl es an der Zeit wäre, sie abzulösen.

Die Katze beißt sich also in den Schwanz: Wie soll eine neue Kultur sich unter diesen Umständen verbreiten?

Wenn wenigstens alle die neuen Paradigmen *kennen* würden, könnte man ja zumindest den Wandel *besprechen* und in diesem Bewusstsein gemeinsam neue Wege entwickeln – nicht anders haben es die meisten Pioniere der »neuen Arbeitswelt« gemacht, um zu Lösungen wie Scrum, Design Thinking, Soziokratie und den vielen anderen Modellen zu kommen, die heute immer mehr Firmen zu übernehmen versuchen.

Doch leider ist unser Verständnis menschlicher Entwicklungsprozesse mit den modernen Modellen nicht einfacher, sondern eher komplizierter geworden: So paradox es ist – wenn man Menschen (und sich selbst) besser verstehen will, kommt man heute um eine psychologisch fundierte Ausbildung kaum herum. Und wer mit überholten Grundannahmen aufgewachsen ist, handelt mitunter selbst dann automatisch und unbewusst immer wieder nach den gewohnten Mustern, wenn er die neueren Modellvorstellungen längst kennen gelernt hat – gerade in Stresssituationen.

Es fehlt nach wie vor ein alltagstaugliches Verständnis menschlicher Lern- und Entwicklungsprozesse, mit dem wir unseren Alltag und seine Strukturen ebenso eingängig und praxisgerecht neu gestalten können wie mit den alten Modellen von Logik, Anreiz und Kontrolle.

In diesem Kapitel werden wir ein solches Verständnis entwickeln. Damit – und mithilfe zahlreicher Übungen – legen wir die notwendige Grundlage dafür, neue Arbeitshaltungen bei uns selbst und im Betrieb zu fördern.

2.1 Der Entwicklungszyklus: Simples Schema, große Wirkung

Ob wir lernen, Kompetenzen entwickeln oder spontan reagieren: Zumindest für die Zwecke der Organisationsentwicklung lassen sich Lern- und

Entwicklungsprozesse, also die wesentlichen wissenschaftlich bekannten Abläufe beim Sammeln und Einordnen neuer Eindrücke und Erfahrungen, auf ein einfaches Schema verdichten: den Entwicklungs- oder Lernzyklus (siehe Abbildung 5). Diesem simplen Schema folgen wir automatisch, wenn wir mit neuen Wahrnehmungen jeglicher Art umzugehen lernen. Ob wir ein unbekanntes Geräusch hören und unbewusst darauf reagieren, dass in der Kantine auf einmal neue Gerichte angeboten werden, oder der Chef seine Ideen fürs kommende Jahr vorstellt: Bei jedem neuen Eindruck durchlaufen wir – stark vereinfacht – die folgenden vier Schritte:

1. Wahrnehmung: Unbewusst gleicht unser Gehirn die Flut von Sinneseindrücken, die tagtäglich auf uns einströmt, fortwährend mit bekannten Mustern ab. Gibt es einen Unterschied zu früheren Erfahrungen? Dann scheinen wir eine neuartige Situation vor uns zu haben.
2. Bedeutung: Was bedeutet die neue Situation für uns? Unser Gehirn schätzt anhand früherer Erlebnisse die Aussichten verschiedener möglicher Szenarien ein. Es bildet ein *Gefühl* zu der Situation, das uns nun den Weg weist: Ist sie gut für uns, oder womöglich gefährlich? Ist sie überhaupt wert, uns weiter damit auseinanderzusetzen – oder würden wir unsere Ressourcen hier mit Unbedeutendem verschwenden?
3. Bereitschaft: Was tun wir jetzt? Sind wir tatsächlich bereit, uns auf eine bestimmte Handlungsoption einzulassen und dafür kostbare Ressourcen zu investieren, oder hindert uns etwas daran? Unser Gehirn entscheidet nun, wie wir mit der Situation umgehen: etwa etwas zu riskieren, zu verhindern oder abzuwarten.
4. Erleben: Nun haben wir gehandelt: Mit welchem Gefühl ging es aus? Zufrieden? Frustriert? Überrascht? Hatten wir überhaupt die nötigen Handlungsspielräume? Diese Erfahrung und das zugehörige Gefühl merken wir uns nun für den Fall, dass wir erneut in eine ähnliche Situation geraten.

Ganz gleich wie dieser Zyklus ausging: In jedem Fall haben wir eine Erfahrung mit dieser Situation gemacht und uns infolgedessen weiterentwickelt – wir sind um eine Erfahrung reicher und nicht mehr derselbe wie zuvor, wenngleich vielleicht nur mit einer winzigen Veränderung. So stehen wir nun vor einer neuen Situation, die neue Sinneseindrücke und Wahrnehmungen mit sich bringt. Also durchlaufen wir den Entwicklungszyklus automatisch von Neuem und prüfen die neuen Reize, Eindrücke und Erfahrungen, die wir

Abbildung 5: Der Lern- und Entwicklungszyklus unseres Gehirns ist ein ununterbrochener Kreislaufprozess

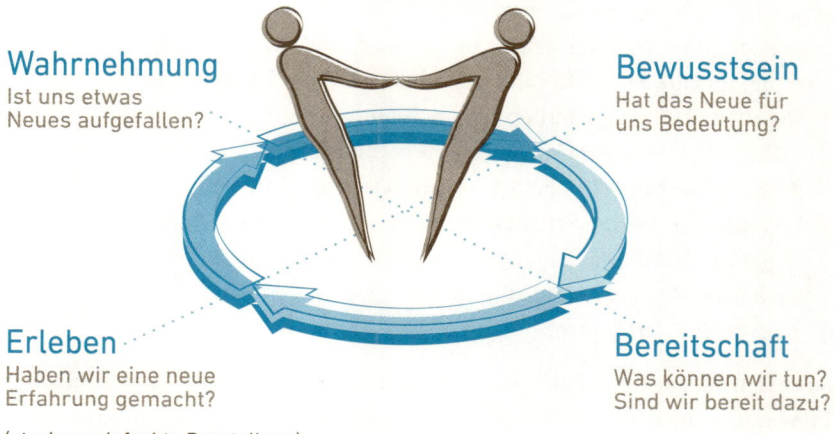

Wahrnehmung
Ist uns etwas
Neues aufgefallen?

Bewusstsein
Hat das Neue für
uns Bedeutung?

Erleben
Haben wir eine neue
Erfahrung gemacht?

Bereitschaft
Was können wir tun?
Sind wir bereit dazu?

(stark vereinfachte Darstellung)

jetzt wahrnehmen (Schritt 1), inwieweit diese nun für uns bedeutsam sind (Schritt 2) – und so fort.

Auf diese Weise investieren wir unsere knappsten Ressourcen – Aufmerksamkeit und Energie –, um unsere wahrgenommene Situation in einer ständigen Folge kleiner Entwicklungsschritte zu verbessern und uns dementsprechend mit jeder neuen bedeutsamen Situation weiterzuentwickeln. So lernen wir aus Erfahrung hinzu und bekräftigen oder korrigieren frühere Erfahrungen und Entscheidungen.

Verhalten ist, wie unser Bewusstsein insgesamt, ein Prozess: Ein sich ständig wiederholender Kreislauf, der uns leitet und uns aus Erfahrungen hinzulernen lässt, wie wir eher günstige als ungünstige Entwicklungen herbeiführen.

Jeder einzelne Schritt in diesem Verhaltenskreislauf stellt damit sicher, dass wir angemessen und flexibel auf Neues wie auf Bekanntes reagieren:

1. Der erste Schritt im Entwicklungszyklus vermeidet, dass wir uns unnötig mit bereits Bekanntem beschäftigen: Wo wir keinen Unterschied sehen zu bereits vertrauten Wahrnehmungen, brauchen wir nicht in Entwicklung zu investieren. In vielen Fällen bedeutet das aber auch: Erst wenn wir (wieder) lernen, Unterschiede wahrzunehmen, kann überhaupt Veränderung beginnen.

2. Der zweite Schritt stellt sicher, dass wir die Wahrnehmung richtig einordnen: Unser Hirn prüft: Welchen Aspekt unseres Lebens betrifft diese Wahr-

nehmung? Wo liegt die größte Spannung zwischen dieser Wahrnehmung und dem, was wir gewohnt sind? Was ist hier wichtig für uns, was brauchen wir hier? Nicht selten stehen persönliche Glaubenssätze und Bewertungsmuster einer Weiterentwicklung im Weg, und erst ein Perspektivwechsel öffnet uns die Augen für andere Sichtweisen und Bedeutungen.

3. Der dritte Schritt formuliert unsere Intention: Was wollen wir tun und was nicht? Auch Widerstand gegen eine Weiterentwicklung ist eine Entscheidung, in dem Fall für Nicht-Handeln oder sogar Abwehr.

4. Erst mit dem vierten Schritt entwickeln wir uns weiter. Wenn uns hier hingegen die Freiräume fehlen, unserer Intention zu folgen, machen wir eine frustrierende Erfahrung: Wir wollen, aber können nichts tun, um unsere Situation zu verbessern.

So entscheidet sich mit jeder neuen Wahrnehmung, ob wir sie ignorieren oder in Annäherung oder Abwehr investieren – also etwa auch ganz konkret, unter welchen Bedingungen wir Veränderung mittragen: Wenn wir zu einem Veränderungsvorhaben nicht in jedem der vier Schritte des Entwicklungszyklus »Ja« sagen –

1. »Ja, mit dem Neuen kann ich etwas anfangen«;
2. »ja, das finde ich wichtig«;
3. »ja, das will ich jetzt probieren«; und schlussendlich
4. »ja, das kenne ich nun. Es ist besser!«

– werden wir dieses Veränderungsvorhaben allenfalls aussitzen, wenn nicht boykottieren. Denn Hand aufs Herz: Vier Mal »Ja«? Meistens nicht: Wer hat schon Zeit, (1) neben dem Job stets mit den neuesten Veränderungsansätzen auf dem Laufenden zu bleiben? Wer hat den Raum, (2) für sich abzuleiten, was diese im eigenen konkreten Arbeitsumfeld bewirken würden? Wer lässt sich (3) gern auf etwas ein, wozu er nicht bereit ist? Wer hat (4) die Möglichkeit, im Arbeitsalltag neue Kulturen und Arbeitsweisen tatsächlich kennen zu lernen und sich davon begeistern zu lassen?

Ressourcen investieren: Annäherung oder Abwehr?

Vier Entscheidungen, eine in jedem Schritt des Zyklus. Nach vier Mal »Ja« werden wir womöglich Lust auf mehr Erfahrungen dieser Art bekommen und weiterer Veränderung zuversichtlich begegnen – wir lernen hinzu, und die weitere Entwicklung nimmt ihren Lauf.

Fiktives Beispiel: »Trello« – Einführung einer neuen Projektmanagement-Software

Ein Kollege erzählt uns, er habe in seinem Projekt jetzt E-Mails abgeschafft und verwende mit seinem Team stattdessen für Diskussionen, Entscheidungen und Dokumentation nur noch die Internetplattform »Trello«. Dank seiner Schilderung erkennen wir die Neuerung (Schritt 1, Wahrnehmung): Unsere E-Mail-Flut einzudämmen, würde auch uns sehr entlasten. Wäre so etwas in unseren Projekten möglich? Skeptisch, aber neugierig sprechen wir mit unseren Projektteams und organisieren Gespräche mit unserer IT-Abteilung und anderen Nutzern derartiger Plattformen, um ein Gefühl dafür zu bekommen (Schritt 2, Bedeutung). Ein anstehendes Online-Projekt erscheint uns als gute Gelegenheit, »Trello« tatsächlich auszuprobieren (Schritt 3, Bereitschaft). Der Pilotversuch übertrifft die Erwartungen (Schritt 4, Erleben); es stellt sich aber heraus, dass die Projektdokumente nun nicht mehr im firmeninternen Intranet zu finden sind, da das Projektteam dazu überging, diese nur noch in »Trello« abzulegen (erneut Schritt 1, neue Wahrnehmung). Der IT-Leiter, begeistert vom Nutzer-Feedback zu »Trello«, macht das Thema zur Chefsache (Schritt 2, Bedeutung).

Dieser Lern- und Entwicklungszyklus gilt für Individuen wie auch für ganze Gemeinschaften: Wir investieren Aufmerksamkeit und Ressourcen und bilden entsprechende Investorengemeinschaften, wo uns etwas gemeinsam viel bedeutet – oder auch nicht, und wir investieren in Abwehr, wie etwa in den »Stolpersteinen« des ersten Kapitels das erste Fallbeispiel »Mit maximalem Schwung gegen Widerstände« illustriert.

Widerstand im ersten »Stolperstein«: Auch Stagnation ist ein Entwicklungsprozess

Viel weniger aufgeschlossen für Neuerungen als im obigen Fallbeispiel »Trello« sind die Kollegen im Fallbeispiel »Mit maximalem Schwung gegen Widerstände« (Kapitel 1.1), als der Seniorpartner des Wirtschaftsprüfers seinen neuen Change-Ansatz »Agile Matrix Control« vorstellt und die Bereichsleiter sich vielsagende Blicke zuwerfen: Sein Ansatz scheint für sie etwas Neues zu sein (Schritt 1); mit ihren Blicken tauschen sie untereinander ihre Einschätzung aus (Schritt 2), doch im Termin mag niemand reagieren (3), sodass sich Frustration aufbaut (4). Erst als sie wieder unter sich sind (1) und sich frei fühlen, offen zu sprechen (2), ist der Produktionsleiter bereit zu handeln (3). Sein Lamento (4) rückt die Erfolglosigkeit früherer Change-Methoden in den Fokus (1). Dem IT-Direktor geht der Vorwurf zu weit (2); »Ach«, wehrt er ab, »die Methode klang gar nicht so schlecht« (3), und versucht Hoffnung zu machen (4).

So geht das Gespräch der Bereichsleiter hin und her, doch sie stagnieren in ihrem wirkungslosen Nebeneinander: Etwas scheint sie zu hindern, gemeinsam den Mut zu finden, ihre Bedenken dem weiterpreschenden Vorstandsvorsitzenden zu offenbaren.

Jeder der vier Schritte dieses Entwicklungszyklus dient dazu, mit minimalem Aufwand die bestmögliche Verwendung unserer knappsten Ressourcen sicherzustellen: Aufmerksamkeit und Energie. Denn neurophysiologisch am aufwendigsten ist die letzte Prüfung, der Praxistest unseres Handlungsimpulses im realen Erleben. Auch die Imagination zu entwickeln, wie die Situation ausgehen könnte, erfordert im Hirn große Kapazitäten. Der Mustervergleich zur bloßen Unterschiedsbildung mit dem neuronalen Netz unseres Erfahrungsschatzes ist hingegen weniger energieintensiv: Wenn der Prüfprozess hier schon abbricht, ersparen wir uns die weiteren Aufwände.

Die grundsätzliche Richtungsentscheidung – »Annäherung oder Abwehr?« – fällt mit dem entsprechenden Gefühl, das in Schritt 2 entsteht, um unserer wahrgenommenen Situation Bedeutung zu geben. So sind wir dann zum Beispiel beruhigt, aufgeregt, entzückt, vertrauensvoll oder gerührt – oder ärgerlich, teilnahmslos, unzufrieden, eifersüchtig, verwirrt oder elend. Solche »echten« Gefühle sind körperlich spürbar: Sie mobilisieren oder lähmen unseren Organismus und leiten so unser Verhalten.

Ihre Entwicklungswünsche

Jedes der obigen Beispiele könnte spätestens nach dem zweiten Schritt auch zu einer ganz anderen Entwicklung führen – Abwehr statt Annäherung an die Neuerung oder umgekehrt.

- Lassen Sie Ihrer Fantasie freien Lauf, und entwickeln Sie Alternativen für Schritt drei und die folgenden Schritte. – Welche Gefühle kommen Ihnen in den Sinn, die Annäherung oder auch Abwehr auslösen?
- Betrachten Sie erneut die Situationen, die Sie in den Reflexionen in Kapitel 1 im Kontext Ihrer eigenen Erfahrungen oder der Fallbeispiele der »Stolpersteine« vertieft hatten. Was wäre jeweils ein guter nächster Schritt, um eine andere Entwicklung einzuleiten?

Wenn Sie mögen, betrachten Sie auch einmal ihr konkretes Umfeld:

- Welche persönlichen Entwicklungswünsche haben Sie, egal ob beruflich oder privat? Oder gibt es ein Ereignis oder eine Entwicklung, die Sie im Moment beschäftigt?
- Wie sind Sie hiermit bisher umgegangen? An welchem Punkt im Entwicklungszyklus stehen Sie jetzt? Welche Wahrnehmungen, Gefühle, Entscheidungen und Erlebnisse trugen dazu bei? Wie könnte es weitergehen?
- Welche Entwicklung wünschen Sie sich für Ihre Organisation? Wo steht sie diesbezüglich gerade?

Beziehungsqualität: Investieren in Schutz und Chancen

Den ständigen Fluss unserer Investitionen zu leiten, ist die zentrale Aufgabe des Entwicklungszyklus: Wenn uns eine Wahrnehmung nicht behagt, investieren wir Energie in unsere Absicherung. Wenn uns etwas wertvoll erscheint, investieren wir hingegen in Annäherung und Öffnung. Unter dem Strich investieren wir Energie in Versuche, unsere aktuelle Situation günstig zu beeinflussen. Entsprechend werden wir, soweit es andere Akteure betrifft, auch auf deren Verhalten Einfluss zu nehmen versuchen: Wo wir Abwehr anstreben, werden wir versuchen, die Spielräume der anderen zu verkleinern; wo wir uns um Annäherung und Öffnung bemühen, werden wir sie dafür zu gewinnen versuchen, sich uns ebenfalls zu öffnen.

Die Fähigkeit, das Verhalten anderer zu beeinflussen, hat ihre Wurzeln in der frühesten Kindheit. Sie zählt zu den fundamentalen Überlebensstrategien des Menschen und vieler anderer Lebewesen: Wir senden mit genetisch geprägten Verhaltensweisen wie Hinwenden, Lächeln und Rufen gezielte Signale aus, um den Adressaten zu beeinflussen – etwa, damit er uns Unterstützung leistet. So schreit beispielsweise ein Neugeborenes, um Nahrung oder Zuwendung und damit Sicherheit und Geborgenheit zu erhalten. Werden wir abgewiesen, verstärken wir die Intensität der Signale; werden wir erhört, entspannen wir uns wieder. Auf Grundlage solcher Erfahrungen entwickeln wir ein inneres Wirkungsmodell sozialer Interaktionen – wir und alle anderen, die ihrerseits lernen, uns zu beeinflussen: Wie Zahnräder greifen solche prosozialen, bindungsorientierten Erfahrungen aller Beteiligten im Idealfall ineinander und stärken die Qualität unserer Beziehungen.

So entsteht mit der Zeit ein gemeinsames Anliegen, mitunter geradezu etwas *Kostbares* – etwas, das wir gegen Gefahren verteidigen wollen: Vertrauen, Identität und Wir-Gefühl, wie auch Pläne, Vorstellungen, Weltbilder oder Werte, an denen wir festhalten. Es entsteht etwas, das uns mit unseren Mitmenschen verbindet und das wir als schützenswert erachten, ja womöglich nie wieder verlieren wollen. Auch in uns als eigenständiger Person wächst mit der Zeit ein Bewusstsein für unsere eigene Kostbarkeit und damit für die Kostbarkeit allen Lebens, das wir gegen Gefahren zu sichern bestrebt sind. So entstand in so gut wie allen überlieferten Kulturen der Erde, von den Völkern der Antike bis zu den großen asiatischen Religionen, die sogenannte *Goldene Regel*: »Behandle andere so, wie du von ihnen behandelt werden willst.« Dahinter steht die Erkenntnis der Gegenseitigkeit unserer Beziehungen und damit die Erkenntnis, welche Grenzen wir uns selbst nützlicherweise setzen können, um uns gegenseitig unnötiges Leid zu ersparen und dem Gedeihen vertrauensvoller Beziehungen eine Chance zu geben – vom friedlichen Miteinander und simplen Tauschgeschäften bis zur Bildung komplexer, leistungsfähiger, arbeitsteiliger Gemeinschaften.

Mit vereinten Kräften, mit gegenseitigem Beistand und mit unterschiedlichen Perspektiven lässt sich manches Problem lösen, das im Alleingang nicht zu bewältigen wäre. Also schützen wir die Gemeinschaft und die Chancen, die mit ihr einhergehen, und verteidigen sie gegen Gefahren. Neben prosozialen, verbindenden Verhaltensweisen lernen die meisten Spezies mittels ebenfalls genetisch geprägter Drohgebärden und Kampftechniken, sich und ihrer Gemeinschaft negative Einflüsse auf Abstand zu halten. Darin zeigt sich die Gleichwertigkeit von Verbundenheit und Abgrenzung: Das eine wollen wir, das andere nicht. Nach innen investieren wir beispielsweise in die Chancen unserer Gemeinschaft, nach außen in die Abwehr von Gefahren, die ihr

drohen. Auf diese Weise manifestiert sich der Grundkonsens als Minimalbe-
dingung von Gemeinschaft: *Das* ist es, was wir stärken und schützen, weil es
uns kostbar ist. Im vierten Kapitel wird der Grundkonsens daher eine große
Rolle spielen.

So klärt sich für mich die Frage, ob eine Beziehung ein Feld ist, auf dem
gegenseitige *Ansprüche* entstehen, oder ob mit jeder Beziehung etwas *Kostbares* entsteht, das es zu schützen gilt. Es ist eine Frage der Wahrnehmung
und eine Entscheidung: Häufig sehen wir nur uns selbst oder nur das, was
uns von anderen unterscheidet, und nicht das, was uns miteinander verbindet – wir blicken starr auf das Trennende und vergessen das Kostbare, das
uns verbinden könnte.

Was wir wahrnehmen, wenn wir nichts müssen

Gemeinschaft ist für uns lebenswichtig und erscheint zugleich oft
fordernd: vor allem wenn wir sie durch die Brille der Verpflichtungen
betrachten, die mit ihr einhergehen – inneres »Müssen« wie äußeres.

Wahrzunehmen, was wir fühlen, wenn wir für ein paar Minuten einmal nichts »müssen«, kann sehr erfüllend sein – oder auch schlichtweg
aufschlussreich: Wir sind nur in Gemeinschaft mit uns, ganz allein. Mitunter ist das gar nicht so einfach.

Wenn Sie bereit sind, suchen Sie einen ruhigen Ort auf, wo Sie die
nächsten 10 Minuten ungestört sind. Wenn Sie möchten, stellen Sie sich
einen sanften Weckton im Handy ein. Setzen, stellen oder legen Sie sich
auf eine nicht zu weiche Unterlage, und schließen Sie die Augen.

- Tun Sie einfach nichts. Bleiben Sie mit Ihrer Aufmerksamkeit nur bei
  Ihrem Atem – wie er ausströmt und nach einer kurzen Pause wieder
  hereinströmt und wie Ihr Brustkorb sich senkt und wölbt.
- Gibt es Gedanken oder Gefühle oder Umgebungsgeräusche, die Sie
  ablenken? Das gehört dazu, Sie brauchen jetzt nichts weiter zu unternehmen. Akzeptieren Sie diese Störungen, ohne an ihnen festzuhalten oder sie zu bewerten, und kehren Sie mit Ihrer Aufmerksamkeit
  sachte wieder zurück zu Ihrem Atem.

Seien Sie geduldig mit sich. Sie brauchen nichts zu tun als einfach nur
immer wieder zum Nichtstun, Nichtdenken und Nichtwerten zurück-
zukehren – wahrzunehmen, wie Ihre Aufmerksamkeit wandert, und
loszulassen.

Wenn die Zeit um ist, erkunden Sie abschließend, wie es Ihnen erging:

- Wie haben Sie Ihre Beziehung zu sich selbst erlebt?
- Wenn Sie entspannter geworden sind: Wo im Körper spüren Sie dies am meisten?
- Wenn Sie die Stille gestresst hat: Wie könnten Sie sich jetzt richtig entspannen? Wie oder wo würden Sie die Entspannung im Körper wahrnehmen?

Unsere eigenen inneren Wahrnehmungen nur zu beobachten, ohne sich von jedem neuen Impuls ablenken zu lassen, ist nicht leicht. Es ist eine Kunst, die nicht nur beim Meditieren essenziell ist – und auch wer seit Jahren meditiert, verfeinert seine Wahrnehmung immer weiter und fängt, wie bei jeder Kunst, doch manchmal auch wieder ein wenig von vorne an. Es ist die regelmäßige Praxis, die zählt, nicht das momentane Ergebnis. Seien Sie geduldig mit sich, wenn Ihre Gedanken abschweifen, begrüßen Sie den Impuls, und lösen Sie sich wieder von ihm, um wie ein guter Gastgeber Ihr inneres Geschehen insgesamt wahrzunehmen und nicht nur einzelne Details.

Muster des Gelingens: Social Energy oder Resignation?

Unterschiede zwischen unseren Wahrnehmungen und dem, was wir gewohnt sind, erleben wir als Spannungen – Spannungen, die Entwicklungszyklen in Gang setzen, bis wir die zugrundeliegende Herausforderung bewältigt und die Spannung damit gelöst haben. *Stress* ist das: Stress, der uns knappe Ressourcen investieren lässt. Wollen wir das? Ist das höchste Glück auf Erden nicht die selige Sattheit des Schlaraffenlands?

Tatsächlich entspricht es unserer sogenannten Komfortzone, wenn wir keine Spannungen erleben und unsere Zeit gewissermaßen in Schonhaltung verbringen. Ein anderes Gefühl stellt sich ein, wenn wir fortlaufend investieren und dabei regelmäßig Fortschritte oder zumindest die benötigte Unterstützung erfahren – wenn also unsere Selbstregulation Früchte trägt. Dann haben wir das Gefühl, mit der realen Welt und deren Anforderungen gut zurechtzukommen – ein Geisteszustand, den der weltbekannte Psychologe Mihály Csíkszentmihályi »Flow« nennt – und bilden neue Erfahrungsmuster des Gelingens. Freude, also unsere Emotion zu positiver Entwicklung, wird uns ermutigen, unseren Entwicklungszyklus weiter fortzusetzen: Denn wenn der letzte Durchlauf positiv war, haben wir neue, unterstützende Erfahrungen gemacht, die uns in eine neue Perspektive bringen, aus der unser bisheriges Verhalten bedeutsam und befriedigend erschien. Die positive (Lern-)Erfahrung stimuliert uns demnach, den eingeschlagenen Weg weiterzugehen: Wir durchlaufen den Entwicklungszyklus als emotionale »Aufwärtsspirale«.

Doch auch die gegenteilige Entwicklung ist möglich und sicher jedem von uns vertraut: Wenn wir Frustration erleben, weil die automatische Selbstregulation unseres Entwicklungszyklus keine guten Lösungen zu finden scheint und wir vergeblich investieren. Dann ist erst einmal Innehalten angesagt, denn wir fühlen uns der Situation nicht gewachsen: Wir erleben Stagnation, Rückzug und den Wunsch, unsere Ressourcen zu schonen. So herrscht im Entwicklungszyklus bald die Wahrnehmung (Stagnation und Rückzug) und das Gefühl (Frustration und Sorge), dass weitere Investitionen vergeblich sein werden. Unsere Erfahrungen wiesen bisher keinen gangbaren Weg, wir konnten seither keine Bewältigungsstrategie und keine Kompetenz hinzulernen, oder unsere Versuche zogen womöglich sogar negative Konsequenzen nach sich. In der Folge verweigern wir erst recht zusätzliche Investitionen, ziehen uns weiter zurück, durchlaufen den Entwicklungszyklus als emotionale »Abwärtsspirale«, igeln uns immer mehr in der Komfortzone ein, wo uns wenigstens alles vertraut ist – bis wir aus eigener Kraft womöglich nur noch durch ein Wunder aus dieser Lage wieder herausfinden.

Wie lebendig ist die »Aufwärtsspirale« und wie tragisch eine solche »Abwärtsspirale«! Diese stark verdichtete Darstellung, weshalb wir uns engagieren oder passiv durchlavieren, steht im Einklang mit vielen empirischen Studien und Forschungsergebnissen, die in erschreckender Konsistenz belegen, wie viele Arbeitnehmer sich nicht mehr aktiv für die Ziele ihrer Firma einsetzen oder gar schon innerlich gekündigt haben – mit den einschlägigen Folgen für Produktivität, Fehltage und Mitarbeiterfluktuation, wie viele Angestellte in Unternehmen und Behörden erleben, in denen inzwischen niemand mehr daran glaubt, irgendetwas ändern zu können. In einem solchen Umfeld hat Social Energy es schwer, sich zu entfalten.

Es ist beunruhigend, wie viele Menschen in unseren westlichen Gesellschaften zunehmend resigniert erscheinen und damit Gefahr laufen, in einer fortgesetzten Abwärtsspirale ihre natürliche Lern- und Veränderungsfähigkeit mehr und mehr zu verlieren: erstarrt in inneren Hemmungen, trotz all unserer enormen Möglichkeiten, von der relativen physischen Sicherheit und Versorgung bis zu unseren grundsätzlichen Bildungs- und Berufschancen im Vergleich zu anderen Ländern. Unter Umständen spüren wir dies als Betroffene selbst und empfinden darüber Scham oder Unglück – Gefühle, die uns noch tiefer in die Abwärtsspirale schicken können. Wichtig ist dabei zu erkennen: Resignation ist nichts per se Schlechtes, sondern eine Art »programmierter Überlebensmodus« – so spart die damit einhergehende Verhaltensänderung wertvolle Ressourcen, bis doch mit einmal irgendwoher Zuversicht auf bessere Zeiten aufkommt, die uns den Lern- und Entwicklungszyklus wieder aufwärts durchlaufen lassen.

Ein populäres Bild: Komfortzone, Lernzone, Panikzone

Solange wir glauben, eine Situation nicht beeinflussen zu können, engagieren wir uns so wenig wie möglich. Erst wenn wir eine Chance sehen, etwas zu ändern und dadurch unserer Situation aus eigenem Handeln heraus besser gerecht zu werden, werden wir wirklich aktiv. Zusätzlich hemmen kann uns die Befürchtung, mit einer Änderung unserer Gegebenheiten womöglich in Überforderung zu geraten.

Daher ist es so schwer, alte Gewohnheiten hinter sich zu lassen und neue Denk- und Verhaltensmuster zu etablieren, wenn sich dadurch anfangs nichts zu verbessern und womöglich sogar vieles nur zu verschlechtern scheint. Das populäre Bild der Komfortzone, Lernzone und Panikzone beschreibt die Situation sehr plakativ:

- Komfortzone: Hier erholen wir uns, hier haben wir Routine, brauchen kaum nachzudenken oder uns anzustrengen. Alles erscheint vertraut und sicher. Im Schutzraum der Komfortzone schonen wir unsere Ressourcen – und bringen uns zugleich um die Erfülltheit, unsere Energie erfolgreich einzusetzen und uns über uns zu freuen.
- Lernzone: Wir bestehen Herausforderungen und entwickeln uns weiter. In der Lernzone liegt unsere Chance auf Weiterentwicklung: »das wahre Leben« und *Flow*. Hier betreten wir unbekannte Gefilde, die uns nervös und womöglich zittrig machen. Doch mit Mut, Beharrlichkeit und Resilienz können wir Herausforderungen meistern, uns weiterentwickeln und neue Zuversicht gewinnen.

Abbildung 6: Komfortzone, Lernzone, Panikzone –
an Herausforderungen wachsen

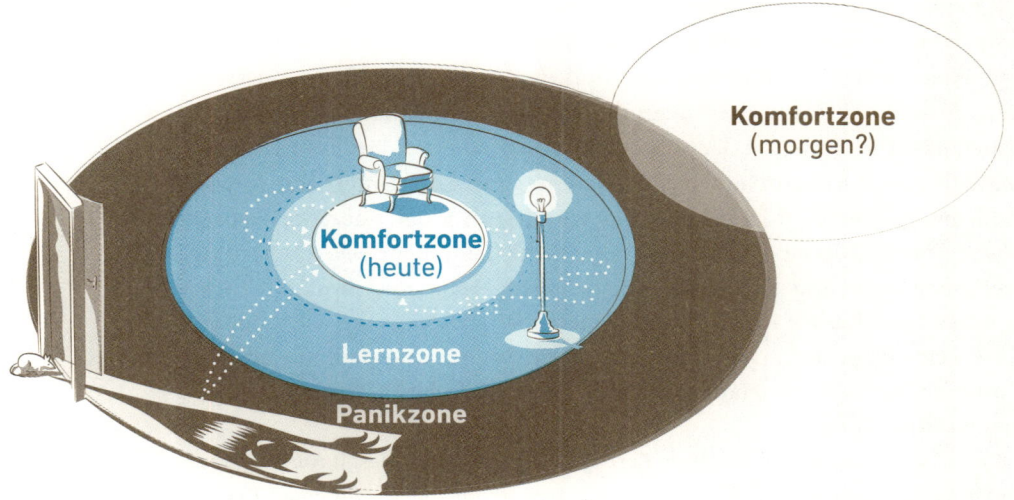

- **Panikzone:** Wir sehen uns in großer Gefahr: Hier droht echte Überforderung, und das macht uns Angst. Alles erscheint uns hier schwer einzuschätzen und vermutlich nicht zu bewältigen. »Nichts wir weg!« ist daher unser Reflex. Unsere Wahrnehmung ist stark eingeschränkt, im Extremfall fokussiert aufs nackte Überleben; wenn wir hier hinzulernen, dann nur durch diese begrenzte Brille.

Nur in der Lernzone sind wir veränderungsbereit: bereit, unseren eigenen Weg zu entdecken und zu gehen. In der Komfortzone sehen wir keinen Grund, etwas zu ändern; in der Panikzone fühlen wir uns überfordert und haben Ängste, die uns reflexartig reagieren lassen oder gar lähmen.

Wenn wir es indes schaffen, auch unter schwierigen oder gar bedrohlichen Umständen ein Gefühl von Selbstwirksamkeit zu entwickeln – also ein Gefühl von Zuversicht, Einfluss auf unsere aktuelle Situation nehmen zu können –, steigen unsere Chancen ungemein, auch in Zukunft immer wieder leichter in einen Zustand des aktiven Handelns zu kommen – ein Zustand, der es uns ermöglicht, unsere Zukunft zu gestalten, statt sie nur zu verhindern zu versuchen. Das ist langfristig ein entscheidender Faktor für unsere Entwicklung.

Zuversicht erwächst aus neuen Erfahrungen, aus denen wir neue Chancen ableiten, vor allem aus Erfolgserlebnissen: Denn von neuen Chancen zu hören, ist das eine – sie unmittelbar zu verspüren, zu verwirklichen, und uns damit womöglich neue Chancen zu eröffnen, das andere. Ohne dass wir Neues erleben, hat Zuversicht (und damit Veränderungskompetenz) es demnach bei uns schwer, denn Zweifel und Sorgen haben wir auch in Passivität. Dies klingt zunächst bedeutungslos, aber erklärt zum Beispiel, weshalb die automatische Gehaltserhöhung, das neue Unternehmensleitbild der Muttergesellschaft oder die Verschärfung des Rauchverbots im Zweifel bestenfalls eine Anpassung, aber keine tiefgreifend selbstmotivierte Verhaltensänderung nach sich ziehen: Solange wir eine Situation nicht glauben beeinflussen zu können, engagieren wir uns so wenig wie möglich. Erst wenn wir eine Chance sehen, etwas zu ändern und dadurch unserer Situation aus eigenem Handeln heraus besser gerecht zu werden, werden wir wirklich aktiv.

Das bedeutet: In der emotionalen »Aufwärtsspirale« des Entwicklungszyklus kann sich unsere Komfortzone verschieben, indem wir neue Erfahrungen machen. Dabei werden unsere alten Komfortzonen häufig irrelevant und wir entdecken neue Komfortzonen, wo wir sie womöglich vorher niemals vermutet hätten – bis wir nie wieder in die alten Komfortzonen zurückwollen! So kraftvoll kann Entwicklung sein.

In diesem Sinne erscheint Social Energy als die Entschlossenheit zu persönlicher und gemeinschaftlicher Investition in eine positive gemeinsame Weiterentwicklung – und sei es tastend, in ganz kleinen Schritten. Solange wir gemeinsam Fortschritt erleben, entsteht neue Energie: Energie, die fördert, dass wir gemeinsam zuversichtlich Herausforderungen angehen und an ihnen wachsen, sodass uns morgen unsere heutigen Lernzonen wie Komfortzonen erscheinen, weil wir gelernt haben, souverän mit ihnen umzugehen.

Die vier »Impulse aus der Praxis« am Ende jedes Kapitels, von denen Sie bisher das Beispiel der Deutschen Bahn bereits kennen gelernt haben, schildern lebendige Beispiele solcher positiven Entwicklungen: Etwa das LAOS-Projekt der Bahn, das aus dem eigenständigen Engagement zweier Mitarbeiter entstand und inzwischen konzernweit als Beispiel gilt für den Ansatz, Dinge neu zu denken, auszuprobieren und anzupacken. Oder selbstbewusste Bekenntnisse wie zum Beispiel der Geschäftsführerin von Lilly Deutschland, die Sie am Ende dieses Kapitels kennen lernen werden: »Es fällt so viel Druck von einem ab, wenn man offen mit Kollegen über Verletzlichkeiten reden kann«. Überraschungen wie bei der selbstorganisierten Fertigung komplexer Investitionsgüter, die Siemens ebenfalls dem souveränen Einsatz zweier Mitarbeiter verdankt: »Einige der Kollegen, die anfangs sehr dagegen waren, zählen heute zu den größten Unterstützern des Wandels.« Und die Erfahrung, die nicht zuletzt die Mitarbeiter der Systelios-Klinik immer wieder machen: Dass unerschütterlicher Respekt für die Perspektive des anderen die Wurzel ist, Menschen in Veränderungsprozesse zu führen – dass alle ihre Anliegen eigenverantwortlich einbringen, sich gegenseitig auf Augenhöhe wahrnehmen und den Blickwinkel des anderen wertschätzen.

Social Energy kommt beileibe nicht von selbst. Doch Beispiele wie diese immer wieder zu erleben, gab mir über die Jahre die Gewissheit für dieses Buch: Social Energy ist überall möglich, wo wir unsere Komfortzonen verlassen.

2.2 Vom Ich zum Wir: Souveränität schöpft aus der Vielfalt unserer Perspektiven

Wir brauchen einander und empfinden dennoch andere Perspektiven häufig als hinderlich für eine zügige positive Weiterentwicklung – gleich, ob wir diese in der Gruppe als Meinungsverschiedenheiten erleben oder als innere Zerrissenheit in unserer eigenen Gefühlswelt. So hinderlich, dass es immer wieder sehr verlockend erscheint, uns etwa durchzusetzen, statt den Weg des mühsamen Ausgleichs zu gehen. Was gibt es durch neue Perspektiven zu gewinnen?

Konstellationen: Menschliche Konstruktion der Wirklichkeit

Jeder Entwicklungsprozess beginnt mit der Wahrnehmung eines Unterschieds. Inwieweit wir dazu in der Lage sind, Unterschiede zur bisherigen Situation oder zu anderen Perspektiven wahrzunehmen, einzuordnen und abschließend zu bewerten, hängt stark von unseren bisherigen Erfahrungen ab. Was der eine womöglich nicht wahrnimmt und dem nächsten vielleicht gerade nicht viel bedeutet, ist für einen Dritten ein eindeutiger Anlass, aktiv zu werden. Es ist so subjektiv! Wir alle kennen das Dilemma, etwa von bereichs-übergreifenden Abstimmungsprozessen: Wenn unterschiedliche Perspektiven zusammenkommen, die aufgrund der individuellen Vorerfahrungen schon bei der grundsätzlichen Wahrnehmung, Einordnung und Bewertung von Situationen zu gegensätzlichen Verhaltensimpulsen führen, wie sollen da gemeinsame Ziele und gemeinsames Handeln möglich werden?

Das ist es, was Gemeinschaft mitunter so schwer macht, denn Auseinandersetzungen zwischen verschiedenen Blickwinkeln sind mitunter ausgesprochen mühsam. Viel angenehmer wäre natürlich, wir wären entweder alle einer Meinung – oder eine wie auch immer geartete Autorität sorgte dafür, dass eine bestimmte Auffassung gilt, und legte die Linie des gemeinschaftlichen Handelns fest, unabhängig davon, was die einzelnen Untergebenen aus ihrer individuellen Sicht heraus tun würden. Wenn sich jedoch immer wieder ein bestimmter Blickwinkel durchsetzt, etwa der des heimlichen oder des formalen Chefs, bleiben die anderen Sichtweisen ungenutzt. Die klassische Geschichte dazu ist das Gleichnis von den vier Blinden, die einen Elefanten aus unterschiedlichen Perspektiven erkunden (Rüssel, Ohren, Beine, Schwanz) und nicht übereinkommen, was sie vor sich haben, solange jeder darauf beharrt, dass seine Wahrnehmung die »richtige« sei.

Wie irreführend unsere Vorstellung von »Wahrnehmung« sein kann, zeigt die genauere Betrachtung, was »Blickwinkel« eigentlich bedeutet. Der argentinische Journalist und Philosophieprofessor Martin Gak schilderte mir einmal, wie er seinen Studenten anhand von Sternzeichen die Idee des Konstruktivismus erklärt.

Konstruktivismus am Nachthimmel

Wenn wir in den Nachthimmel sehen, finden wir am Firmament schnell das bekannte Sternbild des Großen Wagens, oft auch Großer Bär genannt. Seine sieben hellsten Sterne sind auf der Nordhalbkugel selbst im Lichtdunst der Städte meist noch gut zu erkennen. Ihre prägnante Figur ist uns so vertraut, dass man meinen könnte, sie sei ein zusammengehöriges Objekt. Sternbilder wie dieses waren früher hilfreich und bewährt im Alltag, beispielsweise als Kalender oder Navigationshilfe.

Doch was würde passieren, wenn wir ins Weltall reisen könnten – also einen völlig neuen Standpunkt einnehmen und unsere Perspektive wechseln – und versuchen würden, das Sternbild beispielsweise von der

Abbildung 7: Das Sternbild »Großer Wagen« – eine menschliche Konstruktion

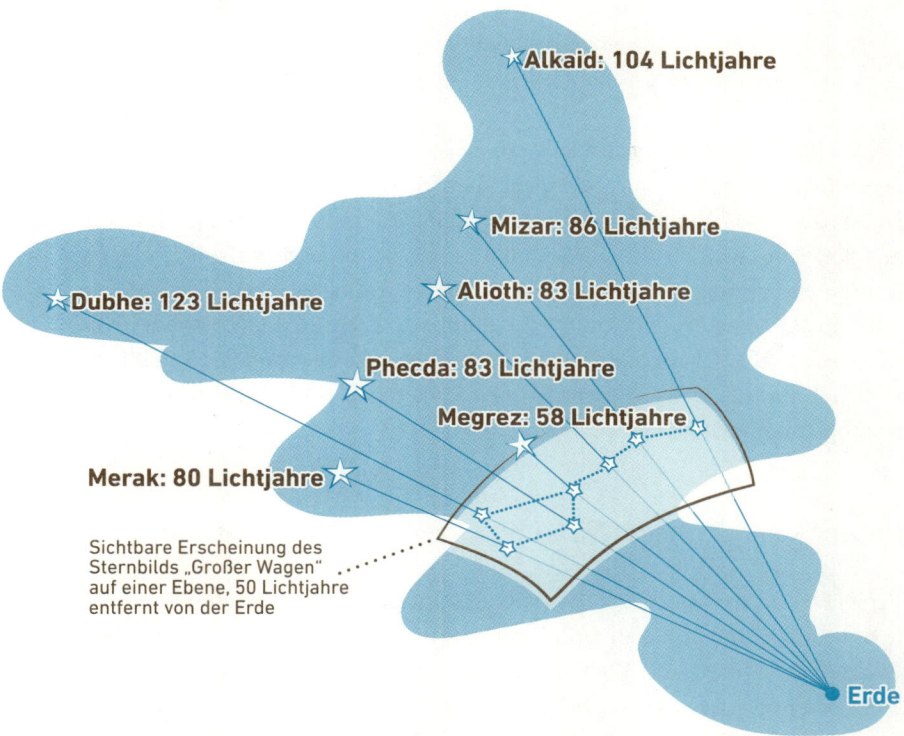

Alkaid: 104 Lichtjahre

Mizar: 86 Lichtjahre

Dubhe: 123 Lichtjahre

Alioth: 83 Lichtjahre

Phecda: 83 Lichtjahre

Megrez: 58 Lichtjahre

Merak: 80 Lichtjahre

Sichtbare Erscheinung des
Sternbilds „Großer Wagen"
auf einer Ebene, 50 Lichtjahre
entfernt von der Erde

Erde

Quelle: Nach einer Abbildung in der Encyclopedia Britannica. Entfernungsangaben:
Europäische Weltraumagentur ESA.

Seite zu betrachten? Die Antwort lautet: Wir würden kläglich scheitern,
denn der Große Wagen ist eine Konstellation und kein Objekt.

Das bedeutet, er ist eine reine Konstruktion der menschlichen Wahrnehmung. Die einzelnen Sterne, die das Sternbild des Großen Wagens
bilden, sind – so benachbart sie einander uns auch erscheinen mögen –
in Wirklichkeit sehr unterschiedlich weit von uns entfernt. Allein unter
den sieben hellsten Sternen des Großen Wagens ist der weiteste mindestens doppelt so weit entfernt wie der uns am nächsten gelegene; und
unter allen Sternen, die Astronomen typischerweise diesem Sternbild
zurechnen, beträgt die Spanne vom nächsten zum entferntesten Stern
mehr als das Zehnfache.

Konstellationen sind demnach nichts weiter als »eingebildete« Gebilde und demzufolge Konstruktionen unserer Wahrnehmungsgewohnheiten. Insbesondere Sternbilder sind eine reine Konvention: Sie »erklären« nichts, denn ihre Lichtpunkte ließen sich auch zu ganz anderen Figuren zusammensetzen.

Dieses Phänomen lässt sich nicht nur bei Sternen feststellen. Der bekannte deutsche Philosoph Arthur Schopenhauer fragte etwa in seinem Hauptwerk *Die Welt als Wille und Vorstellung* sinngemäß: Was ist noch alles nur Gewohnheit von dem, was wir wahrnehmen, und was ist wirklich »wirklich«? Alles, was wir zu »verstehen« meinen und mit dem wir uns die Welt »erklären«, ist letztlich nur eine Wahrnehmungsgewohnheit. Auch unsere Weltbilder sind so gesehen selbstfabrizierte Trugbilder: bequeme Konventionen – ja, de facto *Irrtümer*, die uns bislang nicht störend aufgefallen sind (anderen hingegen womöglich durchaus).

Perspektivwechsel: »Wir« und »Ich« in produktiver Balance

Perspektivwechsel sind auch deshalb so schwierig und zugleich oft so nützlich, weil wir uns in vielen Fällen gar nicht vorstellen können, aus welchem Blickwinkel andere die Welt betrachten und wie sie sich ihnen darstellt. Umso wichtiger ist es, möglichst unterschiedliche Wahrnehmungen zu einem gemeinsamen, übergreifenden Verständnis unserer Situation zu verbinden – also im Idealfall zu einer gemeinsamen Wahrnehmung zu finden, die alle subjektiven Bilder stimmig integriert: Wenn Sie an die Metapher der Sternkonstellation denken, gibt es nicht *die eine richtige* Perspektive, denn von der Seite könnte man den Großen Wagen nicht sehen. Zugleich wüsste man erst aus der Verbindung der unterschiedlichen Perspektiven, dass dessen Sterne, anders als es von der Erde gesehen erscheint, kein zusammenhängendes Objekt bilden.

Erkenntnis durch Perspektivwechsel
Tatsächlich können wir die Entfernung eines nicht allzu weit entfernten Sterns wie etwa im Großen Wagen dadurch bestimmen, dass wir nach einer halben Runde der Erde um die Sonne, also nach einem halben Jahr, von der Erde aus von einem etwas anderen Blickwinkel aus auf den Stern

blicken: Aus dem Durchmesser der Erdbahn und dem gemessenen Winkelunterschied, der »Parallaxe«, lässt sich die Entfernung präzise berechnen. In ähnlicher Weise ermittelte der griechische Gelehrte Eratosthenes vor 2 400 Jahren bereits sehr genau die Größe der Erdkugel, indem er an zwei unterschiedlichen Orten am längsten Tag des Jahres mittags beim Sonnenhöchststand den Winkel zur Sonne maß und aus dem Abstand der Orte und den beiden Winkeln den Umfang der Erde berechnete.

Sobald wir zu einem Perspektivwechsel bereit sind, eröffnen wir uns die Chance zu erkennen, was uns bis jetzt alles entgangen ist. Erst damit wird uns bewusst, dass eine Vielzahl von Blickwinkeln nötig und hilfreich ist, um in undurchsichtigen Situationen zu einer gewissenhaften Einschätzung statt zu bequemen Schnellschüssen zu gelangen. Entsprechend wird unter dem Begriff »Diversity« – zu Deutsch Vielfalt – in vielen Unternehmen zunehmend Wert darauf gelegt, bei der Zusammensetzung von Teams und Entscheidergremien möglichst unterschiedliche Perspektiven und Kompetenzen zusammenzubringen, etwa gemischt nach Geschlecht, Alter, beruflichem Hintergrund, Herkunft und Naturell. Zudem werden die notwendigen Aushandlungsfähigkeiten aktiv gefördert, damit solche Gruppen insgesamt kompetenter ihren Aufgaben nachgehen als homogenere Gruppen, denen eine solche Vielfalt und situativ damit womöglich entscheidende Perspektiven und Kompetenzen fehlen.

Die Vorzüge der Vielfalt
Bei einer Umfrage der Unternehmensberatung Roland Berger unter 40 Großunternehmen waren im Jahr 2011 vier von fünf Befragten überzeugt, dass durch mehr Vielfalt und besseres Einbeziehen unterschiedlicher Perspektiven …

- die Organisation einen schnelleren Zugang zu neuen Märkten und Kundensegmenten gewinnen könnte;
- die Innovationskraft durch andersartige Arbeitsweisen und Kompetenzen erheblich gefördert würde;
- das Unternehmen als Arbeitgeber attraktiver wäre;
- die Mitarbeiterfluktuation zurückgehen würde.

Als hinderlich sahen sie unter anderem die Verengung der Diskussion auf die »Frauenquote« sowie die Bevorzugung ähnlicher Bewerberprofile bei Neueinstellungen (»Self-Cloning«) an.

Ein einleuchtender Befund, den der *Harvard Business Review* mit Umfrageergebnissen aus dem Jahr 2017 bekräftigt. Demzufolge drehen sich jedoch die meisten Diskussionen rund um Diversity am Arbeitsplatz nach wie vor nur um demografische Faktoren wie Geschlecht, Alter und ethnische Zugehörigkeit. Doch die interessantesten und entscheidenden Aspekte von Diversity seien psychologischer Natur: etwa Persönlichkeit, Werte und Fähigkeiten, auch beschrieben als »Deep-level Diversity«.

Die kulturelle Vielfalt einer Organisation anhand solcher psychologischer Faktoren zu betrachten, dringt – um wieder das erweiterte Seerosenmodell in den Blick zu nehmen – auf tieferliegende Ebenen vor. Statt Äußerlichkeiten zu fokussieren (nichts anderes sind demografische Faktoren in Bezug auf kulturelle Vielfalt), rücken erst mit »Deep-level Diversity« Faktoren in den Mittelpunkt, die tatsächlich signifikant unterschiedliche Einstellungen und Blickwinkel bedingen.

All diese Entwicklungen zu einem besseren Verständnis der Bedeutung von kultureller Vielfalt sind begrüßenswert, denn was uns aus der einen Perspektive entgeht, erschließt sich aus der anderen Perspektive glasklar. Umso wichtiger ist unser Selbstverständnis als Sozialwesen, allem Individualismus zum Trotz. »Das Ich im Wir« und »Das Wir im Ich« sind zwei Seiten derselben Medaille, wenn der Mensch in der Wirklichkeit der Welt gedeihen will: Wir wollen in Gemeinschaft souverän sein (Das Ich im Wir) und stellen uns doch auf sie ein (Das Wir im Ich). Um diese Balance geht es: zur Gemeinschaft beitragen, und uns selbst dabei treu bleiben. Sonst werden uns immer wieder entscheidende Blickwinkel fehlen.

Das Konzept der bezogenen Individuation

»Bezogene Individuation« prägte der Familientherapeut Helm Stierlin als Fachbegriff für die Chance, unsere Individualität und unser Wir-Gefühl in Gemeinschaft immer wieder neu auszutarieren.

Dabei, so sagt er, bedeutet *Individuation* beim Menschen wesentlich die Fähigkeit und Bereitschaft zur Selbstabgrenzung, Selbstdifferenzierung, Selbststeuerung, Selbstbehauptung sowie zur Übernahmen von Verantwortung für unser eigenes Verhalten und Wohlergehen – in einer guten Balance mit unserem Streben nach »Bezogenheit«, also nach Bindungsqualitäten wie Loyalität, Treue, Regeln, Liebe, Angenommensein und Zugehörigkeit. Stierlin ist einer der Doyens vieler grundlegender systemischer Therapieverfahren, und ich konnte ihn im Jahr 2014 bei den Dreharbeiten für unsere Dokumentarfilmkampagne *Augenhöhe* in der Systelios-Klinik kennen lernen, von der der abschließende »Impuls aus der Praxis« im Anschluss an das vierte Kapitel berichtet. Helm Stierlin hat die Haltung dieses Unternehmens sehr geprägt; auch dieses Buch und mich trägt sie sehr.

Wenn es uns gelingt, aus vielfältigen Perspektiven unseren Weg zu entdecken, gewinnen nicht nur Gemeinschaften an Souveränität und damit an Optionen und Kompetenzen, den Herausforderungen ihres Daseins frei und wirksam zu begegnen, sondern auch jeder Einzelne von uns.

2.3 Werte: Was wir schätzen, was wir schützen

Unser Verhalten hängt in hohem Maße davon ab, wie wir uns selbst und die Welt wahrnehmen. Der Entwicklungszyklus schildert einige Kernaspekte hinsichtlich der Frage, *wie* wir handeln, doch noch nicht, *warum* wir uns für die eine und damit gegen eine andere konkrete Handlung entscheiden.

Worauf kommt es an, wenn wir abwägen, worauf wir Aufmerksamkeit und Energie investieren? Gibt es insgesamt universelle, für alle Menschen ähnliche Kriterien zur Frage, was im Leben zählt – und was es zu vermeiden gilt? Dazu gibt es aus der Wissenschaft bisher viel Forschung und eine große Auswahl an Theorien, aber von einem praxisgerechten Bild, das der Vielfalt dessen gerecht würde, was Menschen umtreibt, scheinen wir recht weit entfernt.

Der Homo oeconomicus: Das Standardmodell in Politik und Wirtschaft

Bonus hin, Organisationsverständnis her: Ob wir Menschen als grundsätzlich egoistisch ansehen, die Welt als beherrschbar, die Umwelt als kostbare Ressource, die Organisation als Bühne, unsere Talente als Waffe oder Geld als die wahre Macht – all dies macht jeweils einen Unterschied gegenüber anderen Haltungen, die ebenfalls denkbar wären.

Vor dem Hintergrund solcher Grundannahmen wie denen in Kapitel 1.3 leitet uns im Stillen die Frage, *wofür* wir leben und arbeiten: Sind wir erfüllt, wenn wir Sicherheit haben? Geht es uns um Komfort, Leistung, Status oder Macht? Oder eher um Freude, Gemeinschaft, Umweltschutz und unser Vermächtnis an die Nachwelt?

Was immer uns persönlich umtreiben mag: Geld allein leitet unser Handeln nicht. Diese Gewissheit der empirischen Grundlagenforschung ist heute wissenschaftlich unbestritten, von der Neurologie bis zur Betriebs- und Volkswirtschaftslehre. Dass nichtsdestotrotz in der heutigen Zeit nach wie vor das Menschenbild des Homo oeconomicus unsere Arbeitswelt entscheidend prägt, hat vor allem praktische Gründe: Von den Gehaltsstrukturen bis zur volkswirtschaftlichen Gesamtrechnung, von der Ordnungspolitik bis zum Gesellschaftsrecht scheint es schlichtweg einfacher, den Menschen weiterhin als rationalen Nutzenmaximierer zu modellieren, dessen angestrebter Nutzen primär darin besteht, mehr Geld zu erhalten, als sich mit der Vielfalt der wissenschaftlichen Forschungsergebnisse zum menschlichen Verhalten und seinen Ursachen auseinanderzusetzen.

So wurde der Homo oeconomicus in Wirtschaft und Politik gewissermaßen zum Standardmodell des Menschen, obwohl dabei fast alles unter den Tisch fällt, was uns erst zum Menschen macht. Dieses Modell mag praktisch sein, aber dafür ist es auch wirklichkeitsfern – regelrecht schädlich. Wenn wir vom Gesundheitssektor bis zur Medien- und Bildungslandschaft den rationalen Nutzenmaximierer jahrzehntelang flächendeckend zum Normalfall erklären und Intuition, Empathie und Selbstlosigkeit bestenfalls als Ausnahmen feiern, ist es kein Wunder, dass unsere Unternehmen und Institutionen Strukturen schaffen, unter denen sich Motivation, Kundenorientierung und Veränderungskraft nur sehr mühsam entwickeln.

Dabei mangelt es an moderneren Menschenbildern keineswegs, die der menschlichen Motivation und Entwicklungsfähigkeit weitaus besser gerecht werden als der Homo oeconomicus. Doch diese Vielfalt ist auch Teil des Problems: Wer die menschliche Natur besser verstehen will, sieht sich einer zerklüfteten Forschungslandschaft konkurrierender wissenschaftlicher Disziplinen gegenüber – einer Forschungslandschaft, die zudem gerade im universitären Bereich wie bei jedem Paradigmenwechsel vor dem Dilemma steht, die bisherige Lehre gleichzeitig verwerfen und als Teil der eigenen Existenzberechtigung dennoch weiter hochhalten zu wollen.

Bedürfnisse im Arbeitsalltag

Ein umfassendes, praktikables Verständnis unserer Motive ist längst nicht nur für das Verständnis von menschlicher Veränderungsbereitschaft von Bedeutung. Bedürfnis- und Kompetenzmodelle spielen bewusst oder unbewusst im Arbeitsalltag, in der Führung und gerade im Personalwesen eine große Rolle, zum Beispiel in diesen Bereichen:

- Werte, Mission Statements, Führungsgrundsätze und Organisationsentwicklung: unsere Wertvorstellungen hinter der Frage, was bei uns zählt, wie wir arbeiten und führen wollen und wofür wir uns einsetzen – etwa Bedürfnisse wie Teamgeist, Qualität und Führungsstärke.
- Marketing und Vertrieb: unsere Annahmen, was Kunden brauchen (gerade auch auf der emotionalen Ebene), und wie wir die entsprechenden Märkte segmentieren, beschreiben und adressieren – etwa nach Kundenbedürfnissen wie Tradition, Leistung und Umweltbewusstsein.
- Mitarbeiterbefragungen und Work-Life-Balance: die Antwort-Kategorien zu Umfragen, wie die Mitarbeiter sich fühlen und inwieweit sie im Job haben, was sie brauchen – etwa »sicher versorgt sein«, »flexibel arbeiten« und »»gehört werden«.
- Diversity: die Merkmale, anhand derer wir konkrete Unterschiede verschiedener Mitarbeiterprofile im Haus beschreiben und ermitteln – etwa Loyalität, Kreativität und Durchsetzungsstärke.
- Training und Schulungen: Bedürfnisse von Kunden und Mitarbeitern, für die wir entsprechende Kompetenzen entwickeln wollen – etwa Beziehungsqualität, klare Führung und persönliche Weiterentwicklung.

Unsere Bedürfnis- und Kompetenzmodelle für solche Aufgaben sind weitgehend unabhängig voneinander entstanden, doch letztlich beschreiben sie alle eine Vielzahl von Dingen, die Menschen wichtig sind. Müsste es nicht längst fundamentale Erkenntnisse über die Natur des Menschen geben, auf die wir dabei übergreifend aufsetzen können? Oder ist der strikte Materialismus des Homo oeconomicus hier wirklich der einzige gemeinsame Nenner?

Wertvorstellungen in Ihrer Organisation
Mit welchen Wertvorstellungen arbeitet Ihr Betrieb, und welche Annahmen darüber, was Menschen brauchen, stehen dahinter?

- Nehmen Sie die Leitsätze, Werte, Verhaltensregeln und ähnliche Erklärungen Ihres Betriebs zur Hand (sofern diese nicht »offiziell« ausformuliert sind, machen Sie sich gern Ihre eigenen Gedanken dazu): Welche Bedürfnisse Ihrer Kunden will Ihr Betrieb in besonderer Weise adressieren? Welche inneren Wertvorstellungen sollen Ihre Mitarbeiter dabei leiten? Bilden Sie hierzu Sätze wie »Als Kunde wünsche ich mir ..., damit ich ...«
- Wonach sind die Zielgruppen und Marktsegmente Ihres Unternehmens aufgeteilt, und für welche spezifischen Kundenbedürfnisse stehen sie? Spielen ausschließlich technische Parameter wie zum Beispiel Produktkategorien dabei eine Rolle – oder auch psychosoziale Aspekte, wie beispielsweise »konservativ«, »innovationsfreudig«, »Meinungsführer«, »Leistungsträger« et cetera bei Entscheiderprofilen im Firmenkundengeschäft oder etwa LOHAS, DINKs, SOHOs oder die »Sinus-Milieus« bei Marktanalysen der Konsumgüterbranchen?
- Lässt sich für Sie mit einem Begriff auf den Punkt bringen, welche Werte diesen Zielgruppen jeweils besonders viel bedeuten?
- Wie werden Mitarbeiter bei Ihnen formell oder informell charakterisiert, etwa bei der Führungskräfteentwicklung oder beim Talentmarketing: nur nach fachlichen Eignungsmaßstäben oder spielen auch bestimmte Persönlichkeitsmerkmale eine Rolle? Welche Wertvorstellungen stehen dahinter?

Im Vergleich: gängige Modelle menschlicher Bedürfnisse und Anliegen

Viele Forscher haben im Laufe der Zeit auf empirischer oder theoretischer Grundlage Entwicklungs- und Bedürfnismodelle vorgestellt, um die menschliche Natur umfassend zu beschreiben. Abraham Maslow etwa, Psychologieprofessor in Boston, Gründervater der Humanistischen Psychologie und Urheber des Begriffs der »Positiven Psychologie«, identifizierte in seiner weithin bekannten Bedürfnispyramide gegen Ende des Zweiten Weltkriegs fünf Stufen von Bedürfnissen: Körperfunktionen, Sicherheit, Zugehörigkeit, Wertschätzung und Selbstverwirklichung. Lawrence Kohlberg, Erziehungswissenschaftler in Harvard, beschrieb in seiner Theorie der Moralentwicklung sechs Entwicklungsstufen: Schmerzvermeidung, Eigennutz, Konformität, Ordnung, Einheit und Ethik.

Und viele, viele andere Modelle existieren, die zu beschreiben versuchen, welche Anliegen im Kern menschliches Verhalten leiten:

- von hierarchisch (»Bedürfnis ›A‹ kommt vor Bedürfnis ›B‹«, »Bedürfnis ›C‹ ist primitiver«, »Bedürfnis ›D‹ ist wichtiger« et cetera) bis gleichwertig,
- von politisch, religiös, esoterisch oder philosophisch idealisierend bis empirisch untermauert;
- mit drei Persönlichkeitsmustern, wie in der *Omnisophie* des Mathematikers und Philosophen Gunter Dueck: »Richtige«, »Wahre« und »Natürliche« Menschen;
- mit vier Grundbedürfnissen, wie etwa bei dem Kommunikationspsychologen Friedemann Schulz von Thun: (1) wertvoll sein, (2) geliebt sein, (3) frei sein, (4) verbunden sein;
- mit einem oder (je nach Quelle) mehreren Dutzend gleichwertiger Grundbedürfnisse, wie in Übungsmaterialien zum Werk des Psychologen Marshall B. Rosenberg und seiner Schüler, wie etwa Sicherheit, Entspannung, Ordnung, Spiel, Abwechslungsreichtum, Geborgenheit, Sinn, Ästhetik, Willensfreiheit, Harmonie und Freude.

Bedürfnisse wahrzunehmen – eigene und fremde – fällt uns leichter mit einem klaren Bewusstsein, welche Bedürfnisse es alles gibt, über das »ökonomische« Motiv hinaus, mehr Geld zu bekommen. Insofern ist als Grundlage für Kulturwandel und Organisationsentwicklung ein Menschenbild unabdingbar, das über den Homo oeconomicus hinausgeht. Denn dieser hat ganz offensichtlich wesentliche Anliegen des Menschen nicht im Blick und ist mit seinem allzu simplen, doch meist monetär verstandenen Nutzenbegriff in diesem Kontext eher als ein historisches Missverständnis anzusehen als eine belastbare, nutzbare Theorie. Als Führungsleitbild genügt der Homo oeconomicus ebenso wenig: Wie will er Menschen in Veränderung mitnehmen, wenn sein Blickfeld so eng auf sich selbst und seine persönliche Nutzenmaxierung gerichtet ist?

Welche Faktoren leiten nun also noch unser Verhalten, über Geld hinaus? Und welches Modell hilft für welchen Zweck weiter?

Den gängigen Modellen für menschliches Verhalten und die dahinterstehenden Motive scheint unter dem Strich immer irgendetwas zu fehlen. Ein gutes Modell menschlicher Motive müsste den weiten, *gesamten Raum* unserer Verhaltensweisen schlüssig »aufspannen« und erklären, indem es jedes Verhalten auf tieferliegende Motive zurückführt. So, wie unsere Farbdisplays alle Farben auf ein Zusammenwirken der drei Grundfarben rot, grün und blau zurückführen und den gesamten wahrnehmbaren Farbraum »aufspannen«: Jede wahrnehmbare Farbe lässt sich weitestgehend aus diesen drei Grundfarben darstellen, ohne dass eine dieser drei Grundfarben selbst durch eine andere Farbe ersetzbar wäre.

Wünschenswert wäre zudem eine gewisse *Gleichwertigkeit* der Motive, zumindest im Sinne der Beobachtung, dass in unterschiedlichen Situationen und bei unterschiedlichen Menschen durchaus unterschiedliche Bedürfnisse im Vordergrund zu stehen scheinen, ohne dass man von vornherein sagen könnte, der eine verhalte sich immer »korrekter« als der andere.

Zu guter Letzt wäre zu wünschen, dass solch ein Modell unsere Motive möglichst kompakt und überschneidungsfrei darstellt, um Doppelungen und Allgemeinplätze zu vermeiden. So scheint »Streben nach Glück«, »Freude« und »Zufriedenheit« recht ähnliche Motive zu beschreiben, sodass man zwar gelehrt streiten kann, ob dies nun dasselbe sei oder nicht – aber wünschenswert wären weniger austauschbare Begriffe. Im Kontrast erscheinen in diesem Sinne beispielsweise die Motive, »gehört zu werden« und »das Ganze zu sehen« deutlich klarer unterscheidbar: Solche trennscharfen Motive ergeben damit eher eine kompakte Darstellung als vage, sich überschneidende Sammelbegriffe.

2.4 Kernanliegen: Treiber für Social Energy

Ein gemeinschaftlich orientiertes Modell, das zudem auf einem interessanten empirischen Forschungsansatz basiert, entdeckte ich in den Arbeiten des amerikanischen Psychologieprofessors und Kollegen von Abraham Maslow, Clare Graves, die ich über die Jahre mit einer Vielzahl anderer Modelle abglich und die mich inspirierten, das Modell der Kernanliegen zu entwickeln. Die Frage, die ich mir dabei stellte, lautete: Welche Anliegen und welchen inneren Prozess müsste es geben, damit wir das weite Spektrum menschlichen Handelns schlüssig daraus ableiten können? In Kombination mit dem Entwicklungszyklus gelingt dies recht gut. Zugleich entsteht so eine praxistaugliche Basis für nützliche Herangehensweisen zur Förderung der Zusammenarbeit.

All diese Kernanliegen bieten einen unverzichtbaren Überlebensvorteil,

Abbildung 8: Das Modell der Kernanliegen auf einen Blick, mit Beispielen

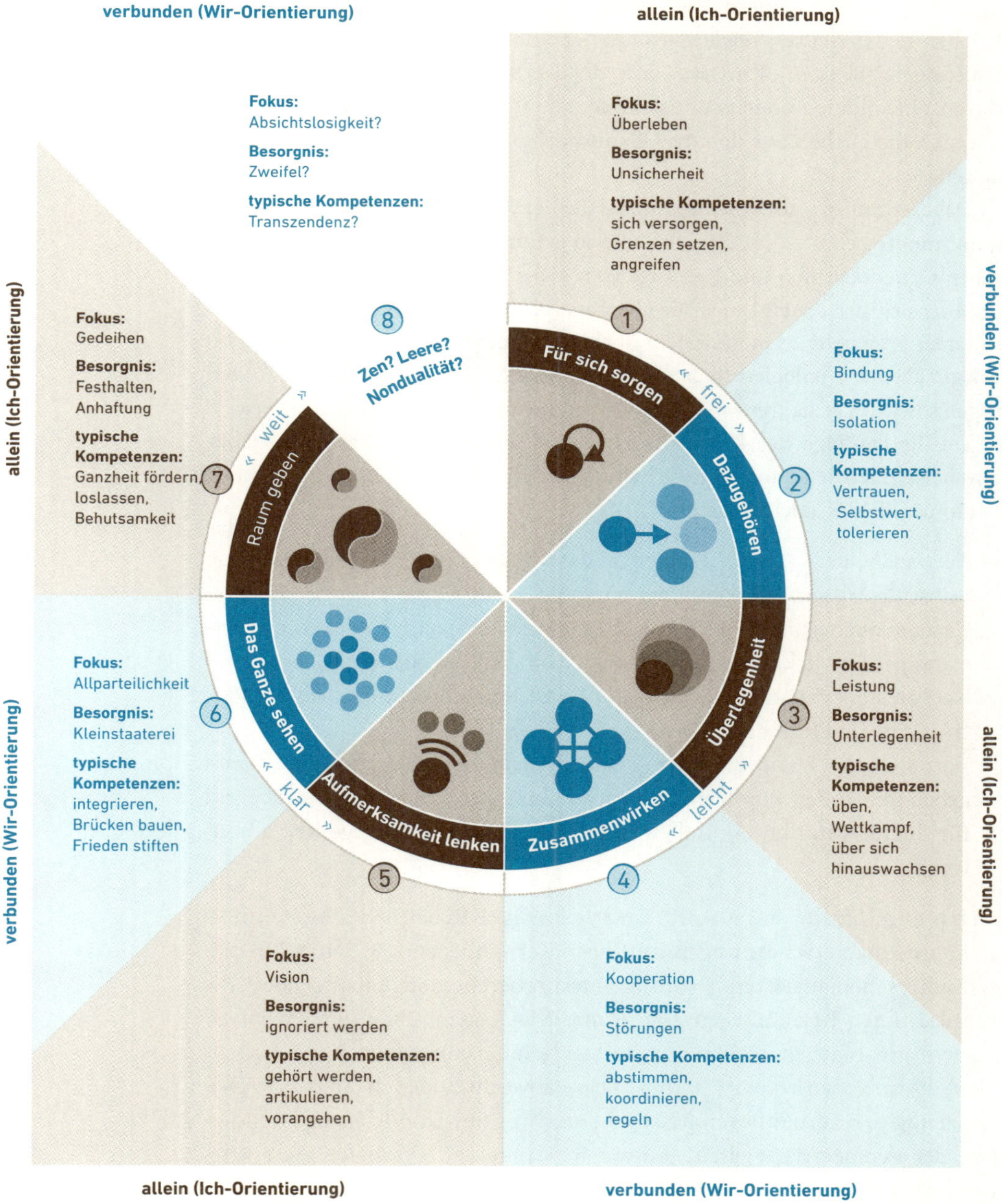

verbunden (Wir-Orientierung)

allein (Ich-Orientierung)

Fokus:
Absichtslosigkeit?

Besorgnis:
Zweifel?

typische Kompetenzen:
Transzendenz?

Fokus:
Überleben

Besorgnis:
Unsicherheit

typische Kompetenzen:
sich versorgen,
Grenzen setzen,
angreifen

allein (Ich-Orientierung)

verbunden (Wir-Orientierung)

Fokus:
Gedeihen

Besorgnis:
Festhalten,
Anhaftung

**typische
Kompetenzen:**
Ganzheit fördern,
loslassen,
Behutsamkeit

Fokus:
Bindung

Besorgnis:
Isolation

**typische
Kompetenzen:**
Vertrauen,
Selbstwert,
tolerieren

Fokus:
Allparteilichkeit

Besorgnis:
Kleinstaaterei

**typische
Kompetenzen:**
integrieren,
Brücken bauen,
Frieden stiften

Fokus:
Leistung

Besorgnis:
Unterlegenheit

**typische
Kompetenzen:**
üben,
Wettkampf,
über sich
hinauswachsen

Zen? Leere?
Nondualität?

① Für sich sorgen « frei »
② Dazugehören
③ Überlegenheit « leicht »
④ Zusammenwirken
⑤ Aufmerksamkeit lenken « klar »
⑥ Das Ganze sehen
⑦ Raum geben « weit »
⑧

verbunden (Wir-Orientierung)

allein (Ich-Orientierung)

Fokus:
Vision

Besorgnis:
ignoriert werden

typische Kompetenzen:
gehört werden,
artikulieren,
vorangehen

Fokus:
Kooperation

Besorgnis:
Störungen

typische Kompetenzen:
abstimmen,
koordinieren,
regeln

allein (Ich-Orientierung)

verbunden (Wir-Orientierung)

indem sie unser Handeln leiten und die Wahrscheinlichkeit von Leben und Arterhaltung steigern. Zudem lassen sich aus diesen Kernanliegen zur Erhaltung der Art sehr viele – womöglich alle – menschlichen Motive und Haltungen ableiten, ohne dass eins der Kernanliegen wirklich ersetzbar durch ein anderes oder grundsätzlich untergeordnet erschiene: ganz so, wie sich die Farben aus den drei Grundfarben rot, grün und blau ableiten lassen.

Dabei stimmen – auch dies lag mir bei meiner Interpretation der Graves'schen Forschungsergebnisse am Herzen – die so gefundenen Kernanliegen mit ethischen Grundbegriffen und Kerntugenden vieler Religionen recht gut überein, die offensichtlich die Jahrtausende überdauert haben, was dieser Darstellung, ob mit oder ohne religiös motiviertem Blickwinkel, eine gewisse Bestätigung gibt: Entsprechende Analogien finden sich insbesondere bei den biblischen Archetypen sowie im »Chakren«-Konzept im Buddhismus, Hinduismus und Yoga.

Die Reihenfolge der Kernanliegen ergibt sich wie bei Graves aus einer abwechselnden Ich- und Wir-Orientierung, aus der sich vier grundlegende Spannungsfelder ableiten lassen:

• Kernanliegen 1 und 2: Freiheit – das existenzielle Spannungsfeld von Selbstfürsorge und gegenseitiger Fürsorge,
• Kernanliegen 3 und 4: Leichtigkeit – das kreative Spannungsfeld von eigenständiger Entwicklung und harmonischem Zusammenwirken,
• Kernanliegen 5 und 6: Klarheit – das sinnstiftende Spannungsfeld von Parteinahme und Interdependenz,
• Kernanliegen 7 und 8: Weite – das elterliche Spannungsfeld von Raum geben (jemanden »beeltern«, ein entwicklungspsychologischer Fachbegriff für die Elternfunktion) und einander Raum geben (sich gegenseitig beeltern).

»Ich bin frei/ich mache es mir leichter/ich habe Klarheit/ich gebe Raum« – so könnte man etwa die ungeradzahligen Kernanliegen 1, 3, 5 und 7 in dieser sehr schematisierten Deutung interpretieren; und entsprechend die geradzahligen Kernanliegen 2, 4, 6 und 8 als »gemeinsam sind wir frei/ gemeinsam machen es wir uns leichter/gemeinsam haben wir Klarheit/ gemeinsam geben wir uns Raum«. Diese abwechselnde Ich- und Wir-Orientierung der Kernanliegen passt sehr stimmig zur Überlebensnotwendigkeit der Perspektivenvielfalt, die wir in Kapitel 2.2 »Vom Ich zum Wir« gerade betrachtet haben.

Wie in Abbildung 8 angedeutet, ist insofern aus Symmetriegründen ein achtes Kernanliegen zu vermuten, für das weitere konkrete Anhaltspunkte aber recht vage sind. Ich habe es daher für die Zwecke der Organisationsentwicklung im Weiteren überwiegend fortgelassen.

Kompetenzen: Kernanliegen bei der Arbeit

Das Ziel unserer Bedürfnisse und Verhaltensmotive ist, uns in der Vielzahl der Aspekte unserer gegenwärtigen Situation und unserer Handlungsmöglichkeiten zu einem stimmigen Handeln zu leiten, mit dem unsere Situation sich aus Sicht unserer Bedürfnisse verbessert. Was »verbessern« bedeutet, entscheidet jedes Lebewesen wohl für sich. Sinnvoll erscheint sicherlich die Vorstellung, mit der Verbesserung bewirken zu wollen, dass wir diese und ähnliche Situationen in Zukunft mit weniger Ressourceneinsatz bewältigen können. So leiten unsere Kernanliegen uns im Idealfall dazu, Muster des Gelingens zu bilden (siehe Kapitel 2.1 »Muster des Gelingens«); im ungünstigsten Fall bleibt unsere Erfahrung unbewältigt und plagt uns immer wieder, bis wir eines Tages geeignete Muster des Gelingens dazu bilden können.

Es ist aufschlussreich, die Wurzeln unserer Motivation wie auch vieler Veränderungsvorhaben und zwischenmenschlicher Konflikte im Lichte unterschiedlicher Kernanliegen zu betrachten. So lassen sich beispielsweise viele Arbeitsweisen und Führungsstile als Anwendung entsprechender Kompetenzen zu diesen Kernanliegen begreifen, wie in Abbildung 9 dargestellt ist (entsprechende Konflikte illustriert Abbildung 11).

Der Vorteil dieser egalitären Darstellung menschlicher Grundbedürfnisse liegt darin, dass sich in diesem Bild viele typische Konflikte der Arbeitswelt einsortieren lassen, ohne dass man der einen oder anderen Konfliktpartei automatisch Recht geben und die andere verurteilen würde: Denn in diesem Lichte einer »Klaviatur« von gleichwertigen und nicht-substituierbaren Kernanliegen kann man nicht sagen, dass grundsätzlich der eine Ton besser klänge als andere oder eine »Tonart« grundsätzlich besser wäre.

Kulturwandelprojekte bieten regelmäßig Chancen, all diesen Kernanliegen aller Beteiligten Raum zu geben in dem Maße, wie sie diese bei sich wahrnehmen. Sie ermöglichen etwa jedem Einzelnen, dem daran gelegen ist,

Abbildung 9: Kernanliegen bei der Arbeit

Kernanliegen / Beispiel zur Illustration	Arbeitsweise	Motivation	Führungsstil
 1: Für sich sorgen	sicherheits- bedacht	genug zum Leben haben	zuteilen und strafen
 2: Dazugehören	kollegial	angenommen sein	Korpsgeist stärken
 3: Überlegenheit	leistungs- orientiert	besser sein	Fachkompetenz
 4: Zusammenwirken	prozess- orientiert	Gegenseitigkeit	Augenhöhe
 5: Aufmerksamkeit lenken	durchsetzungs- stark	den Weg weisen	visionäre Klarheit
 6: Das Ganze sehen	idealistisch	eine gerechtere Welt	Grenzen einreißen
 7: Raum geben	heilsam	Ganzheit, Selbst- heilung	dasein, moderieren
8: Zen/Leere/ Nondualität?	?	?	?

- die eigene Existenz zu sichern, etwa durch bessere Wettbewerbsfähigkeit des Arbeitsplatzes (Kernanliegen 1);
- den Zusammenhalt zu stärken, etwa indem alle gemeinsam auf Augenhöhe ihr Miteinander weiterentwickeln (Kernanliegen 2);
- über sich hinauszuwachsen und neue Verantwortung zu übernehmen (3);
- Arbeitsweisen, Strukturen und Abstimmungsprozesse zu verbessern (4);
- von jeder Position aus Impulse zur weiteren Entwicklung zu geben (5);
- sich für übergreifende Belange zu engagieren, weit über die eigene Organisation hinaus (6), und
- die eigenständige Entwicklung der Organisation und ihrer Mitglieder zu fördern (7)

So geht Kulturwandel im besten Fall voran und schafft Erfahrungsräume, in denen Mitarbeiter sich auf unterschiedlichen Ebenen angesprochen fühlen können, zu positiven Entwicklungen beizutragen und daran auch persönlich zu wachsen und entsprechende Kompetenzen zu entwickeln.

In den »Impulsen aus der Praxis« zum Ende jedes Kapitels lässt sich aus unterschiedlichen Perspektiven nachvollziehen, wie derartige Erfahrungsräume entstehen können und wie Mitarbeiter sie erleben.

Kernanliegen in Ihren Lieblingsfilmen

Gute Filme spielen meisterhaft mit unseren Emotionen. In den Gefühlen und Bedürfnissen der Filmfiguren lassen sich viele Hinweise auf Kernanliegen finden.

- Welche Filmszenen kommen Ihnen spontan in den Sinn, wenn Sie an den Kontext dieses Buches denken? Welche unterschiedlichen Kernanliegen können Sie hier entdecken? Haben sie alle Raum?
- Nutzen Sie die obenstehende Aufzählung der Kernanliegen und gleichen Sie für jedes der sieben ab, inwieweit dieses in dieser Szene oder anderswo im Film zum Tragen kommt. Haben Sie die Möglichkeit, den Film daraufhin durchzugehen? Oder einen anderen Film, in dem eine inspirierende gemeinschaftliche Entwicklung stattfindet?
- Wie erleben Sie die sieben dargestellten Kernanliegen in Ihrem Arbeitsalltag? Ist es in Ihrem Privatleben anders?

Alle Kernanliegen dienen dazu, uns zu leiten und zur Entwicklung und Festigung einer resilienten Gemeinschaft beizutragen. Auf keines davon kann eine resiliente Gemeinschaft auf Dauer verzichten. Ihr Wirken führt zu Spannungen (und womöglich Konflikten), die uns mobilisieren, uns Energie und Richtung geben, bis die Spannung sich wieder auflöst und wir innere Muster des Gelingens bilden – jetzt, irgendwann oder auch nie. Wie? Ein fiktives Beispiel:

Was uns treibt, was wir wollen: Kernanliegen bei der Arbeit

Die Fertigungsleiterin versucht, das Führungsteam auf die Konzeption einer neuen Produktlinie einzuschwören und ringt um Gehör (Kernanliegen 5). Der Vertriebsdirektor sieht in ihrem Vorschlag starke Konkurrenz zu seinen eigenen Projekten (Kernanliegen 3); er fühlt seinen Job bedroht und beschließt im Stillen, ihre Vision morgen beim gemeinsamen Mittagessen mit den Gesellschaftern »abzusägen« (Kernanliegen 1). Die Marketingchefin stört sich unterdessen am Alleingang der Fertigungsleiterin (Kernanliegen 2). Und der Finanzvorstand findet, dass die Fertigungsleiterin sich an den Innovationsprozess halten muss und ihre Idee – wie jeder andere auch – auf der Intranetplattform für das betriebliche Vorschlagswesen zur breiten Diskussion einstellen soll, statt hinter verschlossenen Türen zu versuchen, das Führungsteam dafür zu gewinnen: Mit dieser Störung verschwende sie nur Zeit, obwohl andere, wichtigere Themen auf der Agenda stehen und seit drei Wochen vereinbart sind (Kernanliegen 4).

Hat eine der vier grundsätzlich mehr oder weniger »Recht« als ihre Kollegen?

Hier wie auch sonst oft im Alltag erleben die Beteiligten ein und dieselbe Situation und reagieren doch sehr unterschiedlich darauf, weil ihre persönlichen Anliegen in unterschiedlicher Weise mit der Situation in Resonanz treten. Sie erleben ihre gegensätzlichen Perspektiven als beträchtliche Spannungen, mit der sie jeder für sich auf seine Weise umgehen, um sie für sich zu lösen.

Niemand ist grundsätzlich auf ein bestimmtes Kernanliegen festgelegt. Im Gegenteil: Jeder von uns trägt im Zweifel all diese Kernanliegen in sich, in unterschiedlichen Anteilen und Ausprägungen, je nachdem was wir im Leben bisher erlebt haben. Jede Situation, in die wir geraten, bietet demnach jedem unserer Kernanliegen die Chance, unser Verhalten zu leiten. Das Modell der Kernanliegen formuliert keine starren Etiketten, die uns auf eine bestimmte Haltung festlegen und damit binden. Die Kernanliegen benennen vielmehr innere Anteile und Nuancen, um es uns erleichtern, menschliches Verhalten feinfühliger zu verstehen – sowohl unser eigenes als auch das unserer Mitmenschen. Beobachtbares Verhalten speist sich aus unterschiedlichen Kernanliegen, und entsprechend groß sind in jedem Moment unsere Spielräume, zu gegenseitiger Wertschätzung und gemeinsamen Anliegen zu finden.

Kernanliegen im Alltag erforschen
Wie zeigen sich die Kernanliegen im Alltag?

- Welche Kernanliegen und damit verbundene Kompetenzen stehen beim Menschenbild des Homo oeconomicus besonders im Vordergrund? Welche bei Richtern und welche bei Anwälten? Welche bei Ingenieurberufen, welche bei Seelsorgern?
- Welche Eigenschaften sollte ein idealer Vater oder eine ideale Mutter haben? Notieren Sie die fünf ersten Eigenschaften, die Ihnen spontan in den Sinn kommen. Welche Charakterzüge sollten Eltern gar nicht haben?
- Welche Kernanliegen treiben Sie ganz persönlich um? Sehen Sie sich beispielsweise als besonders kämpferisch, loyal, neugierig, perfektionistisch, geltungsbewusst, idealistisch oder väterlich?

Notieren Sie, welche der genannten Begriffe auf Sie zutreffen, und finden Sie mindestens 10 bis 20 weitere Eigenschaften. Seien Sie geduldig mit sich, mit etwas Übung habe ich schon über 100 solcher Muster und Eigenschaften für meine Person entdeckt.

- Welche Punkte würde Ihr Lebenspartner oder eine andere Vertrauensperson noch ergänzen? Sehen Sie sich im Arbeitsalltag anders als privat?
- Welche Kernanliegen kommen in der Auflistung Ihrer persönlichen Muster und Eigenschaften zum Vorschein? Gibt es Häufungen oder Überraschungen?

Zum Abschluss, wenn Sie mögen, noch eine philosophische Frage, mit der man sich wochenlang beschäftigen kann:

- Gibt es aus Ihrer Sicht bestimmte Kompetenzen, Tugenden oder Kernanliegen, die man nicht übertreiben kann – in dem Sinne, dass es bei ihnen kein »zu viel des Guten« gebe, sondern »mehr davon« immer besser ist als »weniger davon«? Was würden andere sagen?

Kernanliegen als »Inneres Team«

In ähnlicher Weise wie in unseren sozialen Beziehungen durchlaufen wir den Entwicklungszyklus mit unseren Kernanliegen als Perspektivenvielfalt in unserem Inneren. Wir erleben dies häufig als innere Zerrissenheit, als wären die Kernanliegen innere Stimmen. Ein ganzes »Inneres Team« sitzt bei uns am inneren Konferenztisch, wie der Entwickler dieses Persönlichkeitsmodells, der berühmte Kommunikationspsychologe Friedemann Schulz von Thun, treffend feststellt: »Wenn wir in uns hineinhören, finden wir dort selten nur eine einzige ›Stimme‹, die sich zu einer bestimmten Situation oder einem Thema zu Wort meldet. In der Regel stoßen wir vielmehr auf verschiedene innere Anteile, die sich selten einig sind und die alles daran setzen, auf unsere Kommunikation und unser Handeln Einfluss zu nehmen.«

Das Modell des Inneren Teams nach Friedemann Schulz von Thun
Die Persönlichkeit eines Menschen setzt sich laut diesem Modell aus unterschiedlichen Charakteren zusammen, die verschiedene Grund-einstellungen, Motive oder Ziele haben. Naturgemäß sind sich diese inneren Teammitglieder daher auch selten auf Anhieb einig – und manche von ihnen sind regelrecht zerstritten. Das erklärt, warum wir uns bei vielen Themen, Problemen und Fragestellungen innerlich zer-rissen fühlen. Wir stecken in inneren Konflikten fest, blockieren uns selbst bei der Entscheidungsfindung, wir sind schlichtweg nicht mit uns im Reinen.

So manches Teammitglied ist dominant und durchsetzungsstark, gibt sozusagen überwiegend den Ton an, während andere sich erst Gehör verschaffen müssen. Steht eine Entscheidung an, kommen all unsere inneren Persönlichkeiten zusammen, wie eine innere Ratsversamm-lung, die hinter verschlossenen Türen (unbewusst) wie auch manchmal öffentlich (bewusst) tagt und Entscheidungen trifft.

Es lohnt sich zu lernen, von dieser »inneren Pluralität«, wie Schulz von Thun sie nennt, zu profitieren – vor allem, aber nicht nur im Berufs-alltag. Wie in einem realen Meeting liegt der Schlüssel darin, in der Vielzahl der Perspektiven unserer inneren Ratsversammlung zu einer guten Zusammenarbeit und den bestmöglichen Entscheidungen zu gelangen – so, dass jeder zu Wort kommt und niemand einseitig domi-niert. Nur wenn wir im Inneren alle inneren Teammitglieder beisammen und vereint haben, können wir nach außen hin klar, authentisch und situationsgemäß reagieren, erklärt Friedemann Schulz von Thun die Relevanz des Inneren Teams.

Dieses Bild eines »Inneren Teams« ist nicht nur theoretisch hoch interessant – es hilft uns auch ganz praktisch, Konflikte im Alltag ausgesprochen produktiv anzugehen.

Wir haben alle erdenklichen Freiheiten, uns vorzustellen, wer da bei uns selbst ganz persönlich in unserer Ratsversammlung einen Platz hat – in jedem Fall diskutieren bei jeder Wahrnehmung die Mitglieder des Inneren Teams ihre Eindrücke und bringen ihre Perspektiven dazu ein, was die konkrete Situation bedeutet. Hilfreich beim Erkunden kann eine Idee davon sein, welche Perspektiven alles darunter sein *könnten*: im Lichte der sieben Kernanliegen beispielsweise diejenigen, die auf unsere Sicherheit (1), auf unseren Zusammenhalt (2), unseren Ehrgeiz (3), unsere Effizienz (4), unsere Klarheit (5), unsere Umwelt (6) und unsere Selbstheilungskräfte (7) bedacht sind.

Jedes dieser sieben Kernanliegen steht für ein ganzes Bündel von Bedürfnissen – Kernanliegen 3 beispielsweise dafür, dass wir über unsere Grenzen hinauswachsen, Rang und Erfolg haben, Rivalen besiegen, gelobt und gewürdigt werden et cetera. Ein umfangreiches Bündel, und doch wird der Unterschied deutlich zu den anderen sechs Anliegen: Keines der anderen sechs Kernanliegen kann auf Dauer die berechtigten Wünsche von Kernanliegen 3 ersetzen.

So kann das Modell der Kernanliegen uns dabei unterstützen, die Zusammensetzung unseres Inneren Teams zu erkunden und seine Mitglieder besser kennen zu lernen: indem es sieben, vielleicht auch acht Perspektiven und Bedürfnisse anbietet, für die jemand in unserer inneren Ratsversammlung sitzen könnte.

Jeden der sieben braucht es im inneren Teammeeting im Zweifel, damit wir das Potenzial jeder Situation ausschöpfen, so gut es geht – nicht nur, aber auch in unserem eige-

Abbildung 10: Das Innere Team und die Kernanliegen

nen Interesse. Dennoch neigen wir häufig dazu, in bestimmten Situationen immer auf denselben inneren Ratgeber zu hören und erscheinen unseren Mitmenschen dadurch etwa als kämpferisch (1), kollegial (2), leistungsstark (3), als Organisationstalent (4) et cetera oder auch als aggressiv (1), korrupt (2), als Ellenbogentyp (3) oder Bürokrat (4) und so weiter. Jedes Kernanliegen kann sich auf unterschiedliche Art und Weise manifestieren. Zudem ist unsere Wahrnehmung der Kernanliegen anderer naturgemäß subjektiv: Was der eine beim anderen als visionäre Überzeugungskraft (5) beneiden mag, erscheint einem Dritten vielleicht als egoistisch (3), einem Vierten als nicht nachhaltig (6), und ein Fünfter fühlt sich davon bedroht (1).

Deswegen ist es so wichtig, gerade in Veränderungsprozessen, in denen viel Neues auf uns und andere einströmt, unsere eigene innere Verfassung – unser Inneres Team – im Blick zu haben, statt der Verlockung zu erliegen, uns vorrangig mit Chancen und Herausforderungen in Bezug auf unsere Kollegen zu beschäftigen. Denn unser Inneres Team sitzt mit unseren Kollegen gewissermaßen immer mit im Meeting; die Qualität unseres inneren Miteinanders prägt unsere Wahrnehmungs- und Bewertungsgewohnheiten. Gute Investitionen – und damit auch Veränderungsbereitschaft, ob als Individuum oder als Gemeinschaft – sind nur von gut zusammenarbeitenden Ratsversammlungen zu erwarten, innen wie außen. So wirkt unsere »innere« Beziehungsqualität nach außen, als Basis für gemeinsame Investitionen.

Engagiertes gemeinsames Handeln als Gemeinschaft lebt von einem guten Miteinander im Inneren jedes Einzelnen. Das wird zum Beispiel spürbar, wenn wir erleben, wie jemandes Begeisterung auf uns überspringt oder im umgekehrten Fall seine Ängste von uns Besitz ergreifen. Unsere Haltung ist der Schlüssel zu guten Entwicklungen – für uns selbst und für andere.

In Kontakt mit dem Inneren Team
Welche Mitglieder sitzen in Ihrer inneren Ratsversammlung? Kennen Sie alle inneren Stimmen – wie gut wissen Sie, wer hier alles für Sie arbeitet?

Die folgende Übung geht am einfachsten mit einem Partner. Suchen Sie gemeinsam einen ruhigen Ort auf, wo Sie die nächsten 20 Minuten für sich sind. Setzen oder legen Sie sich bequem hin, und schließen Sie die Augen. Bitten Sie Ihren Partner, Ihnen die folgende Anleitung vorzulesen und sich ein Blatt Papier und Stift für ein paar Notizen zurechtzulegen.

- Nehmen Sie nun vor allem Ihr Inneres, Ihren Körper wahr. Atmen Sie ruhig, und folgen Sie Ihrem Atem – wie er ausströmt und nach einer kurzen Pause wieder hereinströmt.
- Gehen Sie für den Anfang einmal mit Ihrer Aufmerksamkeit durch Ihren gesamten Körper. Wie haben Ihre Füße Kontakt zum Boden? Wie frei sind Ihre Fußgelenke, Ihre Knie, Ihr Becken? Wie weich ist Ihr Bauch? Wie leicht ist Ihr Brustkorb, und Ihre Arme? Wie entspannt sind Ihre Schultern, Ihr Nacken, Ihr Kiefer, Ihre Augen?

Atmen Sie dabei ruhig weiter, und erleben Sie, wie Sie mit sich in Kontakt sind. Beobachten Sie alles, was in Ihrem Inneren geschieht – Ihre Gefühle, Ihre Regungen, Ihre Gedanken – wie ein entspannter Beobachter, der mit etwas Abstand das Kommen und Gehen Ihrer inneren Wahrnehmungen miterlebt. Wenn Umgebungsgeräusche Sie ablenken, lassen Sie sie zu, und kehren Sie mit Ihrer Aufmerksamkeit wieder zurück zu Ihrem inneren Geschehen.

- Gibt es ein Gefühl, einen Gedanken, ein Anliegen, das Sie spontan beschäftigt? Versuchen Sie dieses Anliegen wie einen neuen »Gast« einfach nur zu begrüßen und anzuhören. Wer »spricht« da gerade? Wie ist der Tonfall: laut, behutsam, drängend, klagend, stolz …?
- Wie würden Sie diesen »Gast«, dieses Gefühl, diese innere Stimme bezeichnen? Der erste Begriff ist oft der treffendste.
- Welches Anliegen hat dieser »Gast« – und welches Gefühl ist für Sie damit verbunden? Muss zum Beispiel irgendetwas fertig werden – geht es also um Ihre Seelenruhe? Wird Ihnen eine Chance bewusst, und freuen Sie sich? Oder spüren Sie eine Trauer, vielleicht weil etwas fehlt?

Nennen Sie Ihrem Partner zum Notieren kurz Name und Anliegen jedes »Gastes«, der auf diese Weise kommt und geht, und atmen Sie ruhig weiter. Horchen Sie in sich hinein, lassen Sie alle Teammitglieder zu Ihrem inneren Erleben zu Wort kommen – auch eine oder zwei der stilleren »inneren Stimmen«, die wir meist viel weniger wahrnehmen als andere, die in unserem »Inneren Team« gern im Vordergrund stehen. Beantworten Sie für Ihre Notizen zum Abschluss nun folgende Fragen:

- Wo gibt es Konflikte zwischen Ihren Teammitgliedern? Welche blasen stets ins gleiche Horn?

- Setzt sich eine Stimme ständig durch? Wenn ja, was könnte ein möglicher Grund dafür sein?
- Welche leise Stimme möchten Sie gerne einmal von Herzen in den Arm nehmen und ganz für sie da sein? Was ist das Kostbare an ihrem Anliegen?

Halten Sie zum Abschluss noch einen gemeinsamen Moment der Stille inne. Wenn Sie so mögen und so weit sind, besprechen Sie Ihre Eindrücke mit Ihrem Partner.

Führungsstile im Inneren Team

Uns selbst gut wahrzunehmen und sich auf diese Weise besser kennen zu lernen, lohnt sich in mehrfacher Hinsicht. Indem wir unsere inneren Perspektiven und die zugehörigen Gefühle und Bedürfnisse besser kennen lernen, sind wir unserem Inneren Team ein besserer Begleiter (oder »Chef«, was möchten Sie sein?). Wir lernen, unseren inneren Teammitgliedern besser gerecht zu werden, statt dem einen ständig zu folgen oder den anderen fortwährend zu ignorieren – und werden uns der Motive hinter unserem Tun und Lassen bewusster. Und vor allem gehen wir mit der Zeit öfter gestärkt aus Phasen von innerem Durcheinander und »Chaos im Kopf« hervor und gewinnen mehr Übung darin, innere Souveränität zu finden.

Sobald wir unser Inneres Team ein wenig kennen gelernt haben, können wir beginnen, unsere Führungsrolle in unserem Inneren Team auszugestalten: Nicht nur als neutrale Instanz, die sachte die Aufmerksamkeit lenkt, sondern als inneres Oberhaupt, das einerseits sicherstellen möchte, dass alle Stimmen gehört werden, aber andererseits dafür sorgt, dass es vorangeht, dass alle gut miteinander umgehen, dass Ruhe einkehrt, dass das Chaos aufhört et cetera.

Führungsrolle im Inneren Team
Wiederholen Sie die obige Übung zum Inneren Team für sich alleine oder mit einem Partner, und experimentieren Sie dabei. Spielen Sie mit verschiedenen Rollen, die Sie als Verantwortlicher in Ihrem »inneren Teammeeting« einnehmen möchten.
Am besten überlegen Sie *vor* der Übung, welchen Führungsstil Sie in

Ihrem Inneren Team jetzt erkunden möchten. So können Sie während der Übung leichter in dieser Rolle bleiben.

- Zeigen sich neue Mitglieder?
- Wie groß ist Ihr Repertoire an inneren Führungsstilen?
- Angenommen, es gäbe noch weitere innere Ratsmitglieder, die sich Ihnen bislang nicht gezeigt haben: Welche Führungsstile könnten sie ermutigen, sich zu erkennen zu geben?

Kernanliegen spüren: Empathie mit uns selbst und anderen

Für den Einstieg in die vorangegangene Reflexion zum Inneren Team kann es anfangs hilfreich sein, den Mitgliedern des Inneren Teams die Namen zu geben, die uns spontan einfallen. Mit der Zeit können wir versuchen zu erspüren, welche unserer Kernanliegen hinter den inneren »Vielrednern« stehen könnten, und ein Gefühl dafür entwickeln, worum es diesen »Vielrednern« wirklich gehen könnte, beispielsweise

- eine schwere Bedrängnis abzuwenden,
- nicht ausgeschlossen zu sein,
- nicht ins Hintertreffen zu geraten,
- eine unnötige Verschwendung zu vermeiden,
- nicht übergangen, sondern gehört zu werden,
- den Schmerz einer Trennung zu überwinden oder
- eine Schieflage Ihres Inneren Teams in die Balance zu bringen.

Hinter all solchen Impulsen und Ängsten unseres Inneren Teams stehen Kernanliegen wie für sich zu sorgen (1), dazuzugehören (2), Überlegenheit (3), Zusammenwirken (4) und so fort, mit ihrem entsprechenden Fokus: Überleben (1), Vertrauen (2), Leistung (3), Kooperation (4) et cetera wie in Abbildung 8 dargestellt.

Die Beschäftigung mit unserem Verhalten, unseren Einstellungen und inneren Konflikten erleichtert es uns, auch in Bezug auf unsere Kunden, Mitarbeiter, Kollegen, Vorgesetzten und Geschäftspartner offener zu sein. Auch sie haben Innere Teams mit unterschiedlichen Stimmen – und im Zweifel dieselben Kernanliegen, nur unterschiedlich gewichtet und ganz individuell erlebt. Mit etwas Übung gelingt es uns besser, uns in die Situation anderer hineinzuversetzen, in deren Gedanken- und Gefühlswelt: ohne zu werten oder zu urteilen, lediglich als empathischer Mitmensch.

Es liegt ein mitfühlender Perspektivwechsel darin, in Begegnungen mit anderen Menschen deren tiefere Motive und Kernanliegen wahrzunehmen und uns darin teilweise auch selbst zu erkennen: »Ja, diesen inneren ›Vielredner‹ kenne ich von mir auch …« Eine solche Entdeckung kann sehr verbinden, ja berühren, selbst im Konflikt: gerade, wenn wir sie aussprechen.

Die Kunst liegt darin, uns den Kernanliegen eher vom Gefühl her zu nähern und weniger vom Kopf her: also unseren Körper, unser Herz und das sprichwörtliche Bauchgefühl als »Antenne« zu nutzen, statt intellektuell zu interpretieren, was wir wahrnehmen. Sonst wäre es, als säße in unserem Inneren Team eine Art »Mr. Spock« zwischen uns und der Welt, der uns unser eigenes Erleben erläutert. Erinnern Sie sich noch an ihn, den etwas spröde und blutarm wirkenden Raumschiff-Commander der Fernsehserie *Raumschiff Enterprise*, der seine Gefühle zu unterdrücken und stets rein auf Logik basierend zu handeln versucht? Was würde uns alles entgehen!

Fühlend wahrnehmen oder interpretierend-intellektuell »wissen«: Beides hat seinen Nutzen. Es ist Übungssache, im Kontakt eine stimmige Balance zwischen beidem zu finden. Für mich liegt ein regelrechter Schatz darin, Mitfühlen als Grundlage von Verbundenheit zu erleben: Mich verbunden mit anderen zu fühlen, und vor allem auch verbunden mit mir selber, statt »nur im Kopf« zu sein und damit letztlich getrennt von dem, was jetzt und hier noch alles Wichtiges wahrzunehmen wäre. Wie ist das für Sie?

Empathie als Gefühl im Kontakt

Nehmen Sie sich vor, im Kontakt mit anderen den Unterschied zwischen interpretierendem und fühlendem Wahrnehmen einmal etwas bewusster zu erkunden. Erforschen Sie es – zum Üben am einfachsten im Gespräch mit einem Fremden, etwa mit einem Verkäufer im Geschäft:

- Blicken Sie der Person in die Augen? Wie sehr sind Sie mit ihr im Kontakt – fühlen Sie sich mit ihr ein Stück weit verbunden, oder sind Sie eigentlich »woanders«?
- Von welchen Orten Ihres Körpers aus nehmen Sie den Kontakt mit ihr wahr: Von den Augen aus? Vom Kopf insgesamt? Vom Brustkorb? Vom Herzen? Von Bauch oder Becken? Wie unterscheidet sich Ihr Gefühl des Kontaktes je nach »Antennenstandort« im Körper?

Spielen Sie als Variante die Begegnung mit einer Person Ihrer Wahl *in Ihrer Vorstellung* durch, möglichst mit offenen Augen. Wie leicht können Sie eine Wahrnehmung davon entwickeln, sich mit der Person jetzt im Moment *vom Herzen her* verbunden zu fühlen?

Zahlreiche weitere Übungen für Empathie finden Sie in Kapitel 3.

Indem wir solchermaßen empathisch unsere grundsätzliche Verbundenheit spüren, können unsere inneren wie äußeren Ratsversammlungen so handeln, dass die vielfältigen inneren und äußeren Spannungen zwischen uns abklingen und wir Muster des Gelingens bilden. So kann echte Verbindung und Gemeinschaft entstehen: Es wächst eine Basis, auf des sich die Konflikte widerstrebender Kernanliegen und gegensätzlicher Perspektiven auflösen, weil wir eine gemeinsame Perspektive finden, aus der alle Anliegen stimmig erscheinen. Im besten Fall entdecken wir in der neuen Perspektive dieser Verbindung etwas Gemeinsames, das uns Chancen verheißt, ja das uns womöglich kostbar ist, in das wir investieren und das wir schützen wollen: Das ist das Erfolgsrezept des Lebens, vom Zellverbund bis zum internationalen Konzern. Die Fähigkeit, durch symbiotische Verhaltensweisen, Herdenbildung und Brutpflege als Spezies aus der Gemeinschaft evolutionäre Vorteile zu erzielen, haben wir mit vielen anderen Lebewesen gemeinsam – mit allen dazugehörigen Verhaltensweisen und Kompetenzen vom Balzverhalten bis zur Konkurrenz. Biologisch gesehen sind dies alles Regulationsfaktoren, um aus unserem ganz individuellen Verhalten heraus ohne zentrale Koordinationsinstanzen das große Ganze zu schützen. Gemeinschaftliches Engagement für etwas, das größer ist als wir selbst, bietet uns handfeste Vorteile, die uns allein nicht zugänglich wären, und motiviert darüber hinaus noch zusätzlich. Da ist Social Energy am Werk.

2.5 Social Energy: Wenn spontane Ordnung aus Spannung entsteht

Dass eigenständige Akteure neue Verbindungen eingehen und damit »emergente«, quasi von selbst entstehende Strukturen schaffen können, beschränkt sich beileibe nicht auf die Sphäre des Menschen: Es ist eine fundamentale Eigenschaft der Natur, dass Ordnung aus Unordnung hervorgehen kann, wenn eine Spannung hinzukommt, die die Trägheit überwinden hilft.

Bindungskräfte: Wegweiser zum energiesparendsten Zustand

Denn seine natürliche Ordnung findet ein System in seinem energiesparendsten Zustand – sowohl in der Physik und der Chemie der unbelebten Elemente als auch bei der Entstehung von lebendigen Organismen. Spannung kann dazu führen, dass das System diesen Sparzustand findet – indem neue Gleichgewichte entstehen, die ohne vorige Spannungen nicht möglich gewesen wären.

Selbstorganisation überall, von Molekülen bis zur belebten Natur
Atome finden beispielsweise als Moleküle in der ungewohnten Nähe, die sie im Molekül zueinander haben, selbstorganisierend neue Gleichgewichte – Gleichgewichte, die für unzusammenhängende Atome undenkbar wären, weil die Atomkerne alleine sich zu sehr abstoßen würden. Doch durch ein geschicktes Miteinander der Elektronenorbitale (»Bahnen«) klappt es. Ähnliches gilt bei selbstorganisierenden Entwicklungsprozessen.

Ob Atome sich trotz der Spannung ihrer gegenseitigen Abstoßung zu Molekülen zusammenfinden, ob Zellen Organismen bilden oder Spezies und Lebewesen ganze Ökosysteme: Immer findet sich trotz gegenläufiger »Anliegen« in jedem Moment ein Zustand, in dem die Gesamtspannung des Gesamtsystems minimiert ist.

So kann unter Spannung spontan Ordnung entstehen. Denn wenn eine Spannung zu groß wird oder eine Ordnung nicht passt, entstehen Druck, Widerstand, Konflikt und dergleichen, und es formieren sich Selbstorganisationskräfte, bis eine stimmigere Ordnung, ein neues stabiles Gleichgewicht gefunden ist: *Bindungskräfte,* die dem Bestreben des Systems Ausdruck verleihen, in seinem energiesparendsten Zustand zu bleiben. In diesem gemeinsamen Bestreben verbinden sich Moleküle, Festkörper und ganze Ökosysteme – Organisationen, Gruppen und Organismen bilden keine Ausnahme.

Jedes auf solche Weise »emergent« neu zusammengefundene System hat neue Eigenschaften, die über die Eigenschaften und Interaktionsmuster ihrer Bestandteile zweifellos hinausgehen: Es ist etwas Neues entstanden. Etwas »Höheres«, das eine neue Identität und eine neue Art Zusammenhalt entfaltet – eine Art neue Gemeinschaft. So hat ein neu entstandenes Molekül eine eigene Identität, zusätzlich zu den Identitäten der Atome, aus denen es besteht, und es zeigt zusätzliche physikalische Eigenschaften wie etwa eine bestimmte elektrische Leitfähigkeit oder ein bestimmtes Lichtreflexionsverhalten. Eine Gruppe von Menschen kann ebenfalls eine eigene Identität besitzen – man denke an Familien oder Vereine – und weitere neue Eigenschaften wie etwa interne Regeln, Rollen (Kinder; Vorstand) und ihre Bindungskraft.

Die Bindungskraft menschlicher Gemeinschaften liegt im *Vertrauen*: Vertrauen in einen Grundkonsens – etwa, dass der andere unsere Bedürfnisse achten wird; dass dem anderen unsere Beziehungsqualität am Herzen liegt; dass dem anderen ähnliche Dinge kostbar sind wie uns; Vertrauen, dass wir beide in dasselbe investieren. Entsprechend investieren wir nach innen wie nach außen in Schutz oder Chancen (Kapitel 2.1).

Beziehungsqualität als selbstorganisierender Prozess

Ob Molekül oder menschliche Gemeinschaft: Jede bedeutsame neue Wahrnehmung bringt uns in die Notwendigkeit, mit ihr in geeigneter Weise umzugehen. Gelingt dies, entsteht neue Ordnung: beim Molekül vielleicht eine höheres Energieniveau, beim Mensch vielleicht ein »Heureka, so geht's!«. Fortgesetzte Erfolge führen uns Menschen in eine Aufwärtsspirale wachsender Zuversicht, und wir sind bereit, weiter in derartige Erfolge zu investieren: Unser Entwicklungszyklus von (1) Wahrnehmung bis (4) Erleben bildet in einer Aufwärtsspirale der Motivation fortgesetzt Muster des Gelingens.

Erfahrungen von wiederholt unabwendbarem Schmerz und Ohnmacht führen hingegen dazu, dass unser Entwicklungszyklus *hierin* immer wieder Bedeutung sieht und Bewältigung sucht – im Falle des fortgesetzen Scheiterns zunehmend in einer Abwärtsspirale von Frustration und Rückzug. Auch unter diesem Druck bilden wir mit der Zeit Muster des Bewältigens, bis hin zu Vermeiden, Wegsehen und Verleugnung.

Beide emergenten Muster, »aufwärts« wie »abwärts«, erleben wir in Gemeinschaft, je nachdem mehr vom einen oder mehr vom anderen – von der

Geburt bis zu den letzten Minuten. Sie prägen, wie wir Beziehung individuell erleben, deuten und damit umgehen: ein emergenter Entwicklungszyklus unserer Beziehungsqualitäten, der uns unser Leben lang begleitet.

Wo Menschen in ihr Miteinander investieren, ist Social Energy am Werk. Es ist die Energie von Ökosystemen, gespeist aus den unablässigen Investitionen unabhängiger selbstorganisierender Systeme. So können viele Ichs ein Wir werden – wobei jeder ein Individuum bleiben kann und zugleich mit der Gemeinschaft etwas gänzlich Neues entsteht, in das wir investieren, wenn es uns kostbar ist, weil es uns guttut.

Emergenz: Selbstorganisation verstehen und fördern

Bleibt uns im Umgang mit unbeherrschbaren, emergenten Lebensumständen also nur ein kraftloses Laissez-faire, »macht doch was ihr wollt«? Ich glaube nicht: Vielmehr geht es darum, gerade auch im Ungewissen gekonnt darauf hinzuwirken, dass unsere Kernanliegen trotzdem nicht zu kurz kommen. Dies gilt für die gesamte Natur: Was können die meisten Lebewesen schon planen? Nicht viel – also haben sie Instinkte, die das Überleben auch im Ungewissen bestmöglich sicherstellen. Nur wir Menschen haben das Luxusproblem, als Homo sapiens nun neben den Instinkten auch noch über einen verführerisch leistungsfähigen Planungsapparat zu verfügen.

Das Dilemma bei emergenten Prozessen ist, dass wir im Vorhinein nicht sicher planen können, was am Ende konkret herauskommt. Diese Unsicherheit – sich einzulassen auf Kräfte, die man nicht im Einzelnen überblickt, geschweige denn in Summe beeinflussen kann – macht es uns so schwer, uns auf Selbstorganisation jeder Form einzulassen: insbesondere dann, wenn wir meinen, stattdessen problemlos auf lineare Ursache-Wirkung-Schemata mit ihrer Verheißung vermeintlich vorhersagbarer Ergebnisse zurückgreifen können. Dies gilt sowohl für die Unsicherheit, sich auf die Unvorhersagbarkeit von Beziehung einzulassen, als auch für emergente Prozesse insgesamt: Was wir meinen kontrollieren zu können, behagt uns mehr, solange uns für den Umgang mit Unbeherrschbarem entsprechende Muster des Gelingens fehlen.

Ähnlich scheint es der Wissenschaft zu ergehen: Ob Medizin, Wirtschaftswissenschaften, Organisationslehre, Ergonomie oder Hirnforschung, überall scheinen Versuche, ein tieferes Verständnis gemeinschaftlicher individueller Entwicklungsprozesse zu gewinnen, nach wie vor eher randständig gegenüber dem Mainstream der Forschung. Meist versucht man nach dem Gießkannen-prinzip vermeintlich *gleichartige* Kollektive und Kohorten zu beeinflussen, ungeachtet der großen Individualität menschlicher Entwicklung: etwa im Bildungswesen oder beim Versuch, Burn-out-Raten per Gesetz zu reduzieren, wie das Arbeitsschutzgesetz es seit 2013 erhofft, nach dem Motto »eine Verordnung, alle glücklich«. Oder man versucht, auf Detailebene einzelne Zusammenhänge isoliert zu beeinflussen, wie etwa sogenannte Aufmerksamkeitsstörungen von Kindern mit Medikamenten zu steuern – als ob solche komplexen Phänomene völlig losgelöst von ihren jeweiligen Umgebungs-bedingungen so isoliert entstünden und handhabbar wären wie etwa eine Reifenpanne am Auto.

Was weitgehend fehlt, ist ein systematisches Verständnis *emergenter* Bin-dungsprozesse – und genau das sind Gemeinschaftsbildung, Beziehungsqua-lität und Bedeutungsgebung, um nur ein paar besonders emergente Prozesse zu nennen, die für den Erfolg von Wirtschaft und Organisation von heraus-ragender Bedeutung sind. Entweder schreiben wir sie wie einer Black Box dem individuellen Charisma einzelner Führungskräften zu, oder wir ver-suchen sie analytisch zu fassen und auf einfach zu replizierende Ursachen zu reduzieren wie den x-ten Versuch, die Arbeitsproduktivität mit einem neuen Abteilungszuschnitt oder neuen Faktoren im betrieblichen Bonussystem zu optimieren.

Dass unser Fokus nach wie vor auf individuell *kontrollierbar* erscheinenden Prozessen liegt, hat viel mit unserem Grundverständnis von wissenschaftlich korrektem Handeln zu tun.

Emergenz, Holismus und Reduktionismus
Holismus und Reduktionismus beschreiben über alle Wissenschafts-zweige hinweg zwei gegensätzliche Blickwinkel des Menschen auf die Welt:

- »Nur wenn wir alle Details verstehen, verstehen wir das Ganze«:
  Der *Reduktionismus* versucht, die Welt durch eine immer genauere
  Analyse und bessere kausale Modelle ihrer Einzelphänomene zu
  beschreiben, zum Beispiel menschliches Verhalten auf Ursache-
  Wirkung-Beziehungen neuronaler »Verschaltungen« in bestimmten
  Hirnrealen zurückzuführen, Eigenschaften physikalischer Kern-
  teilchen durch Analyse ihrer Spaltungsprozesse in Hochenergie-

beschleunigern zu verstehen oder Unternehmensführung durch Controlling zu verbessern.

- »Das Ganze ist mehr als die Summe seiner Einzelteile«: Der *Holismus* will hingegen emergente Prozesse verstehen, also das Werden und Entstehen des »Ganzen« (griech. *holos* = »ganz«), das nicht als Summe seiner Teile verstanden beziehungsweise darauf reduziert werden kann. Angelehnt an die eben genannten reduktionistischen Beispiele wären dies etwa Fragen, wie Gehirn und Körper als »Ganzes« miteinander wechselwirken, wie die widerstandslose elektrische Supraleitfähigkeit verschiedener Materialien zustandekommt oder wie Organisationsentwicklung als selbstorganisierender Prozess verstanden werden kann.

Der bei Weitem überwiegende Teil der westlichen Wissenschaften widmet sich traditionell reduktionistischen Ansätzen, die mit dem Siegeszug der technologischen Entwicklung in den letzten Jahrhunderten noch zusätzlichen Auftrieb erfuhr. Erst seit wenigen Jahrzehnten wird zunehmend spürbar, dass die reduktionistische Idealisierung ähnlich der Idealisierung des Menschen als Homo oeconomicus in vielen wichtigen Lebensbereichen wie Medizin, Ökologie und Verhaltenswissenschaft zwar methodisch verführerisch praktikabel erscheint, doch der Natur lebendiger Systeme nur unzureichend gerecht wird.

Glücklicherweise gewinnen holistische, »ganzheitlich-systemische« Betrachtungen emergenter, selbstorganisierender Prozesse zunehmend an Popularität, nicht nur in der Arbeitswelt. Im Gesundheitswesen, bei der Krankheitsprävention, Geburtshilfe, moderner Ernährung, Pflege, Bildung und Konfliktbeilegungsverfahren wie Mediation und Supervision wie auch in der Nahrungserzeugung und insgesamt in der Biologie: Überall sind ganzheitlich-systemische, dynamische Auffassungen auf dem Vormarsch – beispielsweise das Anliegen der Salutogenese, das herkömmliche Medizinwesen mit seiner vergleichsweise statischen, mechanistischen und reduktionistischen Tradition der Suche nach *Krankheitsursachen* zu ergänzen um ein tieferes Verständnis der natürlichen und präventiven Prozesse, die uns *gesund halten*.

Doch emergente Prozesse lassen uns meist mehr staunen als steuern. Somit vermissen wir bei ihnen die griffigen, »logischen«, »linear« wirksamen

Einflussmöglichkeiten im Sinne des einfachen Ursache-Wirkung-Prinzips, anhand dessen uns die Schule noch die Welt erklärte – mit der Konsequenz, dass in der Praxis in vielen Bereichen nach wie vor analytisch ausgerichtete Vorgehensweisen dominieren: Etwa wenn wir versuchen, Unternehmensentwicklung über Vorgaben und Prozesse zu steuern, statt auf Kulturentwicklung und Selbstorganisation zu vertrauen, und dann feststellen müssen, dass Kultur nicht steuerbar ist wie eine Maschine. Was können wir tun? Sehen wir, wie die menschliche Natur uns hier zur Seite steht – wenn wir sie nur lassen.

2.6 Der »ganze Mensch«: Geschaffen für Herausforderungen

Ob beruflich oder privat, es gibt Situationen im Leben, da meinen wir genau zu wissen, wie es weitergeht: Sie sind »business as usual«, Routine. Termine im Kalender ein Jahr im Voraus, die tatsächlich wie geplant stattfinden; Prozesse, die unsere Kollegen und wir gut beherrschen; die vertraglich zugesicherten Lieferungen für die nächsten drei Jahre; die Ausrichtung der immer gleichen Weihnachtsfeier – Ereignisse, die wir frei entwickeln und gestalten können.

Doch es gibt viele Situationen, in denen wir den weiteren Verlauf nicht sicher vorhersagen können. Situationen, in denen wir nicht vorausplanen können, sondern nur gewiss sein können, dass mit (noch mehr) Überraschungen zu rechnen ist. In denen wir uns schon darauf einstellen können, dass Wünsche und Vorhersagen nicht eintreffen werden – ob es sich um ein neuartiges Projekt handelt, um wechselnde Kundenwünsche, Marktveränderungen oder andere Entwicklungen, die nicht allein in unserem Einflussbereich liegen.

Menschliche und organisatorische Veränderungsprozesse stellen uns regelmäßig vor Situationen der zweiten Art: Zu komplex ist die menschliche Natur, und zu komplex sind Organisationen, als dass wir mit Gewissheit wüssten, was passieren wird, wenn wir Änderungen vornehmen. Kurzfristig oder im Groben gesehen ist vielleicht klar, was kommt. Wenn wir zum Beispiel neue Mitarbeiter einstellen, werden wir sie wohl in die Organisation integrieren wollen – doch wie sich dies tatsächlich in einiger Zeit auf die Organisation auswirken wird, können wir zu beeinflussen versuchen, aber nicht einseitig vorherbestimmen: Menschliche Entwicklungen sind eben meist emergente, unplanbare Prozesse. Der Entwicklungszyklus hat eine klare Struktur, doch seine Resultate sind nicht vorherbestimmbar

Wie planbar ist die Zukunft?

Selbst wenn wir glauben, alle unsere Maßnahmen, Zahlen und Indikatoren gäben uns Gewissheit, hält das Leben doch immer wieder Überraschungen bereit. Unternehmen wie Kodak, Schlecker, AEG, Quelle, Nokia und all die anderen, die in den letzten Jahren aus dem Markt gingen, haben aus ihrer Sicht sicher vieles richtig gemacht. Dennoch hat es nicht gereicht, während andere Unternehmen in derselben Branche weiter florierten.

Ähnlicher Start, ungleiches Ende

Die unterschiedlichen Schicksale der Drogerieeinzelhandelsketten dm und Schlecker geben ein Paradebeispiel für die Fragwürdigkeit klassischer Kontrollmechanismen, denn beide Unternehmen sind technisch so vergleichbar wie kaum zwei andere: Die Gründer Götz Werner und Anton Schlecker sind etwa gleich alt; sie gründeten fast gleichzeitig nur 100 Kilometer voneinander entfernt ihre erste eigene Drogerie; und ihre Familienunternehmen boten bis zuletzt bei ähnlicher Marktdurchdringung und Milliardenumsätzen dieselben Sortimente zu vergleichbaren Preisen.

Doch dm wächst und gedeiht, Schlecker hingegen meldete 2012 Insolvenz an.

Die Unternehmenskultur macht den augenfälligsten Unterschied: Der eine setzte auf Wohlfühlen, menschliche Entfaltung und Vertrauen, der andere auf Druck, Misstrauen und Kontrolle.

Markt und Mitarbeiter haben entsprechend reagiert.

Die Welt ist VUCA

Man kann ohnehin diskutieren, ob wir wirklich eine Welt wollen, die von Kontrolle bestimmt ist wie die Unternehmenskultur bei Schlecker. Aber auch ganz pragmatisch ist die Welt mitnichten so beherrschbar, dass wir mit Druck, Misstrauen und Kontrolle stets erreichen könnten, was wir wollen. Der Normalfall ist in vielen Branchen heute das Gegenteil – ein alle Lebensbereiche betreffender Zustand, für den das US-Militär in den 1990er Jahren einen eigenen Begriff prägte: VUCA. Das Akronym steht für:

- Volatile (unbeständig),
- Uncertain (unsicher),
- Complex (unbeherrschbar),
- Ambiguous (uneindeutig).

Nicht nur im Militär macht es sich verlustreich bemerkbar, wenn wir versuchen, mit Instrumenten zu planen, uns zu organisieren und Ergebnisse zu erzielen, die auf der Voraussetzung basieren, unser Vorhaben sei so planbar wie ein Garagenanbau auf dem eigenen Hausgrundstück. Meist können wir in der VUCA-Welt die kommenden Herausforderungen nicht einmal benennen, etwa weil Rahmenbedingungen sich überraschend ändern, weil nicht mehr klar ist, was Ursache und was Wirkung ist, oder weil unsere Wahrnehmungs- und Deutungsgewohnheiten uns nicht mehr erkennen lassen, was wirklich zählt.

Die vielen untergegangenen Marktführer vergangener Zeiten konnten so viel zu steuern versuchen, wie sie wollten: Solange beispielsweise Kodak nicht der Realität ins Auge sah, dass der Fotografiemarkt statt der bisherigen sicher planbaren Erfolge hochgradig VUCA geworden war – unbeständig, unsicher, unbeherrschbar und uneindeutig –, war ein Turnaround kaum zu schaffen und das Ende unvermeidlich.

Wo wir auf Situationen treffen, die wir nicht beherrschen können – ob als Unternehmen und Mitarbeiter oder im Privatleben –, brauchen wir grundlegend andere Strategien, Verhaltensweisen und Haltungen als dort, wo wir meinen, sicher planen zu können. Sonst planen wir schlicht an der Wirklichkeit vorbei. Keine Eskalationspfade, Kontrollgremien, Risikoindikatoren, Volatilitätskoeffizienten, Balanced-Scorecard-Modelle und dergleichen können helfen, wenn wir mit ihnen zu steuern versuchen, was wir nicht steuern können – wie Auto zu fahren mit einem Lenkrad, das nur lose mit der Vorderachse verbunden ist. Eine solche Überforderung führt regelmäßig in den Burn-out. Überall, wo

- wir gemeinsam neue Herausforderungen angehen, weil viele unterschiedliche Beiträge gefordert sind,
- echte Zusammenarbeit unverzichtbar ist, weil Zusammenhalt und Schlagkraft gefordert sind,
- »Weiter so« keine Lösung ist, weil echte Innovation gefordert ist,

also überall, wo die Wirklichkeit sich VUCA entwickelt, kommen wir nicht umhin, in einer geeigneten Weise wirklichkeitsorientiert zusammenzuarbeiten, statt an der Illusion der Kontrolle festzuhalten. Dem freien Zusammenwirken emergenter, selbstgesteuerter Systeme begegnen wir angemessener mit lebendigen, natürlichen Prozessen als mit Kontrollversuchen.

Staunen statt Steuern: Verführerischer Optimierung widerstehen

Nehmen wir zum Beispiel die Steuerung über Zielvereinbarungen: Dialoge über gemeinsame Ziele und Wege sind wichtig, doch spätestens sobald wir versuchen, über Anreize wie Boni oder Sanktionen ein gewünschtes Ergebnis »technisch« herbeizuführen, treten immer wieder Probleme auf:

- Der Blick der Betroffenen verengt sich auf die Anreize statt auf den Sinn der eigentlichen Aufgabe.
- Es wird unattraktiv, mit Kollegen zu kooperieren, die andere Ziele haben als man selbst – oder gar attraktiv, ihnen zu schaden.
- Sobald uns jemand mit Druck oder Anreizen extrinsisch zu motivieren versucht für eine Aufgabe, zu der wir ohnehin intrinsisch motiviert sind, entsteht eine merkwürdige Schieflage.

Viele Unternehmen haben daher individuelle Boni durch eine reine Beteiligung am Gesamterfolg des Unternehmens ersetzt, und ihr Miteinander so erheblich verbessert.

Insgesamt bewegen sich all unsere Versuche, unsere Ziele durch Optimierung zu erreichen, spätestens unter VUCA-Bedingungen auf dünnem Eis. Kontrolle – also die Voraussetzung, überhaupt optimieren zu können – ist überaus aufwendig. Die Natur kommt ohne aus und vertraut stattdessen auf Selbstorganisation.

Optimierung als Fiktion
»In einer komplexen und unsicheren Welt treffen Mensch und Tier Entscheidungen unter den Bedingungen begrenzter Information, Ressourcen und Zeit. Diese Begrenzungen wurden in den rationalen Entscheidungsmodellen der Wirtschaftswissenschaften, Kognitionswissenschaft, Biologie und anderen Feldern weitgehend ignoriert

und stattdessen das Gegenteil angenommen«, stellten mein früherer VWL-Professor, der 2016 leider verstorbene deutsche Mathematiker und Wirtschaftsnobelpreisträger Reinhard Selten, und der bekannte deutsche Psychologe und Bestsellerautor Gerd Gigerenzer in ihrem 1999 erschienen Buch *Bounded Rationality* fest. »Optimierungskalkül ist eine attraktive Fiktion: mathematisch elegant und technisch höchst fundiert. Im Vergleich zur Schönheit der Optimierung wirken die tatsächlichen Steuerungsprozesse von Menschen und Tieren geradezu hinterwäldlerisch.« Sie folgern, dieses trügerische Ideal dürfte Forscher auf vielen Gebieten davon abgehalten haben, die ganz andersartige Schönheit und Robustheit der Einfachheit kennen zu lernen, die die Natur erfolgreich macht: »Man kommt ins Staunen, wie in einer überwältigend komplexen Welt Einfachheit zu Robustheit und Genauigkeit führen kann.«

Weitaus zielführender ist eine Haltung, die die Gegebenheiten unserer Situation akzeptiert, statt eine, die diese zu ignorieren versucht und damit Probleme womöglich noch vergrößert. Eine *forschende* Haltung, in der

- wir akzeptieren, dass wir nichts, nicht alles oder einfach zu wenig wissen,
- wir den Mut haben, uns auf Unwägbarkeiten einzulassen,
- wir Überraschungen von vornherein erwarten und diese auch aushalten können,
- wir über Abweichungen vom aktuellen Plan staunen und offen mit allen Beteiligten darüber sprechen können, statt sie etwa als »Versagen« zu erleben und den »Fehler« verschämt zu vertuschen versuchen.
- wir versuchen, aus jeder Überraschung zu lernen, und uns in kleinen Schritten von möglichst vielfältigen Perspektiven und unserem Bauchgefühl leiten lassen statt von großen, ausgeklügelten Plänen und Vorgaben.

Je mehr wir uns auf eine solche staunende, forschende, ja enthaltsame Haltung des »Nicht-Wissens« einlassen, desto eher ist es uns möglich, aus großer Nähe und einem Miteinander heraus das Geschehen mitzugestalten, als wenn wir der Versuchung erliegen, »wissend« einzugreifen und einseitig zu steuern versuchen.

Emergente Entwicklungen beeinflussen

Heißt »Staunen statt Steuern« auf jedweden Einfluss zu verzichten? Macht dann jeder, was er will? Oder gibt es Wege, Entwicklung zu begleiten, ohne sie beherrschen zu wollen?

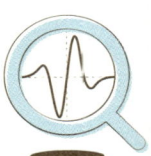

Wie überträgt sich ein neuer Impuls?
Etwas zu früh gekommen, sehe ich noch eine Weile auf dem Hof unserer Grundschule meinen Kindern zu, die weiter mit ihren Freunden spielen und erst zur vereinbarten Zeit abgeholt werden möchten. Sie spielen Verstecken, bis ein Kind vorschlägt, Fangen zu spielen; und zwar diesmal nicht Jungs gegen Mädchen, sondern »Reiterkämpfchen«. Dabei soll ein Kind auf den Schultern eines anderen sitzen. »Das machen die nie«, denke ich noch. »Das ist doch viel zu anstrengend!«

Doch tatsächlich lassen die Kinder sich auf die neue Idee ein, bis sie finden, dass es »doof« ist, gegeneinander zu spielen. Sie nutzen ihre vergrößerte vertikale Reichweite nun lieber dafür, gemeinsam zu versuchen, mit Stöcken endlich den Basketball vom Korb zu stupsen, der sich vorhin offensichtlich dort verklemmt hatte.

Wie übertragen sich solche Veränderungsimpulse? Die Kinder finden hier von selbst von ihrer anfänglichen Wettbewerbssituation zu einer echten Gemeinschaftsleistung. Würde es uns Erwachsenen ebenso leichtfallen?

Welche Faktoren sorgen dafür oder verhindern, dass Veränderungsimpulse tatsächlich echte, neue Motivation auslösen? Die Antwort auf diese Frage hat weniger mit dem Inhalt des neuen Vorschlags zu tun als mit der Haltung, in der er vorgetragen wird.

Offensichtlich ist: Mit der Brechstange durchgesetzt, würde die Motivation eines solchen Veränderungsimpulses nicht lange halten. Eine Idee aus purem Eigennutz desjenigen, der sie einbringt, wird sicher auch nicht weit kommen. Genauso wenig Erfolg verspricht, wenn ein Erzieher durchs Fenster oder eine am Rand stehende Mutter den Kindern auf dem Hof ungefragt zuruft, was sie spielen sollten.

Verlockender mag ein Vorschlag wie »Lasst uns Eis essen gehen, ich zahle zwei Kugeln für jeden« erscheinen, doch wie nachhaltig ist ein solcher Bestechungsversuch? Es ist absehbar, mit welchem Wunsch die Kinder mich bestürmen werden, wenn ich das nächste Mal zum Schulhof komme. Und auch wenn eines der Kinder eine Regeldiskussion vom Zaun bräche, um das Spiel zu ändern (»Reiterkämpfchen mit Festhalten!« – »Nein, ohne!«), kann das zwar sehr wirksam sein, aber endet ebenso oft im Konkurrenzkampf, nach wessen Regelvariante nun gespielt werden »muss« – umso mehr, wenn jemand eine Spielvariante vorschlägt, die die anderen noch nicht kennen.

Brechstange, Eigennutz, Autorität, Anreiz, Regeldiskussion: Fünf Impulse auf die Gruppe einzuwirken, und keiner motiviert wirklich. Beim Wechsel vom Verstecken zum Fangen zum Ball-Holen muss also etwas anderes passiert sein. Etwas, das mehr mit Gespür dafür zu tun hat, was in der Gruppe gerade »dran« ist, und weniger mit dem Ehrgeiz, Führungsanspruch oder »objektivem Recht-haben« Einzelner. Also etwas, das in der Tat mehr mit der Haltung zu tun hat, aus der heraus der Veränderungsimpuls eingebracht wird.

Wie reagieren Sie auf Veränderungsimpulse?

Denken Sie an verschiedene Situationen, in denen Sie sich beruflich oder privat auf eine erhebliche Veränderung eingelassen haben, die Sie rück-blickend als segensreich erlebt haben, zum Beispiel eine schwierige Ent-scheidung, einen beruflichen Neueinstieg, einen Umzug, eine Heirat, eine Trennung oder die Entscheidung, eine Gewohnheit wie etwa das Rauchen aufzugeben.

- Wie haben Sie in diesen Situationen Menschen in Ihrem Umfeld erlebt, die Sie in dieser Veränderungssituation unterstützen wollten?
- Welche Unterstützungsangebote haben Sie eher als hilfreich emp-funden, welche eher als hinderlich?
- Wie haben Sie sich jeweils gefühlt?
- Welche Kompetenzen haben Sie selbst dazu beigetragen, dass Ihnen die Veränderung gelang?

Notieren Sie die wesentlichen Aspekte, die Sie als besonders unterstüt-zend empfunden haben.

Im Lichte der Kernanliegen betrachtet (siehe Abbildung 8), können sehr unterschiedliche Aspekte in Veränderungsprozessen hilfreich sein. Wie sehr treffen beispielsweise die folgenden Aussagen, die sich jeweils auf ein Kern-anliegen beziehen, für Sie zu? In einem idealen Veränderungsprozess …

1. muss sich niemand um seine Existenz Sorgen machen;
2. stehen wir füreinander ein und sind stolz darauf, dass wir dazugehören;
3. kann sich jeder entfalten und über sich hinauswachsen;
4. kümmern wir uns gemeinsam darum, dass wir unsere Ressourcen optimal nutzen;
5. kann jeder sagen, was er wirklich bedeutsam findet, und wird gehört;
6. haben wir auch außerhalb unseres Reichs das Wohlergehen aller im Blick;
7. sorgen wir dafür, dass wir uns alle diese Qualitäten auf Dauer erhalten und stärken.

Diese Kernanliegen im Veränderungsprozess zu berücksichtigen, könnten wir als alleinige Verantwortung derjenigen sehen, die Veränderungsprozesse anstoßen oder begleiten: Führungskräfte oder Coaches etwa. Doch wie steht es um unsere eigene Verantwortung als Betroffene von Veränderungsprozessen? Welche Kompetenzen brauchen wir und bringen wir womöglich mit, um in ungewohnten Kontexten gut zurechtzukommen? In der Reihenfolge der Kernanliegen beispielsweise diese:

1. Umgang mit Restriktionen: Begrenzungen als Rahmenbedingungen akzeptieren können
2. Sich einlassen: Fähigkeit, sich in neue Gruppen einzufinden
3. Sich herausfordern: Mut, Sicheres und Gewohntes loszulassen
4. Sich zurücknehmen: Fähigkeit, der Gemeinschaft zu dienen statt nur eigenen Interessen
5. Wichtigem Gehör verschaffen: Kraft, sich für wichtige Anliegen auch dann einzusetzen, wenn es schwer fällt
6. Perspektiven integrieren: Wille, auch mit Andersdenkenden gemeinsame Anliegen zu entdecken;
7. Räume öffnen: Eigenständige Entwicklungen von Gruppen und Individuen zu fördern, statt ihre Räume eng zu machen.

Auch dies kann kein Einzelner alles leisten – aber in der Vielfalt der Kernanliegen erkennen wir zumindest leichter, was fehlt.

Ob wir Veränderung begleiten oder selbst Veränderung erleben: Jeder kann im Rahmen seiner Möglichkeiten zu guten Entwicklungen beitragen und damit die Lebendigkeit des Veränderungsprozesses fördern. Bei einem echten Miteinander sitzen wir alle in einem Boot, unabhängig davon, ob wir einen höheren Rang oder mehr Erfahrung haben als andere. In diesem

Sinne verstehe ich Augenhöhe: als ein grundlegendes Verständnis, dass wir alle zusammen beitragen können, was gebraucht wird – in unterschiedlichem Maße, aber nicht im Sinne eines Wettbewerbs, sondern in dem Bestreben, als Gemeinschaft möglichst alle nötigen Kompetenzen zur Verfügung zu haben: wie unsere Kernanliegen im Inneren Team (Kapitel 2.4).

Echte Veränderungssituationen sind wie die Erstbesteigung eines noch nie bezwungenen Gebirgsgipfels: Ein Bergführer kann uns ausbilden, er kann die Besteigung begleiten – aber er kann, wenn er seiner Mitverantwortung gerecht werden will, die Erstbesteigung des unbekannten Massivs nicht vom Boden aus planen oder fernsteuern oder sich unterwegs distanziert aus dem Vorhaben ausklinken. Und auch die Expeditionsteilnehmer können ihre Mitverantwortung nicht auf ihn abwälzen, wenn ihnen das Gelingen etwas bedeutet.

Auf den Unternehmenskontext übertragen unterscheiden sich hierin Veränderungssituationen von Routineprozessen: Ist der Weg bekannt, können wir arbeitsteilig beginnen zu optimieren und zu planen. Doch in der Einzigartigkeit neuer Herausforderungen zählt das unmittelbare Geschehen und Erleben. Wenn wir auf unbekanntem Terrain unterwegs sind, ist Erfahrung hilfreich, doch noch wichtiger sind die Eindrücke vor Ort: die unterschiedlichen Perspektiven und die Mitwirkung jedes Einzelnen, um mit den immer neuen Situationen, die das unbekannte Terrain mit sich bringt, gut umzugehen und aus unseren Erfahrungen zu lernen und uns zu verbessern – mit all unseren Perspektiven und Kompetenzen.

Keine Prozessvorgaben und keine Boni können emergente Entwicklungsprozesse steuern. Wir bewältigen unsere Herausforderungen und entwickeln uns im *Tun,* im empathischen Mitwirken – nicht in der Theorie oder indem wir fremden Vorgaben aus der Ferne folgen. *Prozessvertrauen* ist für mich hier hingegen der Schlüssel – indem wir Räume öffnen, in denen allseitig gewünschte Entwicklungen es leicht haben (Kapitel 3.6).

Als »ganzer Mensch« emergente Entwicklungen meistern

Wenn wir Menschen uns auf gutfunktionierende Homo-oeconomicus-Rädchen in großen Maschinen reduzieren, verzichten wir auf essenzielle Kompetenzen und beträchtliches Potenzial – ja im Grunde auf fast alles, was uns lebendig macht.

Vor allem verzichten wir im Korsett des Homo oeconomicus auf unsere Fähigkeit, Überraschungen zu meistern und emergente Entwicklungsprozesse mitzugestalten. Denn solange unser Mantra »Ich muss« lautet statt »Ich wünsche mir«, negieren wir alle Kompetenzen, die uns dies ermöglichen: insbesondere prosoziale, wir-bezogene Verhaltensweisen (Kernanliegen 2, 4 und 6) sowie die Fähigkeiten, den gemeinsamen Kurs zu beeinflussen (Kernanliegen 5) und aus eigenem Situationsgespür heraus zu Selbstorganisation und Ganzheit beizutragen (Kernanliegen 7).

Was dem »Ich muss«-Typ bleibt, ist die unstillbare Sehnsucht nach *mehr* und nach *besser* – unstillbar, weil wir versuchen, mit diesen beiden Kernanliegen 1 und 3 auch alle anderen zu erfüllen: technisch gesagt, in etwa so vergeblich wie einen Flachschlitzschraubendreher für Kreuzschlitz-, Torx- oder Inbus-Schrauben zu verwenden.

Ganzer Mensch – das ist ein menschliches Selbstbild, das weit über ein oberflächliches, einschnürendes Reiz-Reaktions-Schema wie den Homo oeconomicus hinausgeht. Ganzer Mensch ist ein menschliches Selbstbild im Sinne des erweiterten Seerosenmodells: mit einem tief wurzelnden, sich ständig weiter entwickelnden Erfahrungsschatz, der mit einem weiten Spektrum von Kernanliegen unsere Perspektiven erweitert, statt sie auf reduzierende Konditionierungen wie »Mehr Leistung heißt Mehr Geld heißt mehr Glück« zu verengen.

Wenn wir das Korsett des Homo oeconomicus ablegen und uns als der ganze Mensch begreifen, der wir sind, wird unser Leben reicher, an Empfindungen wie an Chancen. Wir sind nicht mehr gezwungen, auf die Kraft der Gemeinschaft zu verzichten, im Inneren Team wie im »Außen«. Und wir *entwickeln* uns mit jeder unplanbaren, emergenten Herausforderung, statt sie fürchten zu müssen. Denn für sie sind wir geschaffen als das gesellige Säugetier, das in uns nach wie vor quicklebendig ist.

Wie entwickeln wir uns mit Herausforderungen, statt sie fürchten zu müssen? Und was ist uns dabei im Weg? Das sind Schlüsselfragen in Veränderungsprozessen, in Organisationen wie auf individueller Ebene. Kapitel 3 betrachtet Wege, wie wir zu kraftvoller Entwicklung beitragen können.

Impulse aus der Praxis: Social Energy Raum geben

Hier nun ein weiterer »Impuls aus der Praxis« – dieses Mal aus einem forschenden und produzierenden Unternehmen der Arzneimittelbranche, dessen Fokus auf innere Haltungen bei der Entwicklung der Organisationskultur mich nachhaltig beeindruckt.

In hoch regulierten Umfeldern erscheint ein Kulturwandel oftmals besonders schwer möglich – gerade wenn es darum geht, trotz vielfältiger gesetzlicher Auflagen und Kontrollinstrumente neuen selbstorganisierenden Arbeitsformen Freiräume zu öffnen. Die deutsche Niederlassung von Eli Lilly & Company geht hier seit Jahren mutig voran, mit zunehmender Wirkung weit über Deutschland hinaus.

Das Pharmaunternehmen Eli Lilly & Company entwickelt seit über 140 Jahren pharmazeutische Wirkstoffe. Heute arbeiten fast 40 000 Menschen in 125 Ländern für das Unternehmen. Es zählt damit weltweit zu den führenden der Branche.

Mitgestalten und Räume öffnen – auch in einem hoch regulierten Umfeld

»Hundertdreißig Führungskräfte zwei Tage lang ›offsite‹ – darin steckt ein solches Potenzial, wenn die Mitarbeiter in einem geeigneten Rahmen und mit inspirierenden Impulsen gut miteinander in Austausch kommen. Mit unserem Open Space ist das so gelungen!«, schwärmt Christiane Mundhenk von der Leadership Conference 2016 bei Lilly Deutschland. Open Space bedeutet, die Teilnehmer entwickeln die Agenda der Konferenztage selbst, statt top-down vorgegeben zu bekommen, womit sie sich zu beschäftigen haben. So ist schon in die Grundstruktur der Veranstaltung der Gedanke eingewoben, dass sich Beteiligung, Engagement, Gemeinschaft und Mitverantwortung für alle lohnen: ein Element der fortlaufenden Organisationskulturentwicklung, das hier für alle positiv erlebbar wird.

Bereits seit über einem Jahrzehnt findet diese Veranstaltung bei Lilly Deutschland statt, und sie hat sich in dieser Zeit grundlegend gewandelt. Ursprünglich ausschließlich eine Plattform der Geschäftsleitung zur Implementierung globaler Strategien ist die Leadership Conference heutzutage eine jährliche freiwillige interne Großveranstaltung. Intensiv vorbereitet von einem kleinen Kreis engagierter Enthusiasten aus der Zielgruppe selbst, trifft man sich, um gemeinsam eine Vielzahl von Fragen zu Strategie und Führung zu erörtern sowie konkrete Ideen und Herangehensweisen zu erarbeiten. Stefan Bauer, wie Christiane Mundhenk einer der treibenden Köpfe, ist überzeugt: »Letztlich erzielt man mit Partizipation und Selbstorganisation oft bessere Ergebnisse, als wenn man als Führungskraft alles selbst entscheidet – wie auch die Leadership Conference ganz klar zeigt.«

»Es ist jetzt eure Chance mitzugestalten, sonst machen es andere«

Früher wäre eine Strategietagung von A bis Z durchdekliniert, präzise geplant und umgesetzt worden, und zum Abschluss hätte es eine knappe Zusammenfassung der Ergebnisse gegeben. Dass es möglich war, dieses weit verbreitete Korsett zu lösen und ein ergebnisoffenes, selbstorganisiertes Open-Space-Event zu kreieren, darauf sind viele Mitarbeiter bei Lilly Deutschland zu Recht stolz. »Wir wollen Dialog und Push von unten noch mehr Raum geben. Vor ein paar Jahren hätten wir noch stark mit Erwartungen von oben gearbeitet und eine bestimmte Richtung vorgegeben. Heute ist unsere Haltung eher ›Jeder kann, keiner muss. Es ist jetzt eure Chance, mitzugestalten – sonst machen es andere.‹ So kommen bei uns Menschen zusammen, die etwas erreichen wollen«, beschreibt Dr. Frank Oelze den Wandel im Rahmen der Lilly-2020-Vision.

Immerhin könnte eine klassische Führungskräfteveranstaltung – gewollt oder ungewollt – ganz andere Muster befördern, etwa Bevormundung, Konsumhaltung, Rivalität oder Unterordnung: ohne Beteiligte vorbereitet, langweilig, vom Vorstand abgenickt und alle Abteilungen im Wettbewerb darum, möglichst wichtig und gut auszusehen. Transformationale Führung geht aber in eine ganz andere Richtung. »Der Aufbruch, den wir in so vielen Organisationen gerade erleben, bedingt gleichzeitig viel Suche nach stimmigeren Strukturen«, fasst Jutta Herzog zusammen, die als Urgestein des Open Space die Veranstaltung begleitet hat. »Und – so manches schnellt wieder zurück in alte Formen, wenn Menschen nicht genügend Führung haben im Aufbrechen. Es braucht dabei eine verlässliche Spitze, die deutlich sagt ›Wir wollen das‹ und damit den Rahmen setzt und den Raum für das Neue freigibt.«

Transformationale Führung: Lust machen aufs Loslassen

»Kontexte setzen – das ist der Unterschied zwischen traditioneller und transformationaler Führung. Wenn Führungskräfte Kontexte schaffen, statt Ziele zu setzen, wird der Prozess transformativ, weil dann Verantwortung übernommen wird und die Paradigmen neu überdacht werden«, ist Stefan Bauer, der unter anderem als Organisationsentwickler bei Lilly Deutschland auch die deutsche Geschäftsleitung begleitet, überzeugt.

Wohl wissend um die Bedeutung von eigener Haltung und Vorbild-funktion für die nachhaltige Zukunftsfähigkeit sucht diese selbst kon-tinuierlich nach neuen Lernerfahrungen. Damit möchte sie gerade den anderen Führungsebenen das klare Signal geben, dass das Vorleben und ein entsprechendes Verständnis von Führung in Zukunft eine wesent-liche Rolle spielen werden: »Encouraging Leadership«, also als Manager die Kraft haben, Räume zu schaffen und zu halten, in denen andere auf-blühen können.

»Wir haben kein Problem mit dem Sinn unserer Arbeit«, sagt Chris-tiane Mundhenk. »Aber wir müssen auch hoch profitabel sein, so tickt die Branche. Doch wie kann man Führung gestalten in einem hoch regulierten Umfeld? Wie kann ein Manager Sinn stiften und gesund arbeiten, für seine Mitarbeiter diesen Rahmen schaffen? In diesen Fragen sind viele Führungskräfte berührbar und suchen nach für sie umsetzbaren Wegen. Wir wollen erlebbar machen, dass neue Arten der Führung nicht mehr Arbeit machen und nicht anstrengender sind, im Gegenteil. Wir wollen ihnen Lust machen aufs Loslassen!« Weg von Mikromanagement und immer komplizierteren Regeln, hin zu Führung und selbststeuernden Prozessen, die von wenigen Prinzipien geleitet werden.

»Wie können wir das noch transformativer angehen?«

Stefan Bauer gefällt vor allen Dingen die Offenheit der Geschäftsleitung: »Die Lernbereitschaft und die Aufgeschlossenheit sind enorm, das Inter-esse an neuen Konzepten groß. Aber es geht nicht nur um die Theorie, sondern vielmehr darum, gerade auch in der Geschäftsleitung trans-formatorische Erlebnisse erfahrbar zu machen.« Diese schafft er unter anderem durch Besuche bei branchenfremden Firmen – kleine wie große –, deren Arbeitsweise, Unternehmenskultur oder Haltung vor-bildhaft sind. Durch diese Begegnungen findet ein innerer Wandel statt. »Wir sehen unseren Beitrag als Geschäftsleitung nicht mehr in einem ›Super-Management‹, bei dem unweigerlich alle Fäden zusammenlau-fen, sondern wir definieren unsere Rolle primär darüber, den Kontext, die Atmosphäre und die Kultur des Unternehmens zu entwickeln, also Gestaltung und Schaffung von Freiräumen statt Kontrolle und Bevormundung«, beschreibt Deutschlandchefin Simone Thomsen das veränderte Rollenverständnis. In der Folge wandelt sich beispielsweise das Verständnis von Entscheidungsfindung: Da Selbstorganisation an der Tagesordnung ist, muss die Führungsetage Klarheit schaffen, welche Entscheidungen delegiert werden und welche nicht.

»Wir versuchen jeden Tag, das, was wir tun, zu hinterfragen: Wie könnten wir dies oder jenes transformativer angehen?«, sagt Stefan Bauer. »Die Frage ist ja gerade im Führungsalltag: Was löst das bei mir aus, was ich im Moment erlebe? Wie kann ich mir dessen stärker bewusst werden und mir erleichtern, das alles zu sortieren? Wie kann ich mit innerer Klarheit gesunde Führung (vor-)leben?« So beginnt auch das monatliche Meeting der Geschäftsleitung bei Lilly für Außenstehende eher ungewöhnlich. Statt direkt ins Operative einzusteigen, beginnt die Geschäftsleitungssitzung mit einer Stille und einer transformatorischen Reflexionsfrage, die ein kleines Team um Stefan Bauer vorab entwickelt, zum Beispiel:

- Wie hat sich mein Leadership in den vergangenen drei Jahren verändert und warum?
- Was hat im vergangenen Jahr mein Bewusstsein am meisten erweitert und warum?
- Was können wir tun, um im nächsten Quartal noch transformativer zu werden?
- Welche Glaubenssätze halten uns zurück?

Im Anschluss an die innere Reflexion teilen die Führungskräfte ihre Gedanken miteinander. Verletzlichkeit, Schwächen, Befürchtungen und Ängste bekommen hier wertschätzenden Raum. »Es fällt so viel Druck von einem ab, wenn man offen mit Kollegen über Verletzlichkeiten reden kann«, sagt Simone Thomsen selbstbewusst. Zwar dominiert bei Lilly Deutschland als Pharmaunternehmen eine faktisch-wissenschaftliche Kultur, »dennoch ist die kognitive Ebene inzwischen nicht mehr das Einzige, was zählt«, ergänzt Christiane Mundhenk. Auch Intuition, Bauchgefühl und Ganzheitlichkeit haben heute ihren

Platz. Meditative Elemente bei Veranstaltungen und Meetings sind daher weder eine Seltenheit noch ein Widerspruch. »An einem ganztägigen Mindfulness-Workshop, der für alle Bereiche und alle Hierachielevel gleichermaßen offen war, haben spontan über 30 Kollegen begeistert teilgenommen«, erzählt sie.

Neue Formen der Zusammenarbeit in der Produktentwicklung

Der transformatorische Geist, der wie auf der Leadership Conference neue Arbeitsweisen und Formen der Zusammenarbeit greifbar macht und den Teilnehmern zeigt, was dadurch alles möglich ist, überträgt sich nachhaltig auf den Arbeitsalltag und führt dazu, dass die Mitarbeiter mehr hinterfragen und mehr eigene Ideen entwickeln und verfolgen. Das geht bereits über die Filiale hinaus.

»Die Markteinführung eines neuen Präparats ist ein immenses finanzielles Risiko und wird in der Regel jahrelang geplant. Branchenüblich sind komplizierte, langwierige Prozesse von einer Abteilung zur nächsten – gerade bei einem internationalen Unternehmen. Wir finden, das muss auch anders gehen«, erläutert Jörg Schaub, der für einen Produktbereich im deutschen Markt das Marketing und den Vertrieb leitet. Nach der Leadership Conference war seiner Mitarbeiterin Lena Jurich und ihm klar: Die Markteinführung für das neue Präparat, das in ersten Studien schon vielversprechende Ergebnisse gezeigt hatte, sollte diesmal in ganz anderer, selbstorganisierender Weise ablaufen. Schon wenige Monate später kamen rund eine Woche lang 84 Experten und Führungskräfte aus aller Welt zum »Customer Council« zusammen, um quer durch zig Abteilungen alle wesentlichen Aspekte des Marktstarts für das neue Präparat zu konzipieren, von der Finanzierung bis zu den finalen Produkttests – und das in einem eher ungewöhnlichen Setting: Die Meetings fanden zum Teil auf einer Lichtung mitten im Wald statt, in einer Welt aus Zelten; Mitarbeiter hatten sich zuvor in neuen Moderationsformaten und Kreativtechniken wie etwa Lego Serious Play ausbilden lassen; Meditationen, eine gemeinsame Rhythmussession und ein ständiger Wechsel vieler paralleler Angebote, sich zu engagieren, ermöglichten den Teilnehmern, angesichts der hohen Belastung den für sie richtigen Weg zu finden, sich bestmöglich einzubringen. »Wer welcher Abteilung angehörte, interessierte hier bald keinen mehr«, beschreibt Jörg Schaub die transformative Energie des Treffens. »Es ging allen darum, gemeinsam neue Ideen zu entwickeln, und uns dabei noch viel empathischer in das Umfeld des Patienten einzufühlen als bei unseren gewohnten Prozessen.« Zugleich sollte das intensive Miteinander den Weg bis zum fertigen Produkt beschleunigen und die Innovationskraft auf ein neues Niveau heben. »Das Customer Council hatte großen Einfluss auf unsere Zusammenarbeit. Wir sind dadurch eine andere Gemeinschaft geworden, wir trauen uns, neue Dinge auszuprobieren – das hat man inzwischen auch global außerhalb des Teams wahrgenommen und uns zurückgespiegelt«, sagt Lena Jurich.

Mit dem Anspruch, so viele Abstimmungs- und Kreativprozesse zwischen so vielen Abteilungen und Ländern in nur einer Woche zu bewältigen, geht zugleich die Idee einher, möglichst viel Freiheit und Flexibilität zu ermöglichen und dafür einen geeigneten Rahmen zu schaffen: »Das gelingt, indem wir, so gut es geht, für uns sorgen – nicht unbedingt materiell wie in Luxushotels und dergleichen, sondern vor allem seelisch, menschlich und zwischenmenschlich«, so Lena Jurich. »Jeder ist willkommen, wie er ist, und im Rahmen der Aufgabenstellung nutzt jeder die Zusammenkunft, wie es für ihn Sinn ergibt. Es gibt keine weiteren Vorgaben oder Regeln. Das funktioniert auch deshalb, weil die Möglichkeiten des neuen Wirkstoffs uns alle natürlich sehr motivieren.« Das Ziel der verantwortlichen Leiterin für die Europäische Region, Susan Betito, ist nicht nur, den Unternehmergeist der Mitwirkenden zu stärken, sondern auch Achtsamkeit zu fördern. »Es passiert so viel in so einer Phase. Da ist es nicht immer leicht, achtsam zu sein«, stellt sie freimütig fest. Sie möchte die Beteiligten ermutigen, ihrem Bauchgefühl und ihrer Intuition mehr Raum zu geben als intellektuellen Konzepten allein. Sie möchte einen Rahmen schaffen, in dem alle einander so zugewandt wie möglich sind, wach, offen, vorurteilsfrei und bereit, voneinander und miteinander zu lernen und gegenseitiges Zutrauen zu gewinnen.

Leider hat der Wirkstoff des Präparats letztlich seine Ziele in den relevanten Studien nicht erreicht und wird nicht zur Zulassung eingereicht. »Die schlechte Nachricht hat unser Team weltweit sehr getroffen, und wir waren sehr enttäuscht, dass wir den betroffenen Patienten keine wirksame Therapie anbieten können«, beschreibt Lena Jurich die Emotionen der Beteiligten. »Doch das gemeinschaftliche Erlebnis werden wir nie vergessen. Es ist ein starkes Gefühl dafür entstanden, wer wir sind und wie wir Herausforderungen gemeinsam angehen. Wir haben eine ganz andere Motivation entwickelt durch die Art der Zusammenarbeit und Atmosphäre, die von gegenseitigem Respekt und Wertschätzung getragen wurden. Jeder, der dabei war, hat das Gefühl: Wir wollen nur noch so zusammenarbeiten.« Sie hat es sich zur Aufgabe gemacht, die veränderte Unternehmenskultur als Botschafterin international im Konzern bekannt zu machen und voranzutreiben – mit Rückendeckung ihrer deutschen und internationalen Führungskräfte. Ihre nächste Station: Indianapolis, USA.

Brücken zur alten Essenz schaffen und mit der Zeit gehen

»Was früher noch als Utopie abgetan wurde, bekommt in der heutigen Zeit richtig Aufwind. Es gibt nicht nur in unserer Organisation, sondern auch in der Gesellschaft eine wachsende Sehnsucht nach sinnerfüllter Zusammenarbeit und einem Miteinander auf Augenhöhe«, stellt Christiane Mundhenk fest, die sich schon seit vielen Jahren mit dem Thema Kulturwandel befasst, und fährt fort: »Heutzutage geht es bei uns nicht mehr nur um Skills und Verhalten, sondern mehr um Haltung und darum, dass wir uns um die Potenzialentfaltung von Menschen kümmern. Parallel läuft die Governance. Dabei leiten uns Fragen wie: Wie können wir neue positive Erfahrungen ermöglichen, die uns in diese Richtung bringen? Woran würden wir sehen, dass wir uns in die richtige Richtung bewegen? Was sind Erfahrungen, Anker, Zeichen, die wir gezielt setzen wollen?« Dabei möchte das Unternehmen an den traditionellen Werten des Firmengründers Eli Lilly festhalten;

diese Beständigkeit ist ein wesentlicher Faktor für die Zukunftsfähigkeit. Wichtig sei ein eindeutiger Nordstern, ein Orientierungspunkt aus Prinzipien, welche die Menschen einen. »Exzellenz, Integrität und Respekt – und zwar *allen* gegenüber, auf allen Ebenen: Das sind für uns grundlegende Werte, deren Verständnis wir aufgrund der Dynamik immer wieder neu erarbeiten müssen«, unterstreicht Christiane Mundhenk. Das geschieht bei Lilly Deutschland, indem Plattformen für Dialog geschaffen werden, damit die Menschen ein gemeinsames Verständnis und eine gemeinsame Richtung finden können. Kulturentwicklung sei immer ein Prozess: in den Dialog treten, Verständnis schaffen, Verbindung halten, Ansichten erneuern, mit der Umwelt gehen. »Die Kunst ist es, stets zu versuchen, Brücken zur alten Essenz zu schaffen und mit der Zeit zu gehen«, findet sie.

Inzwischen arbeiten bei Lilly Deutschland weit über 170 Mitarbeiter aller Hierarchieebenen gemeinsam an der Weiterentwicklung der Unternehmensstrategie. Viele von ihnen haben ihre neuen Erfahrungen in ihren Arbeitsalltag übernommen, zum Beispiel »Journaling«, »Check-ins« oder »Campfire« eingeführt. Andere tun sich noch schwer mit den neuartigen Denkansätzen und Tools, doch das ist kein Grund zur Sorge. Jeder in seinem Tempo, lautet das Motto. Dass dieser Kulturwandel dauerhaft und nachhaltig ist, davon ist Stefan Bauer überzeugt: »Immer mehr Leute leben die neue Unternehmenskultur aktiv, und das seit drei Jahren. Keiner, der diese Form der Zusammenarbeit auf Augenhöhe hautnah erlebt hat, möchte wieder zurückkehren zur früheren Struktur.«

Kapitel 3
Zu kraftvoller Entwicklung beitragen

»Mehrere Perspektiven erhöhen die Chancen
auf mehr Wahlmöglichkeiten.«

Gunther Schmidt

Aus der Vielfalt der Perspektiven und Kompetenzen erwächst die Kraft zur gemeinschaftlichen Entwicklung – aber auch Konfliktpotenzial. Wie erleichtern und wie erschweren wir uns, mit den unvermeidlichen Spannungen gut umzugehen?

In Entwicklungsprozessen und damit auf neuen Wegen sind Überraschungen zu erwarten: Es wird sich etwas anderes ergeben, als wir erwartet hatten – unverhoffte Chancen wie auch Beunruhigendes. Wo wir etwas anderes erleben, als wir für wünschenswert erachten, entstehen Spannungen, für uns selbst und untereinander: Es sind *natürliche* Spannungen, denn sie gehen unausweichlich damit einher, dass wir nicht wissen, was kommt, und vielfältige Perspektiven und dementsprechend unterschiedliche Erwartungen hegen. So begegnen wir vielen neuen Wahrnehmungen, sobald wir gewohntes Terrain verlassen – und unsere Inneren Teams bekommen einiges zu tun.

3.1 Spannungen: Die natürliche Energiequelle

Spannungen ergeben sich aus dem Abgleich unserer Erwartungen mit unseren Wahrnehmungen. Somit sind sie unsere Wirklichkeit – nicht komfortabel, aber lebensnotwendig. Wir würden Wirklichkeit ausblenden, wenn wir sie ignorieren oder wegwünschen, wegmachen, zu vertuschen versuchen. Im Positiven erleben wir sie als Chancen und im Negativen als Irritationen, Meinungsverschiedenheiten oder Konflikte.

Mit Spannungen melden sich unsere Kernanliegen: Sie geben uns einen

Hinweis darauf, dass wir unsere Situation insgesamt stimmiger gestalten könnten. Ein Entwicklungszyklus springt an (siehe Kapitel 2.1): Was bedeutet die Wahrnehmung für uns, was können wir tun, wozu sind wir bereit?

Stress: Energie aus Spannung

Was wir als Individuum auf diese Weise als *inneren* Entwicklungszyklus erleben, verbindet sich bei Meinungsverschiedenheiten *zwischen* den Beteiligten: Unsere Inneren Teams treten in Austausch über unsere Wahrnehmungen, mögliche Bedeutungen und Handlungsoptionen. Das heißt, womöglich erleben wir, dass jemand gleicher Meinung ist wie wir – oder dass jemand uns mit einer ganz anderen Perspektive auf das aktuelle Geschehen konfrontiert. Das ist anstrengender als unsere Komfortzone: Wir sind gerufen, damit umzugehen!

Umgehen heißt zunächst: akzeptieren, dass hier eine Störung unserer Seelenruhe eingetreten ist, und die Herausforderung, auf die die Störung uns hinweist, idealerweise bewältigen und daraus lernen. So tragen wir gegenseitig zu unserer Entwicklung bei: indem wir uns mit unseren Inneren Teams begegnen und uns mit unseren unterschiedlichen Perspektiven auf die Störung auseinandersetzen – statt uns etwa gegenseitig die unerwünschte Wahrnehmung zu verschweigen und sie zu schonen, oder womöglich uns selbst zu schonen und anderen Druck zu machen, auch wenn das vordergründig bequemer erschiene.

Die Natur lässt uns mit solchen Spannungen nicht allein, im Gegenteil: Spannung ist unsere wesentliche Energiequelle, sie gibt uns die Kraft zur Veränderung. Spannungen mobilisieren uns zu investieren – in die Verwirklichung von Chancen oder die Abwehr von Risiken. Unsere Gefühle regen sich, wie die Signallampen im Kontrollzentrum: starke Gefühle, starke Spannung – mäßige oder kaum merkliche Gefühle, geringe oder unterdrückte Spannung. Es sind unsere Gefühle, die unsere Investitionsneigung treiben – und damit den Organismus leiten, den betreffenden Körperzellen größere Mengen des Moleküls Adenosintriphosphat zur Verfügung zu stellen, das bei allen Lebewesen als körpereigener Energieträger dient. Die Selbstorganisationskräfte der Lebewesen sind bestrebt, mit ihren Energieressourcen sparsam umzugehen: Entsprechend intensiv reagiert der menschliche Organismus und reagieren Gruppen von Menschen auf Stresssignale, um effizient zu ihrem energiesparendsten Zustand zu finden (»Bindungskräfte«, Kapitel 2.5).

Wenn wir Spannungen in Bezug auf andere Menschen empfinden, haben wir die Möglichkeit, den Entwicklungszyklus mit ihnen gemeinsam zu durchlaufen: uns über unsere Wahrnehmungen auszutauschen, unser Verständnis ihrer Bedeutungen abzugleichen, unsere Handlungsmöglichkeiten auszuloten und uns gegenseitig Mut zu machen, zu handeln und neue Erfahrungen zu machen. Wir können uns aber auch entscheiden, nicht in dieser Weise zu kooperieren und mit der Situation ganz allein auf unsere eigene Weise umzugehen, unabhängig davon, wie der andere die Welt sieht. Entsprechend bieten wir dem anderen auf diese Weise die Beziehungsqualität an, die wir anstreben: ein Miteinander oder eher ein Neben- oder Gegeneinander.

Verbindende Grundhaltung in Konflikten

Der Weg zu einem gemeinsamen Entwicklungszyklus beginnt damit, dass wir unsere Perspektive und die dazugehörigen Gefühle ebenso akzeptieren wie die des anderen: »Ich bin OK, du bist OK«, wie der bedeutende amerikanische Psychiater Eric Berne gern anschaulich formulierte. Dieser lösungsorientierte Blickwinkel auf Konflikte stammt aus der von ihm begründeten Transaktionsanalyse, einer der Grundlagen der modernen Psychologie. Nur auf der Basis von Selbstakzeptanz und gegenseitiger Akzeptanz ist echte Kooperation und gemeinschaftliche Entwicklung möglich.

- »Ich bin OK« bedeutet: »Es ist OK, was ich wahrnehme, und ich glaube, dass ich damit umgehen kann.«
- »Du bist OK« heißt entsprechend: »Es ist OK, was du wahrnimmst, und ich glaube, dass du damit umgehen kannst.«
- »OK« meint also nicht, alles gutzuheißen, sondern nur, damit nicht überfordert zu sein.

Ein »Nicht OK« zieht hingegen unweigerlich unsere Aufmerksamkeit auf sich, weg von der ursprünglichen Spannung unserer Situation. Denn hier liegt scheinbar eine bedeutsamere Spannung vor, die Vorrang hat: *Es ist nicht OK, was du wahrnimmst* zum Beispiel sagt ja de facto »Auf dich verlasse ich mich hier nicht« – und ein *Ich glaube, dass ich damit nicht umgehen kann* ruft »Ich kann hier nichts beitragen, sondern ich brauche Hilfe«. Solange solche internen Spannungen im Raum stehen, fehlt für eine gemeinsame Bewältigung äußerer Herausforderungen die Basis.

Der Schlüssel zu einem gemeinschaftlichen Umgang mit Herausforderungen liegt darin, wertschätzend die Impulse anderer aufzugreifen *und* sich selbst dabei treu zu bleiben.

»Ich bin OK, du bist OK«: Verbindende Haltung in Konflikten

»Ich bin OK, du bist OK« – beides klingt leichter, als wir es uns häufig machen. Wie oft regen wir uns beispielsweise über andere auf, weil sie etwas tun, das uns missfällt. Ein klarer Fall von »Ich bin OK, du bist nicht OK«. Oder wir sehen uns als Opfer, denken: »Ich kann nichts ändern, nur der andere kann meine Lage verbessern«. So kann sich »Ich bin nicht OK, du bist OK« anfühlen. Beide Beispiele stehen für Strategien, die Lösung der jeweiligen Spannung auf die lange Bank zu schieben – denn am tatsächlichen Sachverhalt ändern diese Reaktionen im Zweifel erst einmal überhaupt nichts.

Ernsthaft angehen können wir Spannungen nur im Dialog: »Ich nehme hier einen Konflikt wahr. Das bedeutet für mich Folgendes … Wie nimmst du das wahr, und was bedeutet es für dich?« In dieser Haltung (nicht unbedingt mit diesen hölzernen Worten) kann ein Austausch beginnen, über den wir gemeinsam Lösungen finden. Gemeinsame Wege, die die Spannung auflösen und unsere Situation unter Umständen vom anfänglichen Konflikt in ein Miteinander verwandeln können: »Ach, ich wusste gar nicht, dass du … Ja gut, das kann ich verstehen. Könntest du dann bitte Folgendes für mich tun, wäre das OK für dich?«

Auf einmal entdecken wir eine neue Perspektive, aus der wir gemeinsam auf den Sachverhalt blicken können – ja, wir können uns sogar Möglichkeiten anbieten, uns gegenseitig zu unterstützen.

Wo eben noch ein Konflikt war, rückt mit der verbindenden Haltung »Ich bin OK, du bist OK« nun sogar ein Füreinander in den Bereich des Möglichen (siehe Kapitel 2.1, Beziehungsqualität): Wer hätte das gedacht?

Der Schlüssel zum Gelingen liegt darin, dass wir miteinander mitfühlen und offen sind dafür, gemeinsam einen Weg zu entdecken, der die Spannung auflöst. Im Kern also, dass wir die Spannung *akzeptieren* – und damit sowohl unsere Wahrnehmungen und Handlungsmöglichkeiten wertschätzen als auch die Wahrnehmungen und Handlungsmöglichkeiten unseres Gegenübers. Ich-Botschaften, Gefühle, Wünsche – letztlich beruht »Ich bin OK, du bist OK« darauf, unseren Willen zur Verbundenheit zu bekräftigen und uns gegenseitig Hilfe zur Selbsthilfe anzubieten.

Auf dieser Grundlage, fand der berühmte Konfliktforscher Marshall B. Rosenberg in jahrzehntelanger Tätigkeit als erfolgreicher Friedensvermittler in vielen Konfliktregionen der Welt heraus, lässt sich jeder noch so erbitterte Streit deeskalieren und in Chancen auf ein Miteinander überführen. Indem wir die Gefühle, Verletzungen, Ängste und Hoffnungen des anderen würdigen und sie bei allem, was wir tun, im gemeinsamen Sinne berücksichtigen, können wir uns miteinander verständigen, Feindseligkeiten beenden und erkennen, wie viel kostbarer das ist, was uns miteinander verbindet, als das, was uns zu trennen scheint. Sobald wir hingegen gewollt oder ungewollt das Gegenteil praktizieren, etwa durch Vorwürfe, Klagen, Desinteresse, Ausweichen, Drohungen werden Konflikte fortbestehen und sich tendenziell weiter verschärfen. Rosenbergs Konzept der Gewaltfreien Kommunikation wird heute in aller Welt millionenfach angewendet und in zahlreichen Büchern und Kursen vermittelt.

»Ich bin OK, du bist OK« ist mitunter viel leichter gesagt als getan. Ich habe mich lange damit schwergetan, im Alltag mehr Ich-Botschaften, Gefühle und Bedürfnisse einzubringen.

Ein Wendepunkte kam hier, als ich erkannte, wie viel mehr es wirklich *lohnt*, in Gemeinschaft zu investieren als in Abgrenzung, Ärger und Groll. Denn Menschen haben, wie im zweiten Kapitel geschildert, ein biologisches Eigeninteresse, ebenfalls in vielversprechende Gemeinschaft zu investieren – und so wächst der Wert dieser Investition, während Investitionen in Kämpfe letztlich verpuffen. Also *wollte* ich mich mehr dorthin entwickeln, mit natürlichen Spannungen gut umzugehen, als ganzer Mensch, allein und mit anderen, und uns »künstliche« Spannungen vom Leib zu halten (wie wir in kleinen Etappen in den folgenden Kapiteln betrachten). Heute bin ich überzeugt: Die Unterscheidung von natürlichen und »künstlichen« Spannungen ist der wirksamste Schlüssel, dazu beizutragen, den alltäglichen Kräfteverschleiß von Spannungen, Konflikten & Co in mehr gemeinsame Kraft zu verwandeln. Schon das Ziel, die Idee und etwas Hoffnung unterstützen uns dabei psychologisch. Dies ist möglich und macht Freude – wenn wir unsere Komfortzone verlassen.

Wir tun uns dabei einen ausgesprochen großen Gefallen, mit uns selbst anzufangen, im Sinne von »Ich bin OK« oder »Rom wurde auch nicht an einem Tag erbaut«, etwa im Sinne von: »Ja, das wünsche ich mir anders, aber ich muss mich deswegen doch jetzt nicht auch noch selbst beschimpfen.«.

Kleine Schritte zu erwägen und diese dann auch tatsächlich zu gehen, etwa mit der Frage »In welche Richtung zieht es mich gerade, und was wäre der kleinstmögliche Schritt, den ich jetzt wirklich bereit wäre zu tun?« So in etwa kann es beginnen. Sind Sie bereit?

3.2 Mit Spannungen souverän umgehen

Spannungen sind bedeutsam, denn sie weisen uns auf Möglichkeiten hin, unsere gemeinsame Situation zu verbessern. Dabei zu erkennen, dass unsere Erwartungen sich offenbar nicht wie gewünscht verwirklichen werden, hat zunächst meist etwas Unangenehmes an sich. Unsere Souveränität zeigt sich in unserem Umgang mit solchen Unannehmlichkeiten.

Störungen haben Vorrang: Andernfalls droht Groll

Dass wir gut beraten sind, vor uns liegende Verbesserungschancen auch dann nicht zu ignorieren, wenn wir sie als Störungen erleben, liegt im Grunde auf der Hand – allein schon weil die Spannungen und damit die zugrunde liegenden Probleme unter Umständen größer werden, je länger wir sie zu ignorieren versuchen.

Wenn wir ein friedliches Miteinander anstreben, nützt es nichts, Spannungen aus dem Wege zu gehen: Denn unser Groll staut sich auf, wenn die zugrunde liegende Spannung keine Lösung findet. Es ist erstaunlich, wie viel Groll wir im Tagesverlauf empfinden, wenn wir einmal darauf achten. Unterdrückter Groll entlädt sich früher oder später aggressiv und trägt so weiteren Groll zu denen, die er trifft.

Jeder Groll, den wir empfinden, steht für eine Spannung, die wir nicht angegangen sind, sondern aus irgendeinem Grund etwas anderem untergeordnet haben. Auch wenn mancher Groll tief sitzt, können nur wir selbst etwas daran ändern. Es ist an uns zu erkennen und zu bekräftigen, was uns miteinander verbindet, und im Sinne von »Ich bin OK, du bist OK« miteinander Lösungen unserer Spannungen zu entdecken. Hinter jedem »Nicht OK« steckt eine solche unterdrückte Spannung, die nach Lösung ruft.

Frieden finden: Schwächen und Neigungen akzeptieren

Groll macht auch vor uns selbst nicht halt – oft sind *wir* der Mensch, mit dem wir am unzufriedensten sind. »Ich bin zu klein/groß/laut/leise/…«, »Hab ich doch schon wieder …!«, »Muss ich denn immer …«. Dabei gilt: Auch der Groll, den wir gegen uns selbst richten, entlädt sich anderswo und pflanzt sich fort, ohne die zugrunde liegende Spannung zu lösen.

Wie könnten wir unsere Schwächen und Neigungen wertschätzend sehen und Frieden damit finden? Wie entsteht ein wahrhaftiges »Ich bin OK«?

Eine hilfreiche Frage zu jedem Konflikt und zu jedem Groll ist, was er schützt und was er verhindert, das uns ebenso kostbar ist – also welches Kernanliegen wir übertreiben zulasten eines anderen. Betrachten wir in Abbildung 11 einige Beispiele.

Dies sind Anregungen – im konkreten Fall mögen die Übertreibungen und ihre Konsequenzen anders liegen, doch das Prinzip wird klar: Wir lösen Konflikte nicht, indem wir uns auf die Probleme konzentrieren, die wir wahrnehmen, sondern indem wir uns den zugrundeliegenden Kernanliegen widmen.

Abbildung 11: Beispielhafte Neigungen und Konflikte

Mikromanagement betont Führung (Kernanliegen 5, »Aufmerksamkeit lenken«) und geht beispielsweise zulasten der effizienten Zusammenarbeit (Kernanliegen 4), die uns ebenfalls viel bedeutet.

Perfektionismus betont Gewissenhaftigkeit (Kernanliegen 3, »Leistungswille«) und geht beispielsweise zulasten unserer Gesundheit (Kernanliegen 1), die uns sicher viel bedeutet.

Prokrastination und »Aufschieberitis« wollen uns womöglich vor einer Blamage bewahren, betonen also unseren Wunsch nach Zugehörigkeit (Kernanliegen 2) und gehen damit etwa zulasten unserer Leistungsfähigkeit (Kernanliegen 3).

Selbstaufgabe betont womöglich unsere Sehnsucht nach Bindung und Zugehörigkeit (Kernanliegen 2) und geht etwa zulasten unserer Fähigkeit, uns Gehör zu verschaffen (Kernanliegen 5).

Letztlich sind es unsere Wahrnehmungsmuster, die uns hieran am meisten hindern: Wir haben uns daran gewöhnt, uns selbst oder andere als Problem zu betrachten. Je tiefer verwurzelt eine Gewohnheit ist, desto länger mag es mitunter dauern, sie abzulegen. Doch wir können üben, auch andere Perspektiven einzunehmen als die, an die wir uns gewöhnt haben – und dabei bei uns und anderen auch Kernanliegen zu berücksichtigen, die wir sonst gewohnheitsmäßig weniger wahrnehmen.

Spannungen gemeinsam angehen

In ähnlicher Weise wie bei inneren Konflikten führt bei zwischenmenschlichen Spannungen der Weg von Groll und »Müssen« zum »Du bist OK«: Wir können einander nur Räume öffnen, in denen wir unsere unterschiedlichen Perspektiven austauschen und miteinander zu verbinden und zu integrieren versuchen. Die Lösung wird sich herauskristallisieren. Sie ist der gemeinsame Weg, der entsteht. Und es wird unsere gemeinsame Lösung sein, keine fremde: Sie hat *unsere* Kraft, die Kraft von uns Betroffenen. Das ist etwas anderes, als wenn wir unseren natürlichen Spannungen aus dem Weg zu gehen versuchen oder auf fremde Lösungen von Dritten hoffen. Das ist die Energie selbstorganisierender Systeme, ja überhaupt sämtlicher Ökosysteme: wenn aus unterschiedlichen Perspektiven Spannung entsteht – und daraus Kraft und Richtung.

Diese Energie gemeinsam zu kultivieren, wäre so viel lebendiger als schnöder Groll, doch fehlt uns häufig dazu schlicht die Routine. Es ist wie bei jeder anderen Kompetenz auch: Kein Meister fällt vom Himmel – und Unternehmen, Schulen und Familien sind leider oft keine Orte, an denen wir wertschätzende Konfliktlösung und Gemeinschaftsbildung gut üben können und meisterlich vorgelebt bekommen. Ausnahmen bestätigen die Regel.

Eine verbundene, aufmerksame Beobachterposition – die forschende Haltung des »Nicht-Wissens«, des »Sich-Einlassens« auf Augenhöhe – führt wesentlich weiter, als sich dem Geschehen über- oder unterordnen zu wollen. Unsere Kernanliegen weisen den Weg, dieser Haltung näher zu kommen: die Kunst der Verbundenheit mit uns selbst und anderen, also Achtsamkeit, Empathie und Selbstempathie.

In Kapitel 2.1 und 2.4 gab es hierzu die Übungen »Was wir wahrnehmen, wenn wir nichts müssen« und »In Kontakt mit dem Inneren Team«; weitere

Übungen für Empathie und Selbstempathie finden sich am Ende dieses und des folgenden Kapitels.

Tetralemma: Die Vielfalt der Lösungsmöglichkeiten entdecken

Spannungen, Groll und Konflikte haben viele Ebenen; die emotionale Verbundenheit bildet die Grundlage für Lösungen, die wir auf anderen Ebenen finden können. Das Tetralemma ist ein wunderbarer Ansatz, um Konflikte zwischen unvereinbar erscheinenden Positionen auf unterschiedlichen Ebenen aufzulösen. Es vervielfacht unsere Entscheidungsmöglichkeiten in einem Dilemma, indem es uns zusätzlich zu den beiden Konfliktpositionen weitere Optionen entdecken lässt, die es uns erleichtern, neue Aspekte jenseits des ursprünglichen Problems zu erkennen. Dieser aus der buddhistischen Tradition stammende, sehr praxistaugliche Ansatz hat einen einleuchtenden Hintergrund.

Tetralemma: Jenseits des engen Entweder-oder
Zwei Bauern streiten um ein Stück Land. Der hinzugezogene Richter könnte dem einen Recht geben oder dem anderen – aber er hat darüber hinaus weitere Möglichkeiten, die Parteien zu einer Lösung zu führen, die der konkreten Gesamtsituation womöglich noch besser gerecht wird: Zum Beispiel könnte er das Stück Land beiden Bauern zusprechen – oder keinem von beiden, sondern jemand ganz anderem. Und nicht zuletzt könnte der Streit in Wirklichkeit sogar noch um etwas ganz anderes gehen als um das vordergründige Stück Land. Fünf Lösungsmöglichkeiten, statt der anfänglichen zwei.

Wie oft schieben wir einen Streit nur vor, um einem tieferen Konflikt auszuweichen, den es erst herauszufinden gilt? Die Erweiterung der Lösungsmöglichkeiten im Tetralemma besteht darin, unsere durch das Dilemma begrenzte Sicht auf scheinbar nur zwei Alternativen zu weiten und uns zu erleichtern, auch andere wesentliche Aspekte und damit Lösungsansätze zu erkennen als jene, um die es vordergründig zu gehen scheint.

Was so einfach daherkommt, ist in der Praxis allerdings nicht ohne – gerade wenn wir selbst von dem Dilemma betroffen und darin verstrickt sind:

Von außen sieht man weitaus mehr Möglichkeiten als unter der Perspektive der eigenen »Betriebsblindheit«. Mit einem neutralen, erfahrenen Gesprächspartner, der uns Schritt für Schritt durch die Erweiterung der Lösungsmöglichkeiten führt, geht dies wesentlich besser. Nutzen Sie das Tetralemma daher für Ihre ersten Anwendungen gemeinsam mit jemandem, der es als Coaching-Methode bereits gut kennt, bevor Sie sich alleine daran machen, es für sich einzusetzen.

Improvisation: Gemeinsame Wege durch die VUCA-Welt

Einen unterhaltsamen, unkonventionellen Weg zum Umgang mit Spannungen aller Art bietet das Improvisationstheater – und dabei nicht nur zuzuschauen, sondern es selbst zu praktizieren. Die Idee ist, auf der Bühne spontan ohne Konzept oder Skript aufeinander zu reagieren und so live, emergent und völlig ungeplant eine unterhaltsame Spielhandlung entstehen zu lassen. Ein Satz ergibt den nächsten, häufig ausdrücklich auf Themenvorgaben aus dem Publikum hin: VUCA und Social Energy in Echtzeit.

»Impro-Theater« lebt von Spannungen und vom gegenseitigen Einfühlungsvermögen der Akteure: Nur wenn die Schauspieler trotz der Anspannung der Live-Situation vor dem Publikum mit Leichtigkeit aufeinander reagieren und so die Spannung und den Flow aufrechterhalten können, entsteht aus ihrer Spontaneität eine mitreißende Darbietung – häufig sogar sehr berührend, weil die Handlung so »echt« ist und die Darsteller sich nicht hinter vorgegebenen Theaterrollen verstecken.

Sollten die Spieler stecken bleiben, nicht mehr kooperieren oder sollte die Spannung verloren gehen, ist der Reiz dahin. Gerade Statuswettkampf, Festhalten an fixen Ideen oder überhaupt ein Unwille, auf den anderen einzugehen, ersticken schnell den freien Fluss des Miteinanders: Das Publikum merkt es sofort. Andererseits kann eine Szene sehr viel anregender werden, wenn die Spieler sich gegenseitig mit kleinen Hindernissen herausfordern. Der Schlüssel zum Gelingen ist immer das Einfühlungsvermögen in Mitspieler und Publikum: vorbehaltlos zu akzeptieren, wo es die anderen hinzieht, und gleichzeitig sensibel zu spüren, wann im gemeinsamen Interesse von Publikum und Mitspielern ein guter Zeitpunkt gekommen ist, sich einzuschalten und das Bühnengeschehen in die eigene Richtung weiterzuentwickeln – ganz im Vertrauen, dass jede Vorausplanung den freien Fluss der Entwicklungen nur unnötig behindern würde.

Impro-Stücke sind zwar nicht geplant, aber Impro-Theaterspiel profitiert gerade deshalb von regelmäßigem Üben. Um interessante Vorführungen zu erreichen, sind einige Grundregeln entstanden, die inzwischen auch weit außerhalb der Theaterszene im Business-Kontext Anwendung finden, etwa zur kreativen Problemlösung oder zur Übung, in Konflikten Empathie und Verbundenheit aufrechtzuerhalten – etwa diese:

- Mach Fehler: Fehler sind Angebote, zu reagieren.
- Riskier etwas: Ohne Risiko gibt es keine Chancen.
- Sei ganz im Moment: Hör genau zu. Nimm wahr, was du fühlst.
- Bau auf den anderen: »Ich sehe, was du willst. Lass mal sehen, was wir da tun können.«
- »Yes and«: Akzeptiere, was der andere sagt, und sag, was du meinst. Akzeptieren heißt nicht zustimmen, nur »leben und leben lassen«.

Viele Aufwärmübungen, sogenannte *Check-ins* oder *Warm-ups*, dienen dazu, das Team hinter den Kulissen auf die notwendige gegenseitige Empathie und ein gemeinsames Bauchgefühl einzustimmen. Diese Übungen fördern die achtsame Aufmerksamkeit für den Moment: präzise und feinsinnig wahrzunehmen, was jetzt ist, bei sich selbst, bei den Kollegen und im Publikum – und spontan stimmig zu handeln, statt über Pläne oder Sorgen aus dem Moment herauszufallen.

Viele Unternehmen nutzen Impro-Übungen wie die folgende, um Empathie und Gemeinschaft zu fördern, etwa in Workshops zu Gemeinschaftsbildung und Problemlösungen. Sie fördern damit die Kompetenz zum »Ich bin OK, du bist OK« – auf die Impulse anderer zu reagieren und sich dabei gleichzeitig selbst treu zu bleiben.

Check-in für Spontaneität und Mitgefühl

Diese Übung funktioniert am besten mit 8 bis 12 Teilnehmern, aber notfalls auch schon zu zweit. Größere Gruppen sollten Sie entsprechend aufteilen. Zeitbedarf: 5 bis 10 Minuten.

Die Gruppe verteilt sich so im Raum, dass alle sich gegenseitig sehen können. Wer beginnen möchte, geht in die Mitte, nimmt körperlich eine Pose ein und sagt deutlich, was sie darstellt, etwa: »Ich bin ein Haus!«

Sofort tritt eine zweite Person hinzu, baut spontan auf diesen Impuls auf und macht daraus etwas anderes: »Ich bin eine Bank vor dem Haus!« Die nächste Person ergänzt wiederum etwas, aus dem Impuls heraus: »Ich bin ein Landstreicher auf der Bank.« Und wieder jemand: »Ich bin ein Hund, der am Haus sein Bein hebt.« – »Ich bin die Zeitung, mit der der Landstreicher sich zudeckt.« … und so weiter, bis alle zu einem Teil desselben Bildes geworden sind.

Dann gleich noch einmal, mit jemand anderem, der beginnt!

Ein möglichst hohes Tempo ist dabei entscheidend: Bloß nicht denken, nur spontan handeln! Es gibt keine Fehler, nichts ist unmöglich, nur Mut bringt das Spiel voran.

Ich verwende solche Übungen häufig. Wer sie nicht kennt, ist anfangs oft skeptisch: »Nein, das ist peinlich und unnötig: Lasst uns über das Business reden!« Es ist immer wieder erstaunlich und manchmal geradezu berührend, wie viel Kontakt und Lebendigkeit in Gruppen möglich ist, wenn das Eis erst einmal gebrochen ist. Man spürt sehr deutlich den Unterschied, wie viel gemeinsame Energie wir uns im Alltag normalerweise vorenthalten.

3.3 Einander künstliche Spannungen ersparen

Natürliche Spannungen entstehen unausweichlich, sobald Unsicherheit herrscht oder verschiedene Perspektiven zusammenkommen. Damit gehen Hoffnungen und Konflikte einher, die uns beschäftigen und aus der Ruhe bringen. Wenn es uns gelingt, die Spannung gemeinsam zu lösen und so gemeinsam einen für alle verbesserten Zustand zu erreichen, entwickeln wir uns weiter und bilden Muster des Gelingens (Kapitel 2.1).

Nicht immer ist uns aber danach: Manchmal wollen wir ein Problem einfach nur loswerden! Die Spannung ist uns zu viel, wir fühlen uns der Sache nicht gewachsen, wir haben womöglich ganz andere Sorgen. Unser Ausweg: Wir versuchen, die Spannung an jemand anderen weiterzugeben.

Die Spannungen, die wir weitergeben, sind *künstlich*. Wir erzeugen sie bewusst oder unbewusst – anders als natürliche Spannungen, die zwischen unterschiedlichen Perspektiven von selbst entstehen, ob wir wollen oder nicht. Künstliche Spannungen erschaffen wir für andere, wenn wir uns überfordert fühlen – de facto ist das die Panikzone, auch wenn die Auslöser für künstliche Spannungen uns oft gar nicht bewusst sind. Irgendetwas in uns sagt, dass wir uns dieser Spannung jetzt nicht stellen können und ein anderer sich ihrer annehmen solle. Dieses Verhalten verspricht uns etwas Entlastung.

Letztlich versuchen wir so unsere Verantwortung für unser eigenes Wohlergehen auf andere abzuwälzen. Hierzu haben wir eine ganze Reihe von Mustern, ja regelrechte Strategien entwickelt: drohen, ausgrenzen, Druck machen, Schuld zuweisen, bevormunden und dergleichen – Sie kennen das, nicht wahr?

Das Dilemma solcher Ausweichmanöver ist: Sie verlagern unser Problem, aber sie lösen es nicht. Häufig zementiert unsere Schonhaltung auch die zugrunde liegende Spannung und lockt andere ihrerseits in entsprechende Ausweichmanöver, und so geht es weiter – bis jemand sich der Spannung annimmt. Das kann ein langwieriger Prozess sein, denn die Konflikte verschärfen sich mitunter: Aus einem anfänglichen Waffenstillstand wird Empörung, Vorwürfe steigern sich zu verletzenden Angriffen, Kampf wird zu Krieg, ja Vernichtungswillen: Wir spüren oft gar nicht, wie schnell wir in solche Abwärtsbewegungen rutschen, und ein Gedanke wie »Der Kollege muss weg, den säge ich ab, der kriegt hier kein Bein mehr auf den Boden!« ist von Krieg und Vernichtungswille nicht weit entfernt. Die Mittel mögen im Büro andere sein, aber der zugrunde liegende Impuls ist derselbe. Der Einstieg, also das Pendeln zwischen Vorwürfen und mühsamem Waffenstillstand, ist für viele Menschen der vertraute Normalfall, egal ob bei der Arbeit, in der Politik oder in der Familie.

Gerade wenn solche Muster automatisch ablaufen, ist es mitunter gar nicht so leicht, sich von ihnen zu lösen. Sie uns bewusst zu machen und sie in der jeweiligen Situation wahrzunehmen, ist aber ein unverzichtbarer erster Schritt. Denn dieser kann einen Entwicklungszyklus in Gang setzen, der es uns erleichtert, uns mit der Zeit alternative Verhaltensweisen anzugewöhnen.

So ist es dort, wo uns an einer kraftvoller Gemeinschaft gelegen ist, umso wichtiger, uns gerade solcher unbewussten »trennenden« Strategien bewusst zu werden und uns für ihre Folgen zu sensibilisieren. In den folgenden kurzen Abschnitten finden Sie daher eine Auswahl der häufigsten Muster, Versuche und Strategien, Spannung weiterzugeben und damit unserer Verantwortung für unser eigenes Wohlergehen auszuweichen und sie auf andere Schultern abzuladen.

Drohungen und Scham

Die einfachste Art künstliche Spannung zu erzeugen ist, andere Menschen unnötig zu ängstigen. Wir malen den Teufel an die Wand, versetzen Menschen mit Übertreibungen in Sorge, drohen unangenehme Entwicklungen an et cetera: Leichter können wir die Aufmerksamkeit von Menschen nicht in die von uns gewünschte Richtung lenken – denn wer sieht sich schon gern leichtfertig mit großen Gefahren hantieren? Die drohende Standortschließung, die angekündigte Eskalation der Projektsituation an den Vorgesetzten, die Streichung des zugesagten Budgets: Schnell sehen Menschen ihre Kernanliegen in Gefahr und lassen sich zu Handlungen verleiten, die sie bei freier Wahl nicht tun würden. Unserer Beziehung zu den Betroffenen muss dies aus deren Sicht gar keinen Abbruch tun: Womöglich erleben sie uns als wohlmeinenden Retter, der ihr Bestes will. Doch um welchen Preis?

Wo wir einen Informationsvorsprung zum Nachteil anderer ausnutzen in dem Sinne, dass er anders handeln würde, wenn wir ihm reinen Wein einschenkten, entsteht ein Gegeneinander: Wir versuchen, unseren Kernanliegen Vorrang vor seinen zu verschaffen, ohne uns auf den notwendigen Perspektivwechsel einzulassen, der für einen Aushandlungsprozess auf Augenhöhe notwendig wäre. Manchmal heiligt der Zweck die Mittel, doch aus Unwahrheiten kann niemand hinzulernen. Wir schränken also die Möglichkeiten des anderen einseitig ein. Letztlich trauen wir uns offenbar nicht, dem anderen die Wahrheit zuzumuten: entweder aus Angst, er könnte damit überfordert sein, oder aus Angst, wir selbst könnten damit überfordert sein, wenn er die Wahrheit erführe. Wir werden unsere eigene Angst los, indem wir bei anderen Angst erzeugen: Das ist der Versuch, die Sicherheit eines anderen zugunsten unserer eigenen Sicherheit zu opfern. Sein Kernanliegen (1) bekommt Spannung, die *wir* verursachen – effektiv, doch zulasten der Beziehungsqualität.

Scham ist von allen subtilen Bedrohungen des Lebens mit die stärkste. Wer sich schämt, fürchtet, der Gemeinschaft nicht mehr würdig zu sein und ausgeschlossen zu werden. Der drohende Verlust von Achtung, Stand oder Zugehörigkeit führt zu heftigen körperlichen Reaktionen wie Erröten, Blick vermeiden, Herzklopfen oder Beklommenheit. So ist drohende Scham ein sehr unangenehmes Druckmittel, das mitunter auch nach der akuten Situation noch viele Jahre lang in uns weiter wirkt.

Betroffene übergehen und ausgrenzen

Ähnlich gelagert ist das Muster, dem Perspektivwechsel mit anderen auszuweichen, die von unserem Handeln zwar betroffen sind, aber bei den relevanten Entscheidungen nicht mit beteiligt werden. Wir fürchten, ihren Einlassungen, also ihren Perspektiven nicht gewachsen zu sein – oder wir trauen ihnen nicht zu, in geeigneter Weise zur Entscheidungsfindung beitragen zu können, obwohl ihre Belange tangiert sind. Auch hier entweder ein »Ich bin nicht OK« oder ein »Du bist nicht OK«, das die Beziehung an dieser Stelle einseitig ins Gegeneinander wandelt.

Wir mögen ja ansonsten eine gute Beziehung haben, doch hier veruntreuen wir die Loyalität: Wir schaffen einen besonderen Kreis der Eingeweihten und grenzen jemanden aus, der sich selbst aus nachvollziehbarem Grund zu diesem Kreis hinzurechnen würde. Dessen Kernanliegen (2, Loyalität) bekommt Spannung, damit wir etwas weniger Stress haben.

Dramadreieck: Druck, Schuldzuweisungen, Bevormundung

Unter dem Stichwort »Dramadreieck« in Sagen, Theater und Psychologie bekannt ist eine besonders hartnäckige Form künstlicher Spannungen zwischen Verfolgern, Opfern und Rettern: eine alltägliche Konstellation, in der diese drei Haltungen sich in tragischer Verstrickung gegenseitig anfachen und verstärken, statt sich aufzulösen.

Verfolger: Druck machen

Auch dies ist vom ersten künstlichen Spannungsmuster dieser Auflistung nicht weit entfernt: Push statt Pull, Ungeduld, Forderungen – mit dem Nachdruck, dass Unangenehmes passiert, wenn der Betreffende uns nicht Folge leistet. Wir verlangen vom anderen eine Leistung, die er ohne die Drohung, die hinter unserem Nachdruck steht, nicht freiwillig erbringen würde – das funktioniert mit Druck, Kontrolle, Autorität oder Strenge ebenso wie mit Ratschlägen, Vorwürfen, Wehleidigkeit oder Wut.

»Ich bin OK, ich habe Recht; du bist nicht OK, du machst etwas falsch« ist unsere Botschaft, und wie bei den beiden vorangegangenen Mustern steht dahinter unsere Angst, mit dem anderen nicht zu einer befriedigenden Vereinbarung kommen zu können, wenn wir auf die Drohung verzichten würden. Wir trauen uns nicht, einfach zu sagen, was wir vom anderen brauchen, weil wir uns davor fürchten, uns auf seine Sicht einzulassen. Sein Kernanliegen (3, Leistung) bekommt Spannung, um uns von unserer Angst zu erlösen.

Opfer: Schuld zuweisen

Das Opfer ruft: »Ich Ärmster, helft mir!«, denn es sieht sich unterdrückt, vernachlässigt, ohnmächtig oder beleidigt und insbesondere außerstande, seine Situation eigenständig zu verbessern. Hier scheint der Sachverhalt auf den ersten Blick anders zu liegen: Wer Opfer ist, verdient doch automatisch den Schutz der Gemeinschaft!

Doch mitunter liegt in der Opferrolle auch die Strategie, unsere Verantwortung für unser Wohlergehen an andere abzugeben – insbesondere an einen »Retter«, auf den wir hoffen. »Ich muss untätig bleiben, denn ich kann aus eigener Kraft unmöglich etwas ändern!« – diese Sichtweise ruft laut »Ich bin nicht OK, du bist OK« und vermeidet auf diese Weise nicht nur die Verantwortung, selbst zur Verbesserung der eigenen Situation beizutragen, sondern häufig auch den Dialog mit einem »Verfolger«, bei dem womöglich Unangenehmes zutage treten könnte. Indem wir unsere Handlungsmöglichkeiten darauf beschränken, unsere Ohnmacht zu beklagen, bekommt das Kernanliegen (4, Beistand) anderer Menschen Spannung, um uns Verantwortung für uns selbst zu ersparen.

Retter: Andere bevormunden

»Lass das mal, du kannst das nicht!« – Klarer kann man »Ich bin OK, du bist nicht OK« kaum ausdrücken. Wo jemand um Hilfe ruft, sind wir zur Stelle, und nutzen womöglich noch die Gelegenheit, uns bevormundend über den »Verfolger« aufzuschwingen: »Ein Opfer darf man nicht so bedrängen!« Viel wäre zu sagen über das weite Feld dieses sogenannten Helfersyndroms, doch im Kern steht folgendes Muster: Bevor wir Verantwortung für die Richtung und Wertschätzung unseres *eigenen* Lebens übernehmen, holen wir uns beides lieber von Opfern, also von Menschen, die sich nicht wehren wollen oder können. Denn das Opfer verschafft uns mit seinem Leid eine respektable Aufgabe, die wir sonst nicht hätten.

Das Problem: Helfen ist gut, doch ein übergriffiges Engagement hält das Opfer in Abhängigkeit und entschuldigt dessen unmündige Untätigkeit, nach dem Schema: »Ohne mich als Retter könntest du dein Leben nicht meistern!« So hemmt die tragische Symbiose von Opfer und Retter den Gestaltungswillen des Opfers für dessen eigenes Leben (Kernanliegen 5, Richtung geben) und erspart uns als Retter damit ebenfalls, Verantwortung für unser eigenes Leben zu übernehmen.

Teile und herrsche: Unterwerfen durch Zwietracht

Schon im Römischen Reich war es den unterworfenen Provinzen verboten, Verträge untereinander abzuschließen; nur Rom schloss Verträge und verteilte so nach Gutdünken Gunst und Ungunst, um Rivalität und Ehrgeiz der Provinz-Statthalter zu forcieren und Roms Vormacht zu stärken. Ähnlich verlockend ist es, als Vorgesetzter die Mitarbeiter gegeneinander ins Rennen zu schicken: »Nimm dir an der Mandy erst mal ein Vorbild, und schaff ihre Zahlen, dann sprechen wir uns wieder« – oder als Eltern seine Kinder: »Wie kannst du uns das antun, dass du in Mathe so viel schlechter bist als dein Bruder«. (Sie sehen schon: »Teile und herrsche« lässt sich wirksam mit Verfolger und Opfer kombinieren.)

Das ist im Grunde das wesentliche Wirkprinzip vergleichender Mitarbeiter-Rankings und Schulnoten: Solange Menschen ein Gut von uns wollen, das ihnen kostbar ist, wie etwa akzeptiert und fair behandelt zu werden, gewinnen wir Macht über sie. Wenn es dann über die »vorgehaltene Möhre« hinaus noch gelingt, Gruppen unterschiedlicher Interessen wie etwa die Provinzen des Römischen Reichs gegeneinander auszuspielen, ist die eigene Macht endgültig gefestigt: Der Renaissance-Politiker Niccolò Machiavelli hat sich solchen Führungstechniken in seinen berühmten staatsphilophischen Theorien ausführlich gewidmet. Etwa zur selben Zeit gelang es beispielsweise dem Conquistador Francisco Pizarro im Zuge der spanischen Eroberung Lateinamerikas mit wenigen Dutzend Kämpfern letztlich 6 Millionen Inka zu unterwerfen, indem er die Zerstrittenheit des zerfallenden Vielvölkerstaats und deren Bewunderung für seine überlegenen Waffen immer wieder geschickt zu seinem Vorteil auszunutzen wusste.

Ein verführerisches Führungsinstrument also, mit sofortiger Wirkung, und erheblichem Einfluss auf das Miteinander der so Geführten. Wenn diese sich dann noch durch entsprechende Zielvorgaben und Anreize auf egoistisches, rationales Funktionieren »verzielen« lassen, reduziert sich das gesellige Säugetier Mensch, die Krone der Schöpfung, schlicht auf das Ideal der gut geölten Maschine: Der Mensch selbst reduziert sich zum Söldner, zum Nutztier, zum bloßen Objekt, zur Ressource; sein Miteinander reduziert sich auf Manipulationstechnik und Rivalität; und die hierbei unterdrückten übrigen menschlichen Qualitäten wie Intuition, Zusammenhalt, Gefühl und Mitgefühl reduzieren sich auf Störfaktoren einer perfekt geplanten Instrumentalisierung und Mechanisierung. De facto wird hier der Mensch von dem getrennt, was ihn erst zum Menschen macht.

Dieses Spiel geht so lange gut, bis die so Geführten sich zusammentun und aufhören, nach der vorgehaltenen Möhre zu schnappen, sondern die Knappheit des kostbaren Guts akzeptieren, das ihnen vorenthalten wurde, und ihre selbstschädigende Abhängigkeit so aus eigener Kraft beenden. Bis zu dieser inneren Selbstbefreiung haben sie Spannung auf Kernanliegen 6 (Einheit) und je nach Möhre auch noch einigen anderen (zum Beispiel 1, Sicherheit; 3, Leistung) und entlasten ihren »Herrscher« davon, dafür oder auch nur für sein eigenes Wohlergehen selbst die Verantwortung zu übernehmen. Zugleich fällt es auch den so Geführten in ihrer subjektiven Ohnmacht schwer, ihre Eigenverantwortung wahrzunehmen. So entsteht eine Gemengelage mit geradezu inhärenter Verantwortungslosigkeit, die das System »Teile und herrsche« weiter stabilisiert – wie etwa, neben anderen tragischen Aspekten, im gleichnamigen Fallbeispiel der »Stolpersteine« in Kapitel 1.1 spürbar wird.

Zwickmühle: Wasch mir den Pelz, aber mach ihn nicht nass!

»Experimentiert mutig …«, hören Mitarbeiter in vielen Unternehmen heute die neuen Erwartungen ihrer Führungskräfte und ahnen dennoch, dass die bisherigen Erwartungen damit nicht aufgehoben sind – denn entscheidend ist nach wie vor der Zusatz »… und macht dabei bitte keine Fehler.«

Hier wird etwas anderes gefordert (Experimente), als tatsächlich gefördert wird (Perfektion). Ähnliche Doppelbotschaften sind auch in umgekehrter Richtung verbreitet, etwa wenn Mitarbeiter ihren Führungskräften sagen: »Ja, mach ich (aber das wird eh nichts)« oder »Ihr müsst zu allen gerecht sein und dabei vor allem meine Besonderheiten berücksichtigen«.

Auf diese Weise versuchen wir der Verantwortung zu entgehen, klar Position zu beziehen (Kernanliegen 5, Richtung geben) und schaffen damit künstliche Spannung beim anderen, der nun sehen muss, wie er mit der unklaren Ansage umgehen soll. Auch andere künstliche Spannungen mischen sich hier hinein: Womöglich ist noch eine unausgesprochene Drohung damit verbunden (»… sonst …!«) oder eine Ausgrenzung (»… und was ›gerecht‹ ist, definieren wir, nicht du!«).

Künstliche Spannungen allerorten

All diese künstlichen Spannungen plagen Unternehmen und ihre Mitarbeiter immer wieder, wie auch in den Fallbeispielen der »Stolpersteine« in Kapitel 1.1: Führungskräfte, die das Tempo ihrer Geschäftsleitung nicht mitgehen wollen; Spitzenleute, die Wandel zu leiten überfordert; ausufernde Bürokratisierung, enge Zeitvorgaben, offene oder verdeckte Konflikte und vieles mehr. Ein übergreifendes Merkmal aller beschriebenen Stolpersteine ist, dass der Kelch der künstlichen Spannungen auch an ihnen beileibe nicht vorübergeht. Betrachten wir hier etwa die klassischen Rollen des Dramadreiecks – Verfolger, Opfer und Retter – in einigen dieser Fallbeispiele.

Hoffnung für die »Stolpersteine« aus Kapitel 1.1

Fallbeispiel »Begeistert Gutes erzwingen wollen«: Der Gründungsgesellschafter, der jedem Mitarbeiter begeistert ein gutes Managementbuch auf den Schreibtisch legt mit dem Vermerk, so wie darin beschrieben solle in seinem Unternehmen ab sofort nur noch gearbeitet werden, nimmt die klassische Verfolgerrolle ein. »Ihr müsst etwas ändern!« suggeriert er damit seinen Mitarbeitern.

Was tun? Um aus dem Verfolger-Muster auszubrechen, könnte er beispielsweise seinen Mitarbeitern freimütig seine Sorge offenbaren, mit seinem enthusiastischen Impuls womöglich gegenteilige Effekte ausgelöst zu haben – und sie zum Dialog darüber einladen, wie sie arbeiten möchten. Deren und seine Hoffnungen werden im Zweifel nicht allzu weit divergieren: und wo doch, wird es interessant.

Fallbeispiel »Der Sog der gewohnten Hierarchie«: Die Mitarbeiter gehen klar in die Opferrolle: Niemand scheint sich zu rühren, als mit den ersten Erfolgen der agilen Selbstorganisation auch die Riege der bisherigen Führungskräfte im neuen Kulturlabor einrückt und mit ihren Ansprüchen die gerade so positiv begonnene Entwicklung wieder erstickt.

Was tun? Ein Ausweg aus der Opferrolle wäre hier im Nachhinein für die Mitarbeiter, die oberste Ebene offen und wertschätzend zum Dialog über die Notwendigkeit von Leitungspositionen in der Selbstorganisation einzuladen. Indem sie hier von sich aus aktiv werden, übernehmen sie Verantwortung für den Kulturwandel, statt klagend zu leiden.

Fallbeispiel »Das Argument der mangelnden Klarheit«: Diese Geschichte nimmt eine tragische Wendung, als der Produktionsleiter sich zum vermeintlichen Retter aufschwingt und im vordergründigen Bestreben, das Leid seiner Kollegen in der unruhigen Storming-Phase der Führungsklausur abzukürzen, das Durcheinander letztlich noch vergrößert. Über sein wirkliches Anliegen kann man nur mutmaßen, aber denkbar wäre durchaus, dass er dem am Vortag beschlossenen Kulturwandel bewusst oder unbewusst einen dicken Riegel vorschieben wollte und die Situation dafür benutzte.

Was tun? Hier wird der Unternehmensgründer wohl nicht darum herumkommen, mit seinen maßgeblichen Führungskräften zu besprechen, wie viel Ungewissheit ihnen in Entwicklungsphasen des Unternehmens guten Gewissens zumutbar ist – und wie sie ihre unterschiedlichen Wünsche, wie etwa nach Entfaltung (Kernanliegen 3), Mitbestimmung (Kernanliegen 4) und klarer einmütiger Richtung (Kernanliegen 5), miteinander in Einklang bringen könnten.

In aller Deutlichkeit sei gesagt: Dies sind keine »Lösungstipps« zu den Fallbeispielen der »Stolpersteine« in Kapitel 1.1, denn es gibt definitiv keine Patentlösungen, um solchen Verwicklungen zu entfliehen – und so könnten auch die skizzierten Lösungsideen in einer realen Situation ganz ungeeignet sein. Zudem haben wir hier die ausgewählten Fallbeispiele nur unter dem Aspekt des Dramadreiecks betrachtet; neben Verfolger, Opfer und Retter wären auch alle anderen künstlichen Spannungen aufschlussreich zu sehen. Spürbar wird hierbei allerdings, dass vor allem *Fragen* aus dem Konflikt herausweisen können, insbesondere wenn sie eine verbindende Haltung zum Ausdruck bringen und dazu einladen, tiefere Bedürfnisse und Gefühle zu äußern. Muster, Haltungen und Äußerungen, die uns voneinander trennen und Räume eng machen, scheinen die tragische Dynamik der drei Rollen des Dramadreiecks hingegen eher zu verfestigen.

Künstliche Spannungen in den Fallbeispielen der »Stolpersteine«
Künstliche Spannungen sind verbreiteter, als man denken mag.

- Welche der vorgenannten trennenden Haltungen und die resultierenden künstlichen Spannungen springen Ihnen in den Fallbeispielen der »Stolpersteinen« in Kapitel 1.1 besonders ins Auge, auch über das

Dramadreieck hinaus? Wie ist es bei dem Stolperstein, den Sie bei den ersten Übungen dazu ausgewählt hatten?

- Welche Spannungen erleben dort die handelnden Personen?
- Wie wirken sie aufeinander ein, um mit ihren natürlichen Spannungen umzugehen?
- Wer könnte alles die jeweilige Situation günstig für die Gemeinschaft beeinflussen, indem er mehr Eigenverantwortung übernimmt?

3.4 Vom Groll zu kraftvoller Entwicklung

Energie für Veränderung kann sich aus natürlichen oder künstlichen Spannungen speisen. Natürliche Spannungen sind genug da! Wenn es uns darauf ankommt, Menschen für Veränderungsprozesse zu mobilisieren, müssten wir also keine künstlichen Spannungen in die Welt geben. Denn letztlich sind dies nur Strategien, ein Problem von uns auf andere zu verschieben – um den Preis des Miteinanders, das hier zum Gegeneinander wird.

Auch wenn andere uns künstliche Spannungen zu machen versuchen, haben wir die Wahl, uns darauf einzulassen oder nicht. Der Schlüssel liegt darin, Verantwortung für unser eigenes Wohlergehen und das unserer Gemeinschaft zu übernehmen – nicht für den anderen, der uns benutzen will, um sich zu entlasten: »Ich bin OK, du bist OK«.

Wenn jemand künstliche Spannung von außen zu erzeugen versucht, kommt diese Spannung bei ihm selbst offensichtlich von innen: Irgendetwas bedrängt denjenigen, diesen Weg zu gehen, und lässt ihn fürchten, der Situation auf natürlichem Wege nicht gewachsen zu sein. Wer auf diese Weise seine Spannungen loszuwerden versucht, die ihn überfordern, sieht sich angesichts dieser Ohnmacht offenbar in der Panikzone: außer Stande, sich auf eine natürliche Verständigung mit seinem Gegenüber einzulassen. Es ist eine ungewohnte Perspektive: Hier nötigt jemand andere, ist also geradezu in Not, die er versucht weiterzugeben – und indem wir die Spannungen *hinter* den von ihm ausgehenden Spannungen wahrnehmen und benennen, treten wir mit ihm auf Augenhöhe in Kontakt: »Ich ahne deine Spannungen, deine Not. Was können wir gemeinsam tun?«

Mit künstlichen Spannungen können wir also in gleicher Weise umgehen wie mit natürlichen. Hierbei ist gewiss, dass wir Menschen nicht ändern können – und wir brauchen es auch nicht zu versuchen: Zu einem konstruktiven Umgang können wir immer beitragen, auch *einseitig*, egal was der andere tut oder unterlässt. Den anderen hingegen ändern zu wollen, wäre unsererseits übergriffig, ein Ausdruck von »Ich bin OK, du bist nicht OK«: Auch der kompetenteste Coach oder Therapeut (und erst recht jeder Laie) bräuchte das Mandat des Betreffenden, um an dessen Weiterentwicklung respektvoll mitzuwirken.

Selbst Unterdrücker haben Angst vor der Courage der Unterdrückten, denn ihre ganze Macht lebt von der Ohnmacht, die sie verbreiten. Wie im Märchen *Des Kaisers neue Kleider* können wir ansprechen, was wir wahrnehmen, und andere damit ermutigen, das Gleiche zu tun: Nicht mit Gegengewalt als Lösung, sondern eher entsprechend der Idee der japanischen Kampfsportart Aikido, *mit* der Energie des Angreifers zu arbeiten statt *gegen* sie – verbunden mit dem Angebot, unterschiedliche Perspektiven zu neuen gemeinsamen Lösungen zusammenzuführen, und auf diesem Weg ein echtes Miteinander und positive Energie zu entfalten, statt im Gegeneinander unser aller Energie zu verschwenden.

Dies gilt zweifellos für den Arbeitskontext. In politischen Diktaturen, wo Einzelne ganze Völker mit physischer Gewalt drangsalieren und spalten, brauchen mutige Bürger natürlich noch einmal eine ganz andere Courage. Doch wenn selbst in bewaffneten Konflikten und Völkerkriegen die verbindende Haltung und Kommunikation des »Ich bin OK, du bist OK« der Weg der Wahl ist, wie Marshall B. Rosenberg mit seinem Konzept der Gewaltfreien Kommunikation überzeugend darlegt, um die Spannungen zu adressieren, die hinter den Konflikten stehen – dann dürfte dies auch im Büroalltag eher der Weg der Wahl sein. Im Bild des erweiterten Seerosenmodells gesprochen: am Boden der Seerose Einigung und positive Entwicklung zu suchen, statt mit künstlichen Spannungen an den leichter zugänglichen Äußerlichkeiten herumzulaborieren.

Anders als natürliche Spannungen führen künstliche Spannungen also eher zu *mehr* Konflikten, als dass wir deren Ursachen auf diese Weise loswürden. Wir tragen unsere eigenen Spannungen nur weiter hinaus in die Welt, statt für ihre Lösung die Verantwortung zu übernehmen.

Es ist aufschlussreich, welche Gründe uns dennoch immer wieder verleiten, künstliche Spannungen aufzubauen um Menschen zu mobilisieren.

Übertreibung, Maß und Mitte

Die Vielfalt unserer Perspektiven und Bedürfnisse erzeugt solange Spannung, bis sie sich zu einem umfassenden gemeinsamen Bild unserer Situation ergänzen. Klingt gut – warum bleiben wir dann nicht immer in der Haltung, unsere Perspektiven im Sinne eines »Ich bin OK, du bist OK« wertschätzend miteinander zu ergänzen, sondern geraten grollend aneinander und beklagen uns, dass andere Menschen andere Ansichten haben?

Hilfreiche Hinweise auf solche Gründe können wir im Alltag in unseren alltäglichen Übertreibungen entdecken – überall dort, wo wir mit scheinbar widerstrebenden Wünschen anderer Menschen konfrontiert sind.

Häufig ergeben sich widersprüchliche Perspektiven schlicht aus unterschiedlichen Aufgaben, die sehr verschiedene Kompetenzen in uns ansprechen: So macht es einen erheblichen Unterschied, ob wir etwa zur Entwicklung einer völlig neuartigen Innovation beitragen wollen oder zu geordneten Verwaltungsabläufen, zur Bewältigung einer akuten Katastrophe oder zur Förderung von Gemeinschaft. Zum anderen sind in der Regel sehr unterschiedliche Naturelle am Werk, die ein gemeinsames Anliegen aus ihrer jeweiligen Perspektive betrachten und entsprechend der Gewichtsverteilung ihres Inneren Teams eine individuelle Vorstellung davon haben, welche Kernanliegen bei der Betrachtung und Lösungsentwicklung im Vordergrund stehen sollten.

All dies sind natürliche, unausweichliche Spannungen, die mit unseren Gegebenheiten und der Vielfalt der möglichen Perspektiven unabdingbar einhergehen, wie wir in Kapitel 3.2 sahen (vgl. Abbildung 11). Doch nicht selten begrenzt uns die Überbetonung eines bestimmten Blickwinkels so sehr, dass es schwerfällt, zu gemeinsamen Perspektiven zu finden. Wo beginnt die Übertreibung eines Standpunkts, und wie macht man sie besprechbar? Eine wichtige Frage nicht nur bei Veränderungsvorhaben.

Zur Lösung dieser grundlegenden Frage betrachtete schon Aristoteles in seiner »Nikomachischen Ethik« das Spannungsfeld eines Konflikts zwischen einem sparsamen und einem großzügigen Menschen:

- Sparsamkeit braucht Großzügigkeit, um nicht in Geiz auszuarten.
- Umgekehrt bewahrt Sparsamkeit den Großzügigen vor der Verschwendung.

»Wärst du doch ein bisschen großzügiger!« oder »Wärst du doch ein bisschen sparsamer!« So könnten die Dialoge zwischen dem Sparsamen und dem

Abbildung 12: Kernanliegen und denkbare Übertreibungen

Kernanliegen		Vorstellbare Übertreibung
	 Für sich sorgen	Kontrollsucht
	 Dazugehören	Konformismus
	 Überlegenheit	Leistungswahn, Rivalität
	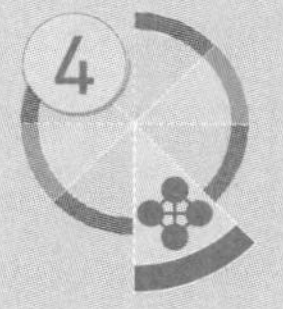 Zusammenwirken	Lähmende Bürokratie
	 Aufmerksamkeit lenken	Dogma, Ideologie
	 Das Ganze sehen	Grenzenlosigkeit
	 Raum geben	Eremitentum

Großzügigen verlaufen, wenn sie einander zuhören würden. Hier prallen ganz offensichtlich zwei komplementäre Perspektiven aufeinander – und die eigene Sicht macht es schwer, im Mitfühlen mit den Anliegen des anderen neue Lösungsmöglichkeiten für ein gemeinsames Handeln und damit für ein Ende des Konflikts zu finden.

Dahinter stehen besonders engagierte Mitglieder unseres Inneren Teams, die uns zu unnötigen Übertreibungen anhalten – zumindest aus Sicht der anderen. Ein breites Spektrum solcher Übertreibungen erhalten wir, wenn wir die sieben Kernanliegen in Abbildung 12 betrachten.

Bürokratie und Leistungswahn, Konformismus und blinder Idealismus, Kontrollsucht und Grenzenlosigkeit – man kann sich die Konflikte vorstellen, wenn solche Perspektiven unnachgiebig aufeinanderprallen.

Maß und Mitte finden wir aus solchen Perspektiven, indem wir uns bewusst machen, welche Kernanliegen der andere schützt – auf dieser Basis finden wir eher Gemeinsamkeiten als mit Vorwürfen der Übertreibung. »Ich bin OK, du bist OK« heißt hier: »Ich kann damit umgehen, wenn nicht meine Extremforderung erfüllt ist, sondern nur mein Kernanliegen – und ich kann akzeptieren, welches Kernanliegen du vertrittst, auch wenn mir deine Extremforderung zu weit geht.«

Welche Übertreibungen stehen hinter Geiz und Verschwendung im obigen Beispiel – hier ist vieles denkbar, womöglich Kontrollsucht und Leistungswahn? Die zugehörigen Kernanliegen, für sich zu sorgen und über sich hinaus-zuwachsen, liegen vermutlich beiden am Herzen: Auf dieser Basis könnte eine gemeinsame Perspektive beginnen – an den Wurzeln der Seerose (Kapitel 1.3).

Raum für Entwicklung: Wege aus der Übertreibung
Denken Sie an Konflikte aus Ihrem eigenen Leben.

- Welche Übertreibungen nehmen Sie bei den anderen Konfliktbeteiligten ganz besonders wahr?
- Welche Übertreibungen werden Ihnen von anderen zugeschrieben?
- Welche Kernanliegen könnten jeweils dahinterstehen?
- Inwieweit fällt es Ihnen auf dieser Ebene leichter, gemeinsame Anliegen mit ihren jeweiligen Konfliktparteien zu entdecken?

Projektionen: Der häufigste Grund, anderen gram zu sein

Es gibt viele Gründe, einige Kernanliegen stärker zu verfolgen als andere – und allzu oft vergrößern sie das Problem noch zusätzlich. Nehmen wir zum Beispiel an, unsere Übertreibung läge darin, Aufgaben immer wieder unbedingt *alleine* schaffen zu wollen und Hilfsangebote auszuschlagen: Dann könnte ja ein Grund hierfür darin liegen, dass wir ein starkes Bedürfnis nach Kontrolle und Sicherheit haben und zugleich wenig Vertrauen, dass Menschen uns wirklich ernsthaft helfen würden. Von außen betrachtet bräuchten wir uns »nur« auf Hilfe einzulassen, die uns angeboten wird, und könnten so von selbst mit der Zeit zu einer weniger übertriebenen Einstellung finden. Doch unsere Übertreibung verhindert genau dies. So verstärkt unsere Übertreibung unser Problem: Wir investieren große Energie in die Übertreibung, alles allein zu schaffen, und kommen unserem Kontroll- und Gemeinschaftsbedürfnis damit gar nicht näher.

Eine weitere, häufige unbemerkte Nebenwirkung unserer Übertreibungen sind Projektionen.

Psychologische Projektionen: Kritik an anderen, die nur mit uns selbst zu tun hat

»Rechts vom Pferd wieder heruntergefallen ist auch nicht geritten«, zitierte meine Kollegin Silke Luinstra bei den Dreharbeiten für unsere Dokumentarfilmkampagne *Augenhöhe* gerne scherzend ihren Ausbilder Wolfram Jokisch, wenn wir im Gespräch wieder einmal auf Übertreibungen zu sprechen kamen. Und sie hatte gleich noch eine griffige Anregung parat zu der Frage, welche tragischen Verstrickungen dieser Art typischerweise hinter vielen Konflikten stecken.

Es gibt mindestens drei Dinge, die wir an anderen Menschen häufig nicht ausstehen können, ohne dass es mit ihnen persönlich auch nur das Geringste zu tun hätte:

- etwas, das wir uns selbst nicht erlauben;
- etwas, das wir auch tun, ohne es zu merken;
- etwas, das uns an ein sehr unangenehmes eigenes Erlebnis erinnert.

Es gibt noch einige andere solcher psychologischen »Projektionen«, wenn unser Ärger über jemand anderen sich eigentlich auf etwas richtet, das im

Grunde uns selbst betrifft. Diese drei oben genannten erkennen Sie bestimmt wieder: Zum Beispiel wenn jemand, nennen wir ihn Martin, sich daran stört, dass sein Kollege Rolf in Meetings immer so viel Raum einnimmt (obwohl andere Kollegen Rolfs Verhalten völlig vertretbar finden), könnten die Gründe für diesen Groll vielleicht darin liegen, dass Martin:

- sich selbst nie erlauben würde, sich in den Mittelpunkt zu stellen (etwa weil seine Eltern so ein Verhalten immer »ganz schlimm« fanden);
- selbst sehr auf Bestätigung von anderen angewiesen ist und gerne im Mittelpunkt stünde (etwa weil seine Eltern ihn als Sandwichkind häufig übergangen haben);
- als kleines Kind seinen Vater einmal peinlich beschämend auftreten erlebte (und er daher unbewusst jeden Anflug von Narzissmus mit dieser Erinnerung verbindet).

Wie soll der arme Kollege, dem Martin so grollt, mit Martins Vorwürfen umgehen? Sicher hat Kritik hier und da ihre Berechtigung – aber welche Gründe wirklich hinter Konflikten stehen, erkennen wir nicht, solange wir uns nur mit dem beschäftigen, was uns vordergründig ins Auge springt.

Häufig können wir die Hintergründe, weshalb etwas Ärgerliches geschieht, schlichtweg *überhaupt* nicht wissen und liegen auch ohne solche tieferen psychologischen Hintergründe mit unserem Groll weit daneben.

Wie wenig wir voneinander wissen

Stephen Covey schildert in seinem Bestseller *Die 7 Wege zur Effektivität* seinen Groll bei einer längeren U-Bahn-Fahrt über einen Vater, dessen Kinder mit ihrem Geschrei die Sonntagmorgenstille stören und sogar gegen die Zeitungen anderer Fahrgäste rempeln.

Hierauf von Covey angesprochen erwidert der Vater der Kinder: »Ja, ich sollte wohl eingreifen. Wir kommen gerade aus dem Krankenhaus. Ihre Mutter ist vor einer Stunde gestorben. Wir wissen wahrscheinlich alle nicht, wie wir damit umgehen sollen.«

Covey ist plötzlich voll Mitgefühl mit dem Mann und seinen Kindern.

Uns wird etwas bewusst und mit einem Mal stellt sich die Situation völlig anders dar – kennen Sie das auch? Ich erinnere mich an Coveys im Original sehr berührend erzählte Geschichte aus der U-Bahn manchmal, wenn ich mich beim Autofahren über jemanden aufrege. Wir wissen einfach viel zu wenig voneinander, um uns gegenseitig beurteilen zu können. Erst so manche andere Veränderung in unserem Leben – eine Krise, ein Unfall, eine neue Rolle – führt dazu, dass unsere Perspektive sich ändert und wir die Dinge ganz anders sehen als früher.

Was wir »müssen«: Innere Gründe für künstliche Spannungen

Manchmal verstellen Projektionen unseren Blick, manchmal Fehleinschätzungen und häufig auch Sehnsüchte – finanzielle Sicherheit, körperliche Attraktivität, Macht, Intellektualität und dergleichen –, auf die wir viel von dem verengen, was wir erleben: Hat jemand mehr? Darf der das? Bin ich gut genug? Muss ich mich schämen?

Hinter solchen Blickverengungen steckt mitunter ein großer innerer Druck, und wir geben ihn weiter: Indem wir andere neidisch machen, sie unsere Macht spüren lassen oder unsere intellektuelle Überlegenheit, versuchen wir, ihnen unser Leid wie einen schwarzen Peter zuzuschieben und uns selbst auf diese Weise für einen Moment zu entlasten – nicht ahnend, dass wir unseren eigenen Schmerz und den der anderen dadurch unnütz vergrößern. Künstliche Spannungen, die wir womöglich nur in die Welt geben, weil wir inneren Druck erleben, mit dem wir gerade nicht anders umzugehen wissen.

Was »müssen« wir? Was »dürfen« wir nicht? Ob wir wollen oder nicht, solche Sehnsüchte und auch manche inneren Verbote gehen häufig auf prägende Eindrücke aus unserer Vergangenheit zurück: alte Ängste, früher geprägte Muster, einmalige oder wiederholte Erlebnisse, die wir etwa als Kind nicht bewältigen konnten und die daher bis heute als unabgeschlossene Lebensthemen nach einer Lösung rufen und uns als »inneres Müssen« begegnen, beispielsweise

- glänzen müssen, weil wir als Kind von unseren Eltern nur gesehen wurden, wenn wir uns auffällig machten – oder *nicht* glänzen *dürfen*, weil es verboten war, aus der Reihe zu tanzen;
- dominieren müssen, weil wir empfindliche Ohnmacht erlebten – oder uns allzuoft »fügen« und verleugnen, weil wir als Kind nur so vor harschen Strafen sicher waren;

- um jeden Preis festhalten müssen, was wir haben, weil wir als Kind einen schmerzlichen Verlust nicht bewältigen konnten – oder nichts festhalten können, weil wir nicht glauben, dass wir wert sind, es zu besitzen.

und vieles mehr – ich kenne einige solcher Sehnsüchte von mir selbst und von vielen anderen, und auch Ihnen kommt das eine oder andere innere »Müssen« oder Verbot womöglich vertraut vor. Zu jedem Kernanliegen kennt der eine oder andere solche Sehnsüchte, und sie zeigen sich in unseren Übertreibungen.

Lebendiger Umgang mit innerem »Müssen«

Mit solchen Erkenntnissen über die Wurzeln unserer Übertreibungen brauchen wir keine Klage zu verbinden, denn Groll macht uns nur kleiner, und was zählt, ist das Leben, das vor uns liegt. Es ist auch in vielen Fällen gar nicht so entscheidend, was wirklich war; viel hilfreicher ist, dass wir uns solcher automatischer, unbewusster Muster überhaupt bewusst werden. Denn solange wir sie nicht bemerken, können sie uns sehr begrenzen, indem sie uns von den vielen Möglichkeiten, die eine Situation uns bietet, durch ihre Brille immer nur einen Ausschnitt sehen lassen.

Für mich hat sich dies geändert, seit mir mehr und mehr bewusst wurde, dass es solche Muster gibt, dass viele Menschen, wie ich auch, mit ihnen gesegnet sind und dass ich mit anderen über sie sprechen kann – darüber, was andere bei mir wahrnehmen und ich bei ihnen. Es kann außerordentlich befreiend sein, solche Sehnsüchte, hinderliche Glaubenssätze, »Antreiber« – Perfektionismus, Materialismus, Kontrollitis, Aufschieberitis, Gefühle der Unzulänglichkeit und dergleichen – und sonstige automatischen Muster zu erkennen und sich nach und nach von den entsprechenden Übertreibungen zu lösen.

Wenn Sie das Gefühl haben, Sie könnten davon profitieren, sich in ähnlicher Weise mit ihren automatischen Mustern zu beschäftigen, sprechen Sie mit Menschen, die hiermit Erfahrung haben. Es ist wie mit anderen lebensprägenden Ereignissen wie Heiraten, Geburten oder dem Tod geliebter Menschen: Wir können uns vorher oft nicht vorstellen, was es für uns bedeuten kann, uns zu öffnen und mit anderen unsere Gefühle zu solchen Erfahrungen zu besprechen – und erleben dankbar und gerührt den Austausch und die Verbundenheit, sobald wir uns einmal darauf eingelassen haben.

Selbsterfahrung kann ein sehr wirksamer Weg sein, sich zunehmend mit anderen Augen zu sehen. Anregungen in Büchern können uns solche Wege eröffnen – naturgemäß eingeschränkt durch die Möglichkeiten, für sich allein mit einem Text zu arbeiten, aber bei entsprechender Bereitschaft und ein wenig Übung unter Umständen durchaus erhellend, womöglich sogar regelrecht berührend. Intensiver und reicher an unterschiedlichen Perspektiven ist Selbsterfahrung in Gruppen aufgrund der Möglichkeit, sich in andere Teilnehmer hineinzufühlen und selbst unterschiedliche Impulse und Rückmeldungen zu unseren eigenen Mustern zu erhalten. In vielen Fällen ist es hilfreich und manchmal auch unabdingbar, dass ein seriöser, erfahrener therapeutischer Begleiter die Gruppen leitet; in anderen Fällen gelingt es Gruppen auch ganz ohne Begleitung, einen Raum zu schaffen, in dem gemeinsame Entwicklung gelingt.

Ein Einstieg, den ich als sehr hilfreich empfunden habe und immer wieder empfehle, führt über Gruppenprozesse und Räume für gegenseitiges unterstützendes Feedback im Arbeitsalltag (wie etwa die »Retrospektive« genannten Regeltermine im agilen Entwicklungsansatz Scrum) sowie etwa Schulungen in »Art of Hosting« oder eine systemische Ausbildung. Intensivere Selbsterfahrung bieten nach meiner Erfahrung zum Beispiel die Gemeinschaftsbildung nach Peck, die »Heldenreise« oder eine psychologische Zusatzausbildung. Viele wunderbare Erläuterungen für gängige Gruppenformate im Arbeitsalltag finden Sie im Internet, zum Beispiel unter plans-for-retrospectives.com oder artofhosting.org/world-cafe.

Einen häufig tiefergehenden, nonverbalen Weg eröffnet Körperarbeit. »Nonverbal« ist insofern von großer Bedeutung, als viele unserer Muster sich eher in körperlichen Haltungen und muskulären Spannungen ausdrücken als durch verbal-kognitiv erfahrbare Zugänge. Gerade Körperspannungen sind ein faszinierendes Entdeckungsfeld: Schultern, Brustkorb, Nacken, Kiefer wie auch Wirbelsäule, Becken, Hüftgelenk und Füße – viele Orte unseres Körpers spiegeln und speichern starke emotionale Spannungen, die anders häufig keinen Abfluss finden. Zu lernen, solche Spannungen wahrzunehmen, kann ähnlich befreiend sein wie Erkenntnisse über inneres Müssen zu erlangen – und häufig stehen diese sogar miteinander in Zusammenhang.

Eine Vielzahl von körperorientierten Übungen ermöglicht, die eigene Wahrnehmung solcher körperlichen Zustände zu verfeinern, von Achtsamkeitspraktiken und Yoga bis zu Übungen nach der Lernmethode des israelischen Ingenieurs und Judo-Meisters Moshé Feldenkrais, die unter anderem dadurch bekannt wurde, dass der israelische Premierminister David Ben-Gurion damit als notorisch unsportlich eingestellter 71-Jähriger den Kopfstand lernte und ein Foto davon damals um die Welt ging.

Als Drittes sei neben verbal-kognitiven und körperlichen Entwicklungsfeldern das Feld der spirituellen Entwicklung genannt. Spiritualität ist ein Bereich, den die meisten Berufstätigen gewohnheitsmäßig aus ihrem Arbeitsalltag herauszuhalten scheinen. Dabei sind Schlüsselthemen wie unsere Werte, unsere persönlichen Entwicklungswege und nicht zuletzt auch die Frage nach einem tieferen Sinn von Arbeit und Leben untrennbar mit unserem beruflichen Erleben verbunden: Es scheint am Arbeitsplatz nur besonders schwerzufallen, solchen Themen angemessen Raum zu geben.

Lilly Deutschland ist beispielsweise ein Unternehmen, das meditative Elemente in den Arbeitsalltag integriert (siehe den Praxisimpuls »Social Energy Raum geben« vor diesem Kapitel).

Viele Achtsamkeitspraktiken öffnen Räume, sich spirituellen Fragen auch im beruflichen Kontext zu widmen. Dass Stille, bewusste Atmung und Meditation für die Produktivität der Mitarbeiter mehr bringen als die immer gleichen Kaffee-Tee-und-Keks-Gedecke im Meetingraum, haben Google, Facebook und Apple und neben Lilly auch SAP, BASF, Bosch und andere deutsche Unternehmen längst erkannt und allerlei Achtsamkeitsprogramme ins Leben gerufen – von stillen, selbstorganisierenden »Mindful Lunches« der Mitarbeiter bis zu regelrechten Meditationszentren auf dem Campus. Mit verbreiteten Klischees wie Räucherkerzen und Salzsteinen hat dies weitaus weniger zu tun als vielmehr mit ganz handfesten Vorteilen regelmäßiger Meditation, wie etwa Stressabbau, Prävention und Konzentrationsfähigkeit. Zu tieferen Fragen können wir so ebenfalls Zugang finden, wenn wir uns darauf einlassen, beispielsweise wofür wir Verantwortung übernehmen möchten und wofür nicht, mit welchen Aspekten unseres Arbeitslebens wir uns guttun und mit welchen wir uns schaden – und was im Leben für uns zählt, sobald vordergründige Sehnsüchte in den Hintergrund treten.

Natürlich gibt es, wie bei vielen guten Entwicklungen der Arbeitswelt, auch einen modischen Imageaspekt dabei: Meditation ist definitiv »hip«, und manche Angebote erinnern schon wieder an frühere Modetrends wie die Light-Produkte und Aerobic-Kurse der 1980er Jahre. Die Chance wird uns dadurch aber nicht genommen, in geeigneten Räumen und mit Achtsamkeitsübungen zu tieferer Verbundenheit mit uns selbst wie auch mit dem Leben zu finden und uns über spirituelle und religiöse Fragen mit Gleichgesinnten und Andersdenkenden weiterzuentwickeln – eher entsteht eine Qual der Wahl zwischen all den Angeboten.

Es gibt zu viele Ansatzpunkte für die eigene Weiterentwicklung, als dass dieses Buch Ihnen spezifische weitergehende Angebote empfehlen könnte. Entwickeln Sie ein Gefühl dafür, welche Form der Entwicklung und Begleitung für Sie hilfreich sein könnte. Sprechen Sie mit Praktikern, Verbänden und Teilnehmern möglichst unterschiedlicher Ansätze und finden Sie heraus, was für Sie stimmig ist. Lesen Sie, entdecken Sie und experimentieren Sie. Auch um so manches schöne Urlaubsreiseziel sind Sie womöglich eine Weile herumgeschlichen, bis Sie es wirklich für sich erschlossen haben.

Für mich persönlich war die Feldenkrais-Methode eine solche Entdeckung: Lange hatte mich allein das Wort schon abgeschreckt, das bei mir eher esoterische Assoziationen weckte. Am Rande einer Konferenz kam ich dann erstmals richtig in Berührung damit und erfuhr, dass der israelische Begründer schlichtweg so hieß, überdies Physiker war wie ich und dazu noch als erster Europäer jemals den schwarzen Gürtel, den höchsten Grad im Judo, erreicht hatte.

Seit diesem ersten Kontakt bin ich von der Methode so begeistert, dass wir uns im Freundeskreis einmal die Woche in unserer Wohnung unter kundiger Leitung eine Stunde lang zu Körperübungen aus Feldenkrais' wunderbarem unerschöpflichem Fundus treffen – mittlerweile über bald vier Jahre.

3.5 Führung im Wandel: Natürliche Entwicklung mobilisieren

Spannung mobilisiert Veränderung – wir haben ein breites Spektrum an Wegen betrachtet, wie dies geschehen kann. An Spannungen, denen wir uns gewachsen sehen, können wir uns weiterentwickeln. Spannung, die wir hingegen als überfordernd empfinden, kann uns dazu bringen, sie nur noch loswerden und als künstliche Spannung weitergeben zu wollen. Den Unterschied macht, wessen Wille zählt, das heißt wessen Kernanliegen aus unserer Sicht den Ausschlag geben sollen: unsere, die der anderen oder die beider Seiten?

Wo wir die Kernanliegen anderer ignorieren, beginnt ein Nebeneinander, das in ein veritables Gegeneinander umschlägt, sobald wir unsere Kernanliegen zulasten der anderen durchsetzen wollen. Dies macht einen erheblichen Unterschied in der Frage, welchen Beitrag wir zu Entwicklungsprozessen leisten wollen: Sofern wir unsere eigenen Anliegen im Vordergrund sehen, scheint uns an der Entwicklung und am Wohlergehen der anderen nicht mehr viel gelegen zu sein. Ein ausgewogener Aushandlungsprozess der Anliegen ist also das A und O, wenn wir zu natürlichen Entwicklungsprozessen beitragen wollen. Würden wir unsere eigene Entwicklung jemandem anvertrauen wollen, dem sein eigenes Wohlergehen wichtiger ist als unseres? Eher wünschen wir uns eine dienende Haltung, sofern unser Unterstützer nun nicht seinerseits auf Dauer zu kurz kommt und unser Verhältnis eine andere Schieflage bekommt.

Transformationale Führung

Transformationale Führung strebt eine ausgewogene Begleitung von Veränderungsprozessen an. Bei der *transaktionalen* Führung stehen hingegen die Interessen der Führenden im Vordergrund, die den Interessenkonflikt zwischen ihren Anliegen und denen der Geführten über Druck und Anreize zu überbrücken versuchen. Transformationale Führung bietet gemeinsame Entwicklungsziele und geeignete Ressourcen an, um für möglichst viele Kollegen attraktiv zu sein. Die Entwicklungsziele transformationaler Führung orientieren sich hierbei an natürlichen Spannungen, die vielen Kollegen gleichermaßen am Herzen liegen dürften, etwa die Arbeitsbedingungen zu verbessern, die Zukunftsfähigkeit des Betriebs sicherzustellen oder einen nachhaltigen positiven Beitrag zum gesellschaftlichen und ökologischen Kontext des Betriebs zu leisten oder betriebliche Praktiken zulasten Dritter zu reduzieren.

Während transaktionale Führung auf entsprechende Ressourcen angewiesen ist, um Druckmittel und Anreize einsetzen zu können, kann transformationale Führung von jedem Platz ausgehen: Entscheidend dafür, dass unsere Impulse tatsächlich Gehör finden, ist weniger unser formaler Rang, sondern vielmehr dass wir den »Nerv« unserer Zuhörer treffen. Jeder kann zu Veränderung beitragen, und welche Art von Beitrag es braucht, kann bei unterschiedlichen Herausforderungen und Perspektiven sehr vielfältig sein.

Führung von jedem Platz aus

In einem Unternehmen kamen entscheidende Impulse zur Weiterentwicklung des Betriebs von einem Rezeptionisten. Dieser gehörte zwar mit seinem Arbeitsplatz sicherlich zu den formal rangniedrigsten Mitarbeitern, aber an seinem Platz am Eingang begegneten ihm täglich alle anderen Mitarbeiter.

Hierdurch kannte er nicht nur den emotionalen Zustand des Unternehmens besser als jeder andere Kollege, sondern er hatte zudem hervorragende Einblicke in die Beziehungen der einzelnen Abteilungen: Er hatte es sich nämlich über die Jahre zur Aufgabe gemacht, die Mitarbeiter aufgrund der chronischen Raumnot des Betriebs tatkräftig dabei zu unterstützen, Meetingräume für Besprechungen und Workshops zu finden. Dazu telefonierte er pausenlos quer durchs Unternehmen, um Umbuchungen von Räumen und Terminen zu organisieren.

Ich lud ihn und einige andere vermeintliche »Außenseiter« zu einem Kulturworkshop ein. Seine Beiträge fanden großes Gehör und stießen entscheidende Veränderungen an.

Anders führen in Freiwilligenprojekten

Freiwilligenprojekte, gemeinnütziges Engagement und Ehrenämter können vielfältige Möglichkeiten bieten, transformationale Führung zu üben. Die negativen Auswirkungen künstlicher Spannungen sind hier, wo nur das Interesse an der Aufgabe Menschen bindet und niemand mitarbeiten »muss«, sofort spürbar. Insofern können sie ein geeignetes Umfeld geben, in der Arbeit mit Freiwilligen die motivierende Kraft von natürlichen Spannungen, also quasi »echten« Problemen, zu erfahren und akzeptieren zu lernen, dass wir mit künstlichen Spannungen keine dauerhaft positiven Entwicklungen erzwingen können.

Doch wie jede positive Wirkung kann auch sinnerfüllte Hingabe einen Nährboden für künstliche Spannungen bereiten, wie etliche Einrichtungen etwa im Verwaltungs-, Sozial-, und Gesundheitsbereich zeigen, deren Miteinander in hohem Maße von trennenden, bevormundenden Strukturen und Haltungen geprägt ist. Das Beispiel des holländischen Pflegedienstes »buurtzorg« im folgenden Kapitel 3.6 »Räume öffnen« zeigt, was für ein beispielloses Potenzial zum Wohle von Kunden wie Mitarbeitern in gemeinnütziger Arbeit freiwerden kann, wenn ihre Kultur sich transformiert.

Vier unterschiedliche Beiträge als Begleiter

Zu Beginn dieses Kapitels hatten wir uns anhand unserer Kernanliegen bereits mit der Frage befasst, welche Kompetenzen wir brauchen und mitbringen, um mit ungewissen Situationen gut zurechtzukommen. Was bedeutet dies für unsere Beiträge zu unserer eigenen Entwicklung, zur Entwicklung anderer sowie der gesamten Organisation?

Ob als Vorgesetzter, Kollege oder externer Berater: Vier unterschiedliche Beiträge lassen sich unterscheiden – in Klammern steht, welche Kernanliegen jeweils besonders angesprochen sind, wenn wir Menschen in dieser Form begleiten:

- strikt: Entwicklung aus Unterordnung. Wir weisen an, belohnen und sanktionieren (Kernanliegen 1/2: Kampf, Unterordnung, Zugehörigkeit).
- ermutigend: geführte Entwicklung; vorgegebene Abfolge gewisser Freiräume. Wir greifen unterstützend oder lenkend ein (Kernanliegen 3/4: besser sein, Optimierung).
- öffnend: eigenständige Entwicklung. Wir führen, indem wir den Begleiteten ein neues klares Bild des Möglichen zeigen (Kernanliegen 5; ab 6 mit der äußeren Umwelt auf Augenhöhe).
- beflügelnd: Wirkung durch reine Präsenz ohne gesonderte Aktivität, etwa durch Bücher, Vorbilder und geistige Lehrer; oft auch seitens geschichtlicher oder religiöser Idole, von denen man sich »getragen« fühlt. Emergente Entwicklung aus sich heraus oder sich wechselseitig fördernd wie ein ideales Gründerteam (Kernanliegen 7: Raum geben für eigenständige Transformation).

In den ersten beiden Rollen könnten wir uns als Vorgesetzte sehen, in der dritten und vierten wirken wir klar als Begleiter. Alle vier Rollen werden nachgefragt, meist in ganz unterschiedlichen Kontexten – je nachdem, was uns als Begleiter vor Augen steht und was die Begleiteten vorrangig für sich als nötig sehen.

Dazu zählen etwa

1. Disziplin,
2. Entdeckung,
3. Ganzheit,
4. grenzenloses Zutrauen.

Zugleich lassen sich alle vier Rollen übertreiben, indem der Begleiter dem Begleiteten Räume eng macht – in der gleichen Reihenfolge wie die beiden vorangegangenen Aufzählungen etwa als

1. Tyrann,
2. Einpeitscher,
3. Verführer,
4. Laissez-faire.

Übertreibung beginnt da, wo der Begleiter seine Rolle ausnutzt, um sich zum Nachteil des Begleiteten einen persönlichen Vorteil zu verschaffen: So wie ein strenger Lehrer, der klare Grenzen setzt und ihre Einhaltung streng überwacht, aus purer Hingabe handeln kann, kann der Dogmatiker, der die Massen verblendet, aus eitlem Narzissmus handeln. Die Haltung macht den Unterschied, nicht die bloße Wahl der Mittel.

Die Kunst, den Begleiteten maximale Freiräume zu gewähren und ihre Kraft zur Entwicklung zu fördern, liegt in einer behutsamen, geduldigen Zuwendung – das, was bei Pflanzen wahrscheinlich jemanden ausmacht, dem man einen grünen Daumen zuspricht: fürsorglich, nicht bevormundend, auf Englisch *caring*, auf Deutsch vielleicht auch zart (beides wurzelt im lateinischen Wort *caritas*), sorgsam, achtsam – statt stürmisch, grob oder gar übergriffig.

Wenn die Begleitung gelingt, gedeiht die Beziehungsqualität. Übertreiben wir oder zeigen wir Desinteresse, leidet sie. Denn den Begleiteten, der sich uns anvertraut, leitet sein Entwicklungszyklus: dieser Urinstinkt, der bestimmt, ob er sich einlässt und investiert, sich verschließt, sich abwendet oder erstarrt oder die Entwicklung gar bekämpft oder davor flieht.

Auch wenn alle vier Rollen prinzipiell ihre Berechtigung haben, sind sie doch sehr unterschiedlich in ihrer jeweiligen Auswirkung: Je mehr Raum wir geben und je mehr wir selbst uns zurücknehmen, desto mehr werden sich die Begleiteten ihren weiteren Entwicklungsprozess zu eigen machen und sich ermutigt fühlen, nicht nur ihre eigene Mitwirkung, sondern auch die Gestaltung ihres Entwicklungsprozesses in ihre eigene Verantwortung zu nehmen.

Die anfängliche Zielsetzung und der weitere Verlauf ergeben sich idealerweise unabhängig von den vier Rollen des Begleiters, nämlich indem der Begleitete wählt, welche Angebote er wahrnehmen möchte, statt dass ihm eine bestimmte Begleitung aufgezwungen würde. Das heißt, wenn jemand seinen Alkoholismus aufgeben möchte, wird er vielleicht einen strikten Begleiter (Rolle 1) für sich wählen, der ihn nach ersten Anfangserfolgen ermutigt

(Rolle 2), neue, gesündere Gewohnheiten in sein Leben zu integrieren. Hingegen wird jemand, der beispielsweise verbindende Haltungen lernen möchte, womöglich einen Begleiter wählen, der ihn anfangs fest an die Hand nimmt (Rolle 2, »ermutigend«), nach und nach neue Möglichkeiten entdecken lässt (Rolle 3) und immer mehr Raum gibt, bis beide loslassen (Rolle 4).

Entscheidend für eine nachhaltige Entwicklung ist – soweit wir uns im Kontext eigenverantwortlich handelnder Personen bewegen – ihre freie Entscheidung für Inhalt und Form ihrer Begleitung. Wer glaubt zu »müssen«, will nicht. Wen wir meinen nur transaktional »kaufen« zu können, wird vermutlich auch nicht wollen; entsprechend werden die Ergebnisse ausfallen. Die Begleitung natürlicher Entwicklungsprozesse lebt vom gemeinsamen Anliegen.

Projektansätze im Vergleich: Vorbild Natur oder Technik?

Weder künstliche Spannungen noch transaktional »gekaufte« Veränderungen sind nötig, wo ohnehin genügend natürliche Spannungen unseren Betrieb auf Trab halten: Kundenzufriedenheit, Produktion, Betriebsklima, Organisationsentwicklung und Kommunikation bieten auch im besten Betrieb immer wieder Raum für Verbesserungen und grundlegende Innovationen.

Dennoch sind künstliche Spannungen und transaktionale Umgangsweisen im Arbeitsalltag weit verbreitet. Wie gehen wir beispielsweise in Projekten miteinander um? Abbildung 13 beschreibt von oben nach unten fünf Typen von Projektansätzen, also klassischen Herangehensweisen, Veränderung bewirken zu wollen. Dies ist eine grobe Vereinfachung – der Beschreibung von Projektmethoden widmen sich Tausende von Büchern –, doch sie lenkt den Blick übersichtsartig auf die wesentlichen Unterschiede: die Zielsetzung der Ansätze, das zugrunde liegende Beziehungsverständnis sowie das entscheidende Wirkprinzip.

Betrachten wir im Folgenden einige signifikante Unterschiede: Wie die Ziele zustande kommen, wie sich im Verlauf der tatsächliche Weg entwickelt, wie Engagement entsteht und was Widerstände bedeuten.

Wie Ziele zustande kommen: unterschiedliche Rollen der Hierarchie

Die ersten vier Typen von Projektansätzen nehmen als gegebene Wahrheit an, es sei anzustreben, dass der eine sich dem anderen unterordnen muss. Im

Abbildung 13: Verschiedene übliche Steuerungsansätze für Entwicklungsprozesse

Steuerungsansatz	Grundsätzliches Setting: Ziel (stabil oder veränderlich?)	Beziehungsmodell: Wesensmerkmal; Erfolgsfaktor	Ausgangspunkt, Wirkprinzip, Feedback
Typ 1: Kampf	Abwehr: etwas loswerden (stabiles Ziel)	Groll: Gegner; Kampfkunst	• Empörung • Krieg • Sieg/Frieden/ Vernichtung
Typ 2: »Wasserfall«	Planerfüllung: Neues schaffen (stabiles Ziel)	Fremdsteuerung: Vorgaben umsetzen; Ressourcen	• Sollvorgabe • Unterordnung • Lohn/Strafe
Typ 3: Regelkreis	Nachsteuern: Abweichung minimieren (stabiles Ziel)	Fremdsteuerung: Vorgaben umsetzen; Feedback-Schleife	• Sollvorgabe • Unterordnung • Nachsteuern
Typ 4: Prototyping für Auftraggeber	Problemlösung finden: iteratives Vorgehen (veränderliches Ziel)	Fremdsteuerung: Vorgaben umsetzen; Commitment	• Problem/Spannung • Versuch • Iteration
Typ 5: Selbststeuerung	Organisch: Resilienz (kontinuierlich selbstgesteckte Ziele)	Augenhöhe: Organe eines Organismus; Lebendigkeit	• Problem/Spannung • Social Energy • Beziehungsqualität

»Wasserfall« steht als Projektansatz für das klassische Ideal der plangetreuen Umsetzung aufeinanderfolgender vorgeplanter Arbeitsschritte.

Fall des Kampfs ist dies offensichtlich: Der eine will den anderen besiegen – einen deutlicher artikulierten Herrschaftswillen kann man sich kaum vorstellen. Doch auch die Typen Wasserfall, Regelkreis und Prototyping nehmen implizit oder ausdrücklich an, dass die »Regulation« Unterordnung erfordert: Der eine stellt Aufgaben, Ressourcen und Leitplanken, der andere erfüllt die Aufgaben in diesem Rahmen. Sicher gibt es hier Konstellationen, in denen die Arbeitsteilung von großer gegenseitiger Wertschätzung und Einfühlungsvermögen bestimmt ist, doch unter dem Strich hat einer die Steuerungshoheit inne, auch wenn die Vorgaben beim Prototyping wesentlich weiter gefasst sind als etwa beim Wasserfall-Modell.

Das Ideal einer »plangetreuen« Umsetzung unserer Ideen folgt letztlich dem einseitigen Bild der Maschine. Das Modell der Natur ist hingegen, dass sich zwischen grundsätzlich autonomen Akteuren ein koordiniertes Zusammenwirken entwickelt. Insofern ist bei selbststeuernden Projektansätzen nach dem Vorbild der Natur das Zustandekommen der Zielsetzung ausschlaggebend und markiert damit einen wesentlichen Unterschied zwischen den ersten vier traditionellen und dem fünften verteilten Projektansatz.

Wie wir nachsteuern: Unterschiedliche Vorstellung von Regulation

Wasserfall, Regelkreis und Prototyping basieren auf Fremdsteuerung, letztlich auf der Durchsetzung von Sollvorgaben, typisch für Maschine, Konstruktion und Betrieb. Dies gilt selbst für die Mehrzahl der heute »agil« genannten Projekte, denn letztlich liegt ihrer Bewilligung, Budgetierung und Durchführung zumindest die Duldung, wenn nicht die Vorgabe vorgesetzter Instanzen zugrunde: Das Projekt braucht Ressourcen, Ziele und Leitplanken. All das wird üblicherweise von außerhalb, meist in irgendeiner Form »von oben«, zur Verfügung gestellt. Zudem ist die Fortsetzung dieser Versorgung meist an bestimmte Bedingungen geknüpft.

Der zusätzliche Freiheitsgrad agiler Projekte liegt im Allgemeinen darin, dass die zu erreichenden Ziele und die zur Lösung erforderlichen Schritte erst zur Projektlaufzeit definiert werden, statt sie wie in klassischen Projekten vorab vorzugeben. Zudem verfolgen agile Projekte – ähnlich wie ein Regelkreis– meist den Ansatz, die Zielsetzung und die Passung des Vorgehens während des Projekts kontinuierlich zu überprüfen, statt wie beim Typ »Umsetzung« in allen Phasen von der Planung bis zur Fertigstellung darauf zu vertrauen, dass Ziel und Vorgehen korrekt und stabil sind.

Grundsätzlich könnten agile Projekte ihre Ziele auch vollständig in Eigenregie entwickeln und die Freigabe entsprechender Ressourcen auf Augenhöhe mit der Unternehmensleitung verhandeln: Die vier »Impulse aus der Praxis« in diesem Buch geben einige derartiger Beispiele. Doch in vielen Betrieben werden Ressourcen *und* Ziele hierarchisch vorgegeben.

Letztlich streben agile Vorgehensweisen wie beispielsweise Scrum und Kanban eine produktive Verbindung von Prototyping (Typ 4) und Selbststeuerung an (Typ 5). Motivation und Effizienz profitieren hiervon im Allgemeinen sehr – sofern nicht die Steuerung eher kontrollorientiert nach Typ 3 oder 2 erfolgt und allein das Vorgehen agilen Methoden folgt. Bei einer solchen Vermischung von Selbststeuerungsansätzen und hierarchischer Steuerung leiden Motivation und Effizienz meist sehr. Populäre Zynismen wie »»Agil‹ sagt man bei uns nur noch als Ausrede, wenn man zum Termin zu spät kommt« oder die Methodenbezeichnung »*Scrum-but*« – »Wir machen Scrum, aber …« (engl. *but*) – weisen auf solche Zielkonflikte hin.

Ist es »unseres«? Auswirkungen auf Engagement und Veränderungskraft

Wie wirken sich die fünf Projektansätze auf das Commitment und Engagement der aktiv am Prozess Beteiligten und damit auf die Veränderungsfähigkeit der Organisation aus? Bei Kampf, Wasserfall und Regelkreis (Typ 1–3) haben die steuernden Prozessbeteiligten mit der Trägheit und unter Umständen dem aktiven Widerstand der gesteuerten Prozessbeteiligten umzugehen. Die Grundannahme ist, die Interessen der beiden Parteien als entgegengesetzt zu sehen (Beziehungsqualität Gegeneinander). Der Erfolg des Projekts hängt neben den Umständen demnach maßgeblich von der *Überlegenheit* des Steuernden ab, und das Commitment und Engagement der Gesteuerten richtet sich danach, inwieweit dessen Maßnahmen greifen.

Beim Regelkreis und vor allem bei Prototyping und Selbststeuerung scheinen die Beteiligten mehr an einem Strang zu ziehen:

- Der Regelkreis versucht, Commitment als transaktionales Tauschgeschäft zu erlangen (»Ich gebe dir dieses, du gibst mir dafür jenes.«)
- Prototyping fördert Commitment, indem ein Rahmen geschaffen wird, der den Bedürfnissen der Beteiligten entgegenkommt und ermöglicht, Ziele im Projektverlauf anzupassen, um das Vorhaben stets realistisch zu halten. Das Vorhaben ist häufig jedoch nach wie vor im Kern das Vorhaben des *Steuernden,* der sich bemüht, die Gesteuerten »möglichst freiwillig« für die Mitwirkung zu gewinnen.
- Bei der Selbststeuerung machen sich alle Beteiligten das Vorhaben zu eigen. Damit gibt Selbststeuerung Raum für eine andere Qualität von Engagement, indem auf eine Unterordnung des einen unter den anderen verzichtet wird.

Auf Überlegenheit verzichten? Unterschiedlicher Umgang mit Widerstand

Auf Hoheit über den anderen zu verzichten, macht einen spürbaren Unterschied. Die klassische Arbeitsteilung zwischen Auftraggeber und Dienstleister muss beileibe nicht ineffizient sein. Die Frage ist, ob die Beziehung auf Unterordnung oder auf Selbststeuerung setzt. Bei echter Selbststeuerung entsteht in der Arbeitsteiligkeit eine andere Beziehungsqualität als in hierarchischen Projektansätzen einschließlich der heutzutage weit verbreiteten »hybriden« Formen agiler Projekte, in denen das Projektteam letzten Endes übergeordneten Instanzen Rechenschaft abzulegen hat.

Dabei bleibt die prinzipielle Selbststeuerung der »untergeordneten« Akteure in den Projektansätzen 1 bis 4 natürlich bestehen: Wie jeder Erwachsene sind und bleiben sie eigenverantwortlich handelnde Menschen – nur sind ihre Freiräume durch hierarchische Vereinbarungen entsprechend eingeschränkt.

In Analogie zum Grundsatz »Kraft erzeugt Gegenkraft« der Physik erzeugt jedoch jede Form von Fremdsteuerung Widerstand, der daraus resultiert, dass die Anliegen beider Parteien nicht übereinstimmen.

Entsprechend liegt das Geheimnis, Selbstorganisation zu führen, in dem Verzicht auf die Versuchung, die gewünschte Entwicklung herbeizuführen, indem man Überlegenheit und letztlich Übermacht über die so Geführten etabliert. Denn dies wird früher oder später Gegenkräfte mobilisieren, die Energie verschwenden, statt dass der Gesamtprozess aus natürlicher Spannung Energie gewinnen könnte.

Arbeitsteilige Selbststeuerung ist insofern mit dem Gründungsmodus vieler erfolgreicher Start-ups zu vergleichen, wo sich zu Beginn im Zuge der Unternehmensgründung tatsächlich eine gewisse Arbeitsteiligkeit auf Gegenseitigkeit und Augenhöhe zwischen den Mitarbeitern einstellt und alle sich aus ihren jeweiligen Beiträgen zum Gelingen heraus gegenseitig steuern.

Spannungen nutzen: Unterschiedliche Eignung für Kulturwandel

Aus dem Vergleich wird klar: Es gibt nicht *den einen* allzeit richtigen Projektansatz, doch je weniger der Erfolg des Vorhabens allein in unserer Hand liegt, desto bedeutender wird es, die Beteiligten bei der Entwicklung des Vorhabens miteinzubeziehen – von der Zielsetzung bis zum Zustandekommen des eingeschlagenen Wegs. Denn die beste Steuerung nützt nichts, wenn sie ungeeignete Ziele erreicht oder ein Großteil der aufgewendeten Energie in Widerständen und gegenläufigen Interessen verpufft.

Selbststeuernde Projekte fördern letztlich einen eigenverantwortlichen Umgang mit natürlichen Spannungen und damit eine natürliche Entwicklung. Hierarchisch, transaktional geführte Projekte fördern hingegen, insoweit die Interessen der Beteiligten auseinandergehen und durch künstliche Spannungen die Interessen der einen gegenüber den Interessen der anderen durchgesetzt werden, eher ein Gegeneinander.

In der Analogie von Verkehrskreisel und Ampel im Straßenverkehr befähigen selbststeuernde Projekte wie ein Kreisel die Beteiligten, die Wirklichkeit gemeinsam wahrzunehmen und damit gemeinsam einen guten Umgang zu finden. Ampeln hingegen – hierarchisch-transaktionale Projektansätze in dieser Analogie – wirken wesentlich weniger gut informiert auf die reale Verkehrssituation ein, da Eigenverantwortung und Steuerungshoheit der Beteiligten zwischen Autofahrer und Straßenverkehrsverwaltung sehr ungleich verteilt sind. Erst wenn ein Entwicklungsprozess aus den Spannungen, der Eigenverantwortung und der Selbstregulation der Beteiligten eigene Kraft bezieht, kann Social Energy sich entfalten.

3.6 Räume öffnen: Empathisch begleiten im Sinne der Kernanliegen

Als ganzer Mensch sind wir mit der Dynamik unseres Entwicklungszyklus und der Spannweite unserer Kernanliegen von Natur aus den Herausforderungen einer schwer zu fassenden, nicht zu beherrschenden VUCA-Welt (Kapitel 2.6) eher gewachsen, als wenn wir auf unsere natürlichen Bedürfnisse und Kompetenzen verzichten und uns auf das Funktionieren als Homo oeconomicus reduzieren.

Die Kunst ist, uns und anderen zu erleichtern, diese natürlichen Kompetenzen zu rekultivieren und zu nutzen – allen zuwiderlaufenden Gewohnheiten zum Trotz. Zu glauben, die Leistungsfähigkeit des Menschen käme als Rädchen im Getriebe unter Bedingungen zur Höchstform, die an Konditionierungsmethoden aus der Tierzucht erinnern, ist ein historischer Irrtum, der mehr mit den kausal-linear denkenden Kontrollillusionen des Übergangs von der Leibeigenenhaltung zum Industriezeitalter zu tun hat als mit dem wissenschaftlich validierten Basiswissen des 21. Jahrhunderts über die menschliche Natur: Es stimmt zwar, dass Menschen auf Anreize, Zwang und Kontrollmaßnahmen überwiegend angepasst reagieren, doch es bleibt dabei so gut wie alles auf der Strecke, was unsere Unternehmen und unsere Gesellschaft heute dringend benötigen – insbesondere die Fähigkeit zu lebendiger, gemeinschaftlicher Entwicklung.

Die gute Nachricht: Wir haben jederzeit die Chance, die Mythen der Vergangenheit hinter uns zu lassen und wie die erfolgreichen Vorreiter der Arbeitswelt die Natur zu nutzen, statt gegen sie zu arbeiten. Die wesentlichen Grundlagen hierfür haben wir gesehen: Das Bild des »ganzen« Menschen (Kapitel 2.6) als kompetenter, lebendiger Kontrast ist zwar nicht so simpel »operationalisierbar« wie das simple mathematische Optimierungskalkül zu Homo oeconomicus & Co, aber wahrscheinlich ist das unerheblich. Um das Unternehmen in seiner VUCA-Umgebung sicher auf Kurs zu halten, setzen die heutigen Pioniere des Fortschritts weniger auf einsam bis spät in die Nacht optimierte *Excel*-Formeln für Vorstandspräsentationen, als vielmehr auf ein ernsthaftes, empathisches Miteinander über alle Grenzen hinweg – in Tabellenkalkulationen ist all das nicht abzubilden. Sie schaffen Räume für gemeinsame Entwicklung – Räume, in denen wir die natürlichen Spannungen hinter den künstlichen entdecken, uns ihnen widmen und an ihnen wachsen können, statt allerorten gewohnheitsmäßig auf künstliche Spannungen auszuweichen und unseren Druck kunstvoll weiterzuleiten.

Denn letztlich markiert unser Umgang mit Spannungen die Grenze unseres Wir-Begriffs. Egal wie geschmeidig wir es verpacken: Indem wir anderen Druck machen, sagen wir: »Ein Miteinander werden wir beide nur haben, solange du tust, was ich sage – sonst erlebst du ein Gegeneinander.« Dieses »Wir« schließt den anderen aus. In Notwehr ist das völlig angemessen; in einer Organisation ist das allgemeine Gegeneinander damit vorprogrammiert. Anders gesagt: Selbstverständlich sind wir frei, gelegentlich künstliche Spannungen zu erzeugen, etwa um uns vor Überforderung zu schützen – aber es macht uns klein, wenn wir Gemeinschaft darüber definieren, denn wir lassen damit viel Potenzial ungenutzt (im Verhältnis zu unseren Kindern womöglich für ganze Generationen).

Je tiefer wir im Seerosenmodell von der »Wie«-Ebene der Lösungen zu den »Wofür«-Ebenen unserer dahinterstehenden Motive finden, desto mehr Verbundenheit erkennen wir. Auf der Ebene der Kernanliegen ist Verbundenheit schließlich unausweichlich: Wir mögen in Fragen von Projektzielen und Gehaltsgerechtigkeit weit auseinanderliegen, aber wer mag einander das Bedürfnis absprechen, für sich zu sorgen, dazuzugehören, sich zu verbessern, für Ordnung zu sorgen et cetera? Auf dieser Ebene finden wir zueinander, hier beginnt eine Haltung von »ich bin OK, du bist OK«, und hier nimmt ein universelles Wir-Gefühl seinen Ausgang: Spätestens auf dieser Ebene beginnt mitfühlendes Verhalten und legt so die Basis dafür, dass wir uns Spannungen gemeinsam zu Herzen nehmen und die entsprechenden Konflikte in Entwicklung überführen.

Denn spätestens auf dieser Ebene können wir für unsere Anliegen jederzeit entschlossen eintreten, klar für sie werben und sie kraftvoll verteidigen, und solche Gesten der Souveränität ebenso souverän verbinden mit klaren Gesten der Verbundenheit und der Empathie. In Räumen, wo diese Verbindung gelingt, gedeiht Social Energy. Spätestens auf dieser Ebene können wir uns um Empathie bemühen mit der Not derer, die uns zu *nötigen* versuchen, und sich unbewusst womöglich genau hiernach sehnen. Wir können Eigenverantwortung und Prozessvertrauen anbieten, statt Leid anzudrohen. »Ich bin OK, du bist OK« bedeutet in diesem Zusammenhang: »Ich werde für mich Verantwortung tragen, und ich habe Zutrauen, dass du das auch tun kannst.« An dieser Stelle lösen wir ungesunde Gewohnheitsmuster auf, statt sie ungewollt immer wieder weiterzugeben: Spannung wird zum Schlüssel zu kraftvoller Entwicklung.

Prozessvertrauen: Begleiten ohne künstliche Spannungen

Diese Zuversicht zu entwickeln, dass wir *niemals* Druck oder sonstige künstliche Spannungen benötigen werden, sondern *immer* den Weg des empathischen Zutrauens anbieten können – das ist die wirksamste Kompetenz, eigenständige Entwicklungsprozesse zu mobilisieren. Ob es um unsere eigene Weiterentwicklung geht oder um die Weiterentwicklung unserer Organisation: Ein solches weites Herz ist unsere kraftvollste Ressource. Und auch uns selbst tun wir gut, wenn wir uns mit solchem Wohlwollen betrachten, statt uns über unsere Unzulänglichkeiten zu ärgern.

Unser Vertrauen, dass *der Prozess*, der Entwicklungszyklus, ja dass schlichtweg das Leben von sich aus gemeinschaftliche Entwicklungen entstehen lassen wird, wird in der Wirklichkeit natürlich täglich auf eine raue Probe gestellt – ja, so ist es. Und zugleich ist es für mich die größte Freude, diese innere Kraft des Prozessvertrauens immer wieder wirken zu sehen. Ja dass es Menschen gibt, in deren Gegenwart man sich so angenommen fühlt, dass alles Grollen und »Müssen« von uns weicht, und wir uns frei, leicht, klar und weit fühlen – dass alles sein darf, alle Kernanliegen erwünscht sind und wir uns so mit allem verbunden und gleichzeitig so eigenständig und »bei uns« fühlen wie nur möglich.

Dieses Gefühl zu spüren und zu geben, ist aus meiner Sicht die größtmögliche Kompetenz zu Kernanliegen 7 »Raum geben« – für mich ein zutiefst »elterliches« Gefühl, das mir gegenüber meinen Kindern öfter gelingt als in Arbeitskontexten (und auch in der Familie beileibe alles andere als zuverlässig). Wir sind alle unendlich weit davon entfernt, perfekt zu sein. So ist es eine tägliche Herausforderung, uns eine solche Qualität des Angenommenseins gegenseitig immer wieder neu zu schenken zu versuchen.

Prozessvertrauen zu kultivieren, ist ein guter Weg dazu. Prozessvertrauen ist das, was die Gestaltung eines Kreisels von der Installation einer Ampel unterscheidet: Räume für Selbstorganisation zu öffnen, statt auf »Müssen« zu setzen. Uns zu erleichtern, Druck zu erkennen, seine zugrunde liegenden Spannungen zu würdigen und mit ihnen umzugehen, ohne sie weiterzugeben. Prinzipien zu entdecken statt Regeln zu erlassen. Unsere Verhaltensweisen mit Zutrauen und Angenommensein zu lenken statt mit künstlichen Spannungen. Künstliche Spannungen, Groll, »Müssen« und Druck speisen sich letztlich aus Furcht. Prozessvertrauen verzichtet auf *Push*, weil wir spüren, dass *Pull* genügt. Prozessvertrauen vertraut auf die natürliche Selbstregulation von Menschen – darauf, dass im Radius unseres Miteinanders alle mit Spannungen gut umgehen *wollen*, weil sie nicht grollen und nichts *müssen*.

Loszulassen, sich einzulassen, auch da, wo wir wirklich nicht einverstanden sind … ist das nicht letztlich gelebtes »Ich bin OK, du bist OK«?

Wirklich anzunehmen, was ist – in Zuversicht, nicht in Resignation. Zuversicht, dass wir mit der Situation eines Tages gut umgehen werden können.

Ein besonderes Beispiel solch tiefer Lebenszuversicht erzählt die folgende chinesische Parabel aus dem 2. Jahrhundert v. Chr.

Wer weiß? Sài Wēng entlief sein Pferd

Sài Wēng (»Der alte Mann an der Grenze«) lebte am Rande des tibetischen Hochlandes von der Pferdezucht. Er war angesehen und hatte einen Sohn.

Mit einmal entlief ihm sein bester Hengst. Die Nachbarn kamen, um ihn über sein Pech zu trösten. Doch er erwiderte: »Wer weiß?«

Nach einer Weile kehrte sein Tier mit einer wunderbaren Stute zurück. Erneut kamen die Nachbarn, diesmal um zu seinem Glück zu gratulieren. Doch er erwiderte: »Wer weiß?«

Eines Tages ritt sein Sohn mit dem neuen Pferd aus. Er wurde abgeworfen und brach sich das Bein. Wieder erschienen die Nachbarn und bedauerten ihn. Doch er erwiderte: »Wer weiß?«

Ein Jahr später ließ der Kaiser alle tauglichen Söhne des Dorfes in den Krieg ziehen. Sein Sohn wurde wegen seiner Verletzung verschont. Die anderen kamen nicht wieder.

Unglück kann Glück bringen und Glück Unglück – niemand kann es wissen.

Im Chinesischen ist »Sài Wēng entlief sein Pferd« ein geflügeltes Wort für Glück im Unglück. (Aus verschiedenen Übersetzungen der dāoistischen Textsammlung *Huainanzi*)

Glauben Sie mir, solche Gemütsruhe ist auch mir nicht jeden Tag vergönnt, weder im Beruf noch in einem Haushalt mit drei lebhaften Kindern. Mit dieser alten Geschichte erinnere ich mich manchmal daran, dass Gelassenheit möglich ist.

Prozessvertrauen bei Buurtzorg: Selbstregulation kann jeder

Solches Prozessvertrauen auf den Kontext von Organisationen zu übertragen, mag aberwitzig erscheinen, aber dass es möglich ist, beweisen nicht zuletzt die Systelios-Klinik, die damit ihren therapeutischen Ansatz zum Organisationsprinzip gemacht hat (siehe den Praxisimpuls »Social Energy ist gelebte Haltung« im Anschluss an Kapitel 4), und der inzwischen auf Konzerngröße gewachsene Pflegedienst *Buurtzorg*. Dieser private niederländische Anbieter, der in nicht einmal zehn Jahren de facto die herkömmliche Pflegeindustrie seines gesamten Landes mit all ihren hierarchischen Verwaltungsstrukturen ablöste, ist ein aufsehenerregender Beleg für die Chancen von Prozessvertrauen und konsequenter Selbstregulation.

Von zentralistischen Pflegediensten zu reiner Selbstorganisation
Als Jos de Blok im Jahr 2007 sein Unternehmen gründete, hatte er gerade einmal vier Mitarbeiter. Heute beschäftigt Buurtzorg über 14 000 Beschäftigte, die in eigenständigen Teams mit maximal zwölf Mitarbeitern circa 50–60 Pflegefälle in der Nachbarschaft (ndl. *buurt*; *zorg*

»Pflege«) betreuen. Sie werden von etwa 50 Verwaltungsmitarbeitern und 18 Coaches unterstützt.

Manager gibt es nicht; die Teams kümmern sich in Eigenregie um den gesamten Pflegeprozess, von der Aufnahme und Pflege neuer Patienten über die Arbeitsabläufe und Einsatzpläne bis hin zum Recruiting neuer Mitarbeiter. Die Verwaltungsmitarbeiter stellen sicher, dass die Abrechnungen gemacht sind und die Buchführung korrekt ist. Die Coaches unterstützen punktuell bei spezifischen Problemen, die von den Teams nicht im Alleingang gelöst werden können.

Ansonsten sind die Teams sich selbst überlassen: Anfangs wurden gerade neue Teams noch intensiv eingewiesen, doch inzwischen gehört zu den vielen unerwarteten Erkenntnissen mit Prozessvertrauen auch hier, dass die Teams dadurch nur schwerer eigenständig werden. Heute finden sie alle wichtigen Informationen und auch zeitnahe Unterstützung durch Kollegen anderer Teams im buurtzorgeigenen Intranet.

»Endlich können wir uns um die Pflege kümmern, statt uns mit Bürokratie herumzuschlagen«, berichten Mitarbeiter in den vielen Interviews, die inzwischen angesichts dieses Phänomens geführt wurden. Diverse internationale Managementberatungen bescheinigen: Das Modell ist erfolgreich – nicht nur für Patienten und Pfleger, sondern in jeder Hinsicht auch wirtschaftlich; so liegen etwa die Fixkosten bei nur einem Drittel (!) des Üblichen; Kunden- und Mitarbeiterzufriedenheit gehen durch die Decke.

Als der Unternehmensgründer gefragt wurde, wie er seine Mitarbeiter motiviere, antwortete er: »Gar nicht. Ich finde, das wäre übergriffig.« Sein wichtigster Führungsbeitrag sei es, die Prinzipien lebendig zu halten, das heißt, als Vorbild zu fungieren und sich ganz in den Dienst der Organisation und deren Daseinszweck zu stellen.

2016 widerlegte Buurtzorg auch endgültig das Vorurteil, nur besondere Menschen seien zu derart eigenständigen Arbeitsweisen ohne hierarchische Führung imstande: Innerhalb eines Jahres wurden ohne größere Schwierigkeiten 2 000 Mitarbeiter eines in die Krise geratenen holländischen Pflegeanbieters in die bestehenden Strukturen integriert.

(Ein lesenswertes englischsprachiges Interview, dem einige der hier genannten aktuellen Entwicklungen entnommen sind, findet sich mit wei-

teren inspirierenden Artikeln auf der Webseite der »Corporate Rebels«, corporate-rebels.com.)

Dem Prozess vertrauen, dass jeder seinen Kernanliegen folgt und damit aus seiner Perspektive in der aktuellen Situation das Richtige tut – das ist nicht nur eine Arbeitsweise, es ist eine Lebenseinstellung. Eine Lebenseinstellung, die auch die 2 000 bei Buurtzorg aus einem traditionell geführten Unternehmen übernommenen Mitarbeiter in einem Jahr gelernt haben.

Für Prozessvertrauen und überhaupt Selbstregulation im Organisationskontext unverzichtbar ist ein klares gemeinsames Bild, ein mehrheitlich engagiert getragener Grundkonsens dahingehend, welcher gemeinschaftlichen Aufgabe man dient und worauf es dabei ankommt.

Traditionelle Hierarchien benötigen wenig Kommunikation und Abstimmung untereinander, theoretisch genügt der »Dienstweg«. Wollten alle Akteure ihr Tun und Lassen eigenständig abstimmen, wächst ihr Kommunikationsbedarf exponentiell – wie Start-ups es immer wieder erleben, wenn beim Wachstum von 7 auf 100 Kollegen die Anzahl gegenseitiger Verbindungen mathematisch von 21 auf 4 950 ansteigt. Doch dass jeder mit jedem permanent im Austausch steht, ist im Prozessvertrauen nicht erforderlich: Wenn wir uns darauf verlassen können, dass unsere Kollegen auf den gleichen Grundkonsens zusteuern wie wir, können die meisten Abstimmungen entfallen. Im Idealfall benötigen wir lediglich regelmäßigen Kontakt, um Überraschungen und neue bedeutsame Perspektiven miteinander zu teilen und unseren Grundkonsens weiter zu entwickeln: zum Beispiel Regeltermine wie das Daily und die Retrospektive im agilen Vorgehensmodell Scrum.

Die Unternehmensgeschichte von Buurtzorg wie auch die Komplexität moderner, weitgehend selbstregulierender Prozessmodelle wie Design Thinking und Scrum zeigen: Prozessvertrauen bedeutet keineswegs *Laissez-faire* nach dem Motto »Jeder macht, was er will« im despektierlichen Sinne. Sicherlich, jeder *macht*, was er will, doch getragen von einem engagierten Miteinander und geleitet von einem klaren gemeinsamen Dienstverständnis (engl. *purpose*), gemeinsamen Prinzipien und offener, unverstellter Kommunikation, wenn etwas Unvorhergesehenes geschieht.

Grenzen der Möglichkeiten als Begleiter

Alle in diesem Buch vorgestellten Wege können wir nutzen, um unseren persönlichen Entwicklungsprozess zu unterstützen. Doch in welchem Ausmaß können wir andere in ihrer Veränderung begleiten? Entwicklung kann herausfordernde Züge annehmen, und auch das Beitragen kann man übertreiben. Wo stoßen unsere Möglichkeiten an Grenzen?

Zu gelingenden Entwicklungsprozessen können wir auf vier Ebenen beitragen:

- Ebene 1: auf künstliche Spannungen verzichten, das heißt nichts mehr erzwingen; da sein statt Entwicklung zu beschneiden.
- Ebene 2: »Raum geben«, das heißt gemeinschaftliche Entwicklung und gute Beiträge aktiv fördern.
- Ebene 3: andere dabei unterstützen, störende Übertreibungen zu beenden und auf künstliche Spannungen zu verzichten.
- Ebene 4: anderen helfen, chronische Übertreibungen zu beenden, wo sich Erinnerungen an unbewältigte Erfahrungen als festes Muster immer wieder in die Gegenwart schieben.

Die Ebenen 3 und 4 gehen über die Möglichkeiten kollegialer Begleitung und damit über den Rahmen dieses Buches hinaus. Auf Ebene 3 ist in den überwiegenden Fällen eine Begleitung durch einen Coach sinnvoll, der für Teams und Individuen Räume schafft, in denen ein offener Umgang mit Übertreibungen möglich ist, und gegebenenfalls gemeinsam mit den Prozessbeteiligten nach stimmigen weitergehenden Lösungsmöglichkeiten sucht – seien es Seminare, Workshops, Coachings oder andere Formen der externen Begleitung. Auf Ebene 4 betrachten wir innere Konflikte und womöglich vergangene Verletzungen und Traumen, die so tief reichen, dass wir im Alleingang oder mit einem Coach auf der Verhaltensebene meist nicht weit kommen. Wer an der einen oder anderen Stelle etwa hinderliche, schwer aufzulösende Glaubenssätze, Weltbilder oder Ängste mit sich herumträgt, die mit Prägungen der Vergangenheit zu tun haben, ist in bester Gesellschaft, wenn er sich entscheidet, derartige Erfahrungen in einem seriösen therapeutischen Rahmen aufzuarbeiten.

Gesund ist, wenn der Körper »Stop« sagt

Bei den Dreharbeiten für unsere Dokumentarfilmkampagne *Augenhöhe* sagte in der Systelios-Klinik einer der Therapeuten verblüffend und sehr einleuchtend: »Die mit Burn-out zu uns kommen, sind eigentlich die Gesunden. Denn ihr Körper sagt ›Stop‹, und sie achten auf sich. Die anderen ignorieren die Signale und machen weiter.«

Die Ebenen 1 und 2 liegen im Bereich unserer Möglichkeiten als Teilnehmer und Begleiter von Entwicklungsprozessen: Wir können – wie dieses Buch – Wahrnehmungen und Möglichkeiten beschreiben und offen miteinander teilen; im Entwicklungszyklus entspricht dies dem ersten Schritt. Wir können Räume öffnen, Blicke lenken und Bedeutung anbieten – das ist der zweite Schritt im Entwicklungszyklus. Doch den nächsten Schritt, den zur Bereitschaft, kann nur jeder selbst gehen. Wir können uns dabei ermutigen, uns lebendige Beispiele zeigen, unsere Erfahrungswerte und die Erfahrungen anderer weitergeben – anhand einzelner Schilderungen (Storytelling) und in Form von Zusammenhängen und Prinzipien, die wir erläutern. Aber den eigenen Mut und das eigene Erleben des Neuen (Schritt 4 im Entwicklungszyklus) können kollegiale Begleitung und dieses Buch nicht ersetzen.

Kapitel 4 gibt Ihnen hierzu ein Framework, das die wesentlichen Grundlagen bereitstellt. So sind Sie gut gerüstet, Veränderung wirksam anzuregen und Ihre Organisation dabei zu unterstützen, ihren eigenen Weg zu nachhaltigem Wandel zu finden.

Um mit interessierten Kollegen in geeigneter Weise in Kontakt und Austausch zu treten, bieten sich selbstorganisierte Workshop-Formate wie die folgenden an. So entstehen Gespräche über das Miteinander meist ganz von selbst. Sie bilden einen geeigneten Ausgangspunkt für weitere Entwicklungen im Sinne von Social Energy.

3.7 Social Energy erleben: Empathie in Gruppen

Es gibt einen immensen Schatz an Gruppenübungen, die Social Energy innerhalb von Minuten erleben lassen. Ein paar davon stelle ich Ihnen im Folgenden vor. Wie wäre es, wenn Sie sie einmal ausprobieren? Oft entwickelt sich im Gespräch mit Kollegen die eine oder andere Idee.

Meetings mit Empathie beginnen

Der Auftakt eines Meetings oder Workshops setzt den Ton für das folgende Miteinander. Unter Zeitdruck fühlen wir uns oft genötigt, »direkt zur Sache« zu kommen. Doch unsere Begegnung mit lebendiger Empathie zu beginnen, macht einen erheblichen Unterschied – in jedem Fall, egal ob die Teilnehmer sich schon lange kennen oder gerade erst kennen lernen.

Skulpturaufstellung als unterhaltsamer Check-in

Ziel: Kurzer, kurzweiliger Icebreaker vor Beginn eines Gruppenworkshops, der die Teilnehmer interessenbasiert in Kontakt bringt und allen ein Gefühl dafür gibt, wer alles anwesend ist.

Nutzen: Ersetzt meist langatmige Vorstellungsrunden; macht Gemeinsamkeiten und Unterschiede auf Augenhöhe erlebbar, bringt die Gruppe in Bewegung und in Kontakt und fördert so eine aufgelockerte, wertschätzende, unverkrampfte Atmosphäre.

Teilnehmerzahl: Gruppen ab sechs Personen

Zeitbedarf: unter 5 Minuten

Ablauf: Die Gruppe verschafft sich im Workshopraum ausreichend Platz, damit sich alle Teilnehmer verteilen und frei bewegen können. Der Leiter zeigt im Raum eine oder zwei Achsen und bittet die Gruppe, sich entsprechend zu verteilen. Die Teilnehmer finden durch kurze Dialoge heraus, zwischen welchen anderen Teilnehmern ein stimmiger Platz für sie ist. Dies wird mit verschiedenen Aufstellungen insgesamt drei Mal variiert.

Beispiel für eine Aufstellung mit einer Achse: Wer ist wie alt? Der Leiter zieht mit den Händen eine gedachte Linie durch den Raum: am oberen Ende der Linie sind die jüngsten, am unteren Ende der Linie die ältesten Menschen im Raum. Entsprechend verteilen sich die Teilnehmer entlang der Linie und unterhalten sich über ihr Alter, bis jeder seinen Platz gefunden hat.

Beispiel für eine Aufstellung mit zwei Achsen: Wer ist wo geboren? Die eine Achse ist Nord/Süd (etwa zum Fenster hin), die andere Achse (senkrecht dazu) ist West/Ost. Jeder soll seinen Platz finden, sodass am Ende eine Landkarte der Geburtsorte entsteht.

Vorbereitung: Der Leiter überlegt sich vorab – oder bei entsprechender Routine auch gerne spontan – drei Aufstellungen, die für die Gruppe relevant sind. Zwei Koordinaten, die stimmig zusammenpassen, können in eine Aufstellung kombiniert werden; das macht die Aufstellung noch etwas lebendiger.

Weitere Beispiele für Aufstellungen, gemischt mit einer und zwei Dimensionen:

- Wer sieht sich als technisch/nicht technisch? Wer als kreativ/nicht kreativ?
- Wer mag Zahlen/wer nicht?
- Wer mag eher Pop, wer mag eher Klassik? Wer mag Techno, wer eher Oldies?
- Wer ist wie lange im Unternehmen?
- Wer arbeitet eher im Backoffice, wer beim Kunden?
- Wer ist heute gern gekommen, wer musste sich zwingen?
- Wer hatte heute die weiteste/kürzeste Anreise?
- Wer hat ein klares Ziel, was heute passieren soll, wer lässt sich überraschen?
- Wer will heute pünktlich gehen? Wer möchte lieber so lange weitermachen, wie es braucht?

Was würden die Teilnehmer gern übereinander erfahren? Vom einfachen Spaßfaktor bis zu aufschlussreichen Abstimmungen mit den Füßen ergibt sich in wenigen Minuten eine Menge Austausch und Überblick.

Noch etwas mehr Bewegung gibt es bei der folgenden Aufwärmübung. Sie ist auch als »Systemisches Dreieck« bekannt und macht die emergente Natur von Musterentstehungsprozessen auf spielerische Weise deutlich.

Engelchen und Teufelchen: Check-in mit viel Spaß und Bewegung

Ziel: Die Teilnehmer kommen in große Aufmerksamkeit füreinander, in rasche Bewegung und in spielerischer Weise in etwas Körperkontakt.

Nutzen: Teilnehmer können völlig spielerisch »heikle« Bedürfnisse nach Nähe wie Distanz ein Stück weit ausagieren, ohne dass neue Konflikte entstehen; gut bei Spannungen. Zugleich entsteht eine praktische Referenzerfahrung für emergente Musterbildungsprozesse.

Zeitbedarf: 5–8 Minuten

Teilnehmerzahl: Gruppen ab sechs Personen (je mehr, desto besser!)

Vorbereitung: eine möglichst große Fläche räumen, damit die Teilnehmer sich frei bewegen können. Als »Schikane« können eventuell vorhandene Tische auch stehen bleiben.

Ablauf: Die Teilnehmer stellen sich so auf, dass jeder jeden gut sehen kann. Jeder Teilnehmer sucht sich heimlich zwei Personen aus: die eine ist sein Feind (Teufelchen), die andere sein Beschützer (Engelchen). Danach wird es sehr lebendig:

Runde 1: Jeder Teilnehmer versucht sich so im Raum zu bewegen, dass sein Engelchen immer *zwischen* ihm und seinem Teufelchen ist.

Runde 2: Nun versucht jeder Teilnehmer, sich so im Raum zu bewegen, dass *er* sich immer zwischen seinem Engelchen und seinem Teufelchen befindet.

Runde 3: Zum Abschluss versucht jeder Teilnehmer, sich so im Raum zu bewegen, dass der Abstand zwischen ihm selbst, seinem Engelchen und seinem Teufelchen immer *ein gleichseitiges Dreieck* ergibt.
Nach den drei Runden kommen alle wieder im Großkreis zusammen und reflektieren gemeinsam, was sie erlebt haben und warum. Wenn es thematisch passt, kann die Aufmerksamkeit der Gruppe auch explizit auf die eigenständige Entstehung von Mustern gelenkt werden: Bei der ersten Runde strebt die Gruppe erfahrungsgemäß auseinander, bei der zweiten drängen alle zusammen, und bei der dritten erstarrt die Gruppe in einer Art Kristallformation.

Variante: in einer vierten Runde werden vor der abschließenden Diskussion zwei bis drei Teilnehmer als »Führungskräfte« ausgewählt, die die anderen Teilnehmer als passive »Untergebene« für eins der drei Szenarien anweisen, welche Position sie einnehmen sollen. Anschließend diskutieren die Teilnehmer anhand ihres eigenen Erlebens in dieser Übung über Unterschiede von direktiver Führung und Selbstorganisation.

Beim folgenden Ice-Breaker machen die Teilnehmer ebenfalls eine Erfahrung mit Selbstorganisation, über die sie sich unmittelbar im Anschluss austauschen können.

Selbstorganisation erleben als Check-in

Ziel: Gemeinschaftsleistung als echte Selbstorganisation erleben

Zeitbedarf: 3–5 Minuten; zusätzlich zum Abschluss 5–10 Minuten gemeinsame Reflexion

Teilnehmerzahl: Gruppen ab sechs Personen

Nutzen: Die Teilnehmer machen eine gemeinsame Erfahrung als Dialoggrundlage.

Ablauf: Selbstorganisation pur! Als Check-in eines Workshops, einer Besprechung oder eines Seminars werden die Teilnehmer sich selbst überlassen, auf Augenhöhe: Es gibt keine Hierarchie, keine Vorgaben, keine Prozesse. Sie bekommen nur eine Aufgabe, die in jedermanns Interesse liegt – aber mit einem sehr knappen Zeitrahmen und ohne dass der »Chef« sagt, wie die Aufgabe gelöst werden soll oder was jeder konkret in jedem Moment tun soll.

Die Aufgabe besteht darin, so viele Gemeinsamkeiten wie möglich herauszufinden – zum Beispiel Geburtsorte, Sternzeichen, Essensvorlieben, Laster, regelmäßige Verpflichtungen et cetera. Trivialitäten zählen nicht, wie etwa Teilnehmer zu sein, hier etwas lernen zu wollen, Mensch zu sein und männlich oder weiblich zu sein. Die Teilnehmer erleben und besprechen abschließend,

- wie Selbstorganisation sich anfühlt,
- in welche Muster man verfällt (Regeln setzen, ausprobieren, überfordert sein und Regeln/Anleitung/Führung einfordern, irgendetwas anderes nicht aushalten …),
- welche Konflikte und welche Lösungen entstehen können,

- welchen Wert traditionelle hierarchische Führungsmodelle haben in dem Sinne, dass sie uns einiges ersparen und manches erleichtern,
- welches Potenzial Selbstorganisation hat, in dem Sinne, dass manche Entdeckungen und auch dieser freudige Spirit in einem System mit Prozessen, Vorgaben und zugeteilten Arbeitspaketen schwer denkbar gewesen wären.

Entwicklung und Empathie zum Thema machen

Wenn Entwicklung und Empathie in einem Workshop bearbeitet werden soll, ist praktisches Erleben hilfreicher als theoretische Ausführungen.

Die folgende Übung macht Empathie im Umgang mit gemeinsamen Wahrnehmungen erlebbar – etwa zur gemeinsamen Reflexion im Nachgang zu einem erlebnisorientierten Workshop, Film oder Impulsvortrag oder bei sehr wenig Zeit auch unmittelbar im Anschluss an eins der oben aufgeführten Check-in-Formate. Sie lebt davon, dass anfangs in Stille und in Kleingruppen ein geschützter Rahmen entsteht, in dem vielen der offene Austausch leichter fällt.

»1-2-4-all«: Was brauchen wir? Was könnte ich dazu beitragen?

Ziel: Raum schaffen für offenen Austausch zu persönlichen Fragen.

Nutzen: Perspektivenvielfalt spürbar machen, Mitgefühl durch einfachen Austausch fördern.

Zeitbedarf: 15–30 Minuten

Teilnehmerzahl: Gruppen ab vier Personen (bei weniger als sechs Teilnehmern entfällt Frage 2)

Vorbereitung: Vier Leitfragen für den Austausch zu einem unmittelbar vorangegangenen inspirierenden Impuls (erlebnisorientierter Workshop/Film/Vortrag) entwickeln.

Ablauf: Die Teilnehmer erhalten vier Fragen. Die erste beantworten sie 1 Minute lang an ihrem Platz still für sich; die zweite besprechen sie 2 Minuten lang mit ihrem unmittelbaren Nachbarn; für die dritte Frage finden sie sich für 4 Minuten Austausch mit weiteren Teilnehmern zu

Vierer- oder notfalls Dreiergruppen zusammen; den Abschluss bildet ein gemeinsamer Austausch im Kreis.

Beispiele für Leitfragen:

1. Was hat mich beim zuvor erlebten Workshop/Film/Vortrag überrascht?
2. Was bedeutet dies für mich ganz persönlich?
3. Wie könnte ich zu einer guten Entwicklung beitragen?
4. Welche Erfahrung war für mich in diesem Austausch besonders bemerkenswert?

Eigene Leitfragen sollten Sie nach Möglichkeit am Entwicklungszyklus orientieren. Wichtig ist dabei, mit den letzten beiden Fragen den Zyklus wirklich *abzuschließen* und die Teilnehmer zu eigenem Handeln in einer Weise anzuregen, dass sie mit aufkommenden Impulsen oder Fragen im Anschluss nicht stecken bleiben, sondern eigenverantwortlich umgehen können.

Mehr Details zu »1-2-4-all« und weitere ähnliche Dialogformate für Gruppen finden Sie etwa bei den »Liberating Structures« (dt./engl.), einer weiteren umfassenden Sammlung von Dialogformaten für Social Energy im Internet unter www.liberatingstructures.com.

Explizit erlebt und thematisiert wird Empathie in der folgenden Übung, der Triade. Sie kann in einem geeigneten Rahmen zu berührenden Erfahrungen von Verbundenheit führen. In der Arbeit mit Gruppen kenne ich kaum etwas Schöneres, und es ist wichtig, solchen Entwicklungen zeitlich und atmosphärisch in angemessener Weise wertschätzend Raum zu geben. Es ist daher empfehlenswert, diese Übung durchzuführen, wenn wir einige Erfahrung mit der Anleitung emotionaler Gruppenprozesse besitzen, oder jemand Erfahrenen damit zu betrauen.

Triade: Lernen, dass wir Empathie aktivieren können

Ziel: Gegenseitige Öffnung und Empathie in Gruppen, die hieran Interesse haben.

Nutzen: Einfühlsamer, mitunter berührender Austausch. Die gemeinsame Erfahrung ermöglicht eine tiefe abschließende Reflexion über die Bedeutung von Empathie.

Zeitbedarf: 7 Minuten pro Runde; zusätzlich zum Abschluss 5–15 Minuten gemeinsame Reflexion. Zeitpuffer einplanen, um Emotionen wertschätzend Raum zu geben.

Teilnehmerzahl: Gruppen über sechs Personen

Vorbereitung: Die Teilnehmer finden sich in zufälligen Dreiergruppen zusammen, zum Beispiel durch Abzählen. In den Gruppen wird vereinbart, wer A, B und C ist. Falls es nicht aufgeht, eine oder zwei Zweiergruppen bilden, bei denen C wegfällt.

Runde 1: A erzählt 3 Minuten eine Geschichte; eine Situation, in der er kürzlich Stimmigkeit und Lebensfreude erlebt hat. B gibt still Empathie, hört also nur zu und fühlt mit; dann gibt er 2 Minuten Resonanz. Anschließend gibt C 1 Minute Resonanz, was er als Beobachter erlebt hat. Zum Abschluss dieser Runde gibt A 1 Minute lang Resonanz, was er dabei erlebt hat, zwei Mal Resonanz zu empfangen.

Erläuterung an die Teilnehmer: »Empathie geben« heißt schweigen, konzentrieren, mitzufühlen versuchen, so gut wir können, ohne zu interpretieren (Übungssache!); keine Wertungen, keine Kommentare, auch keine bewusst kommentierenden Gesten. »Resonanz« heißt Gefühle äußern, nicht werten, nicht von sich erzählen, keine Deutungen, Interpretationen, Tipps oder Ratschläge – nur was *man selbst* wahrgenommen hat und was es in *einem selbst* bewirkt.

Runde 2: B erzählt von einer Situation, in der er kürzlich emotionales Leid erlebt hat. Nun gibt C stille Empathie, A gibt Resonanz, dann B.

Runde 3: C erzählt von einem positiven aktuellen Erlebnis. A gibt stille Empathie, B und C geben Resonanz.

Eine schöne Form, einzelnen Gruppen angemessen Zeit und Raum für eventuell aufgekommene Emotionen und Rührung zu geben, ist einen stillen Außenkreis um sie zu bilden und ihnen stumm mitfühlend die Zeit zu geben, die sie benötigen.

Anschließend folgt eine kurze Abschlussrunde im Plenum: Wie ist es den Teilnehmern bei der Übung ergangen? Was nehmen sie für sich persönlich daraus mit?

Impulse aus der Praxis:
Social Energy steckt an

Ein bemerkenswertes Beispiel von Selbstorganisation im Investitionsgüterbereich, auf das ich bei einer Learning Journey in einem Selbstorganisationsnetzwerk von Großunternehmen aufmerksam geworden bin, setzt die Reihe der vier »Impulse aus der Praxis« fort.

In Berlin, am traditionsreichen Standort in der Huttenstraße, produziert Siemens Gasturbinen für die Stromerzeugung. Immense Kräfte müssen die Turbinenschaufeln und Achslager solcher bis zu 445 Tonnen schweren Maschinen aushalten, wenn sie den Energiebedarf ganzer Städte aus einem gewaltigen Gasdruck in rasende Umdrehungen der Achse umsetzen.

Auch in anderer Hinsicht können Ronny Grossjohann und Dr. Robert Harms, Fabrik- und Produktionsplaner in der Gasturbinenfertigung bei Siemens, und ihre Kollegen zu Recht stolz auf sich sein: Sie haben investiert – nicht nur in Technologie, sondern vor allem in Beziehungsqualität und neue Formen der Zusammenarbeit. Gemeinsam wagten sie so entscheidende Schritte hin zu einer tiefgreifenden Transformation der Fertigung und der dortigen Unternehmenskultur. Der Lern- und Entwicklungsprozess ist zwar noch längst nicht zu Ende, doch schon jetzt kommen weltbekannte internationale Konzerne auf Learning Journeys hierher, um ihre Arbeitsweise aus der Nähe zu sehen. Das motiviert die Mitarbeiter zusätzlich.

Seit mehr als 40 Jahren stellt die Siemens Power and Gas Division in Berlin wahre Giganten des Schwermaschinenbaus her: Gasturbinen, die in Gaskraftwerken und kombinierten Gas- und Dampfkraftwerken in aller Welt zum Einsatz kommen. Die neue Fertigungslinie im Gasturbinenwerk Moabit wurde im Jahr 2016 in Betrieb genommen und produziert über 1 000 Gasturbinenbrenner pro Jahr. Rund 3 700 Beschäftigte aus mehr als 45 Nationen arbeiten hier im Engineering, in der Fertigung, in den Testzentren und im Gasturbinenservice.

Loslassen – ein mutiger Schritt ins Ungewisse

»Wir versuchen nicht mehr, die Dynamik des Systems zu kontrollieren, weil wir die Sicherheit und Erkenntnis gewonnen haben, dass das System die Dynamik selbst unter Kontrolle hat«, bringt Ronny Grossjohann die gesammelten Erfahrungen auf dem Weg in die Selbstorganisation auf den Punkt. Der Erfolg, den die beiden Projektleiter mit dieser für Ingenieure ungewöhnlichen Haltung haben, gibt ihnen und vielen anderen bei Siemens Zuversicht, den eingeschlagenen Weg weiterzugehen und auch andere mit solchen neuen Arbeitsweisen anzustecken. »Ich hatte das Wort ›Ownership Culture‹ nie richtig verstanden, solange es nur als gefühltes Buzzword von oben kam«, gibt Robert Harms offen zu. »Das war vor circa vier Jahren. Erst als wir selbst, ganz unabhängig davon, diese Erfahrungen machten, bekamen wir ein Gefühl dafür, was das Topmanagement hiermit eigentlich gemeint haben dürfte. Wir fühlten uns dadurch in unserem Vorhaben unheimlich ermutigt.«

Baut eure eigene Fabrik!

Angefangen hat alles vor drei Jahren – mit einem klassischen Projekt mit altbewährten Hierarchiestrukturen, etablierten Abstimmungsprozessen und klaren Vorgaben, Meilensteinen und Leistungsindikatoren. Die Idee: Eine Fertigungslinie mit 100 Mitarbeitern im Brennerbau für große Gasturbinen sollte entstehen. Dort sollte ein bislang überwiegend bei anderen Herstellern bezogenes hoch komplexes, leistungsbestimmendes Bauteil der Gasturbine wieder ausschließlich am deutschen Standort in Berlin gefertigt werden – dem hohen Wettbewerbs- und Kostendruck zum Trotz. Ronny Grossjohann und Robert Harms waren fest davon überzeugt, dass das Insourcing dieses Produkts die Wettbewerbsfähigkeit des Standorts nachhaltig steigern würde.

Fabriken wie diese sind hoch komplexe Systeme mit Tausenden beweglichen Elementen, die ineinandergreifen und voneinander abhängen: Produkte, Prozesse, Anlagen und Maschinen, Personal und zahlreiche Schnittstellen entlang der Wertschöpfungskette. Nachdem ein Investitionsbetrag im zweistelligen Millionenbereich bewilligt war, machten sich die beiden daran, ihre Idee umzusetzen, ganz klassisch nach den Projektmanagement-Standards: mit Teilprojektleitern für Hardware, Mitarbeitern, Wertstromdesign und anderen funktionalen Aufgaben, mit großen Projektplänen und externen Lean-Manufacturing-Experten. »Methodisch hatten wir also alles richtig gemacht«, erzählt Ronny Großjohann. »Alle Ampeln standen auf Grün. Dennoch kam das Projekt nicht von der Stelle: Jeder blieb vorsichtig, zurückhaltend, angespannt und höflich. Monatelang passierte – nichts. Der Funke wollte einfach nicht überspringen!«

Die beiden Projektleiter waren zunächst etwas ratlos. Sie hatten das Management für ihre Idee begeistern können – warum gelang dies nicht bei ihren eigenen Teams? Und was könnte sie dazu bewegen, mitzumachen und sich einzubringen? »Unsere Erkenntnis war so einfach wie wichtig: Wir hatten unsere Leute an unserem Projekt *teilnehmen,* aber nicht *teilhaben* lassen. Sie waren nicht mit dem Herzen dabei!«, sagt Robert Harms. »Entgegen den klassischen Methoden, wie Projekthierarchie, Gantt-Chart & Co beschlossen wir, etwas ganz anderes zu machen.«

In der Folge wurden autonome Teams eingerichtet, die ein einziges gemeinsames Ziel erhielten, wie Kennedys »Get a Man on the Moon«: »Baut zu diesem Business-Case und diesen Leistungsdaten eure eigene Fabrik!« Alle weiteren Entscheidungen, Planungen, der erste Teil des Budgets und die Organisation lagen nun in der Hand dieser Teams.

Die Fertigungsteams bestanden ausschließlich aus Produktions- und Support-Mitarbeitern der »Arbeitsebene«, ohne Lean-Experten und externe Berater. Zusammen mit Integrationsteams, die die weiteren für die Fertigung benötigten Funktionen bündelten, entstanden somit rund um jede Fertigungslinie fast eigenständige Unternehmen im Unternehmen, die die meisten Entscheidungen ohne große Abstimmungsrunden mit externen Funktionen unkompliziert treffen und auch unvorhergesehene Herausforderungen bewältigen können.

Aus den bisherigen Teilprojektleitern wurden sogenannte funktionale Unterstützer: Deren Teams arbeiteten nun ohne Vorgaben, völlig frei und auf Augenhöhe mit. Dafür erhielt jedes Teammitglied täglich zwei

Stunden Freiraum, um an Ideen zu arbeiten, sich trainieren zu lassen und in der ungewohnten Selbstorganisation seinen eigenen Weg zu finden. »Zwei Monate hat diese Phase gedauert. Danach waren selbst Fertigungsmitarbeiter, die früher nur gekommen waren, um Maschinen zu bedienen und wieder nach Hause zu gehen, wie ausgewechselt«, freut sich Ronny Grossjohann über die spürbaren positiven Effekte.

Außergewöhnliche Mitspracherechte der Fertigungsarbeiter

Doch nicht alle begrüßten die Veränderung, gerade anfangs gab es viele Zweifler und Skeptiker. Wer sich über Jahrzehnte daran gewöhnt hat, die Verantwortung am Werkstor abzugeben, muss sich mit der neuen Arbeitsweise und den neu gewonnenen Freiheiten erst einmal auseinandersetzen und anfreunden können. »Von heute auf morgen für ein millionenschweres Projekt Verantwortung zu übernehmen, ist erst einmal ungewohnt und durchaus eine Belastung«, sagt Robert Harms, der vollstes Verständnis für die anfängliche Skepsis der Mitarbeiter hat. »Es ist eben nicht alltäglich, dass Fertigungsmitarbeiter so weitgehende Mitspracherechte haben.«

Das tiefe Vertrauen der Projektleiter in das Fachwissen und die Entscheidungskompetenzen der Mitarbeiter führte zu immer mehr positiven Lernerfahrungen und auf Dauer zu mehr Zutrauen in die eigenen Fähigkeiten. »Für viele Mitarbeiter ist es eine ganz neue Erfahrung, sich als stark zu erleben und zum Beispiel mitentscheiden zu dürfen, wo ihre neue Maschine stehen soll. Doch Verantwortung ist eben auch anstrengend«, beschreibt Ronny Grossjohann die Schwierigkeiten des Übergangs. »In schwierigen Situationen zerfällt die neue Arbeitsweise auch schon mal. Unsere Hauptverantwortung als Führungskräfte liegt darin, aufmerksam zu bleiben, damit wir mitbekommen, wenn die Kultur kippt. Das geht am besten, indem wir viel mit den Leuten reden.«

Die Skepsis erstreckte sich aber auch bis in die Führungsebene, berichtet Robert Harms: »Das mittlere Management fürchtet verständlicherweise den Ärger, wenn etwas schiefgeht. Das haben viele ihr Leben lang gelernt. Sie spüren die Vorteile des Neuen am wenigsten, aber nur so lange, bis sie erfahren, welche Vorteile es wirklich bringt. Vertrauen können, sich auf andere verlassen können, Teil eines selbstständigen Teams zu sein und dazu noch respektiert zu werden – das sind Vorteile, die sich jeder Chef wünscht. Dass das möglich ist, müssen viele aber erst einmal wieder lernen.« Statt jeden Zweifler mit aller Kraft überzeugen zu wollen, setzten die beiden Projektleiter auf Verständnis, Behutsamkeit und Wertschätzung und stärkten ihren Teams und Mitarbeitern geduldig den Rücken. »Unser Ziel ist es, neben all dem Brainstormen vor allem das Herz zu erreichen – und dabei nicht nur die Sehnsucht nach dem weiten Meer zu wecken, sondern auch den Fuß ins Boot zu bekommen. Sobald der Fuß im Boot ist, beginnen die Menschen zu begreifen, dass hier tatsächlich etwas Neues beginnt«, ergänzt Ronny Grossjohann.

Was wir erleben, widerspricht klassischen Grundannahmen

Im Zuge der neuartigen Führung entstanden zahlreiche Prozessverbesserungen, zum Beispiel der Umgang mit schwierigen Entscheidungen: Früher wurden dafür im Management Zahlen gesammelt und Nutzwertanalysen erstellt, um vermeintlich faktenbasiert entscheiden zu können. Heute wird im Team ein tragfähiger Konsens gesucht. »So werden Entscheidungen gemeinsam mit den Betroffenen gefällt. Das kostet zwar Energie und ist manchmal anstrengend, aber die Mitarbeiter verantworten eine getroffene Entscheidung dafür auch gemeinsam. Statt über von oben vorgegebene Vorgaben zu klagen, tragen sie nun die Entscheidungen ihrer Kollegen mit«, unterstreicht Robert Harms die Vorzüge der veränderten Arbeitsweise. Durch die Übernahme von mehr Eigenverantwortung veränderte sich auch der Blick der Mitarbeiter auf das eigene Unternehmen. Wo früher jeder nur auf seine eigenen Ziele fokussiert war und diese gegenüber den anderen Abteilungen priorisierte, haben heutzutage alle ein gemeinsames Ziel vor Augen: die effiziente Fertigung und einen zufriedenen Kunden.

»Allen ist klar: Wir können unsere Ziele nur als gemeinsame Ziele verstehen«, bringt es Ronny Grossjohann auf den Punkt. »Die Arbeit ist dadurch reicher geworden, nicht schwieriger.« So entsteht eine neue Form der breiteren Qualifizierung der Mitarbeiter: Es wird gemeinsam daran gearbeitet, für die Mitarbeiter einen wertvolleren Arbeitsplatz zu schaffen. »Diese neue Art der Arbeit hat der Betriebsrat immer begleitet, zum Beispiel wenn wir Werkstattgespräche gemacht haben. Er hat uns immer unterstützt – als Teilhaber, nicht nur als Teilnehmer«, schildert Ronny Grossjohann. Auch Jobtitel wurden aufgrund der Kompetenzerweiterung abgeschafft beziehungsweise neu definiert. Wo man früher entweder Schweißer oder Dreher war, gibt es nun zum Beispiel »prüfende Schweißer mit Schlosser-Tätigkeiten«. Das macht nicht nur die gegenseitige Vertretung einfacher, sondern ermöglicht zudem eine völlig neue Form der Personalentwicklung.

»Was wir hier erleben, widerspricht klassischen Grundannahmen, die man ständig hört. Zum Beispiel, dass Mitarbeiter Dienst nach Vorschrift machen wollen und mehr nicht«, berichtet Robert Harms. »Unsere Erfahrung ist: 99,5 Prozent der Leute *wollen* die Verantwortung. Wenn man ihnen Raum für ihre Selbstverwirklichung gibt, nutzen sie ihn – und sie werden als Mitarbeiter durch ihr unternehmerisches Denken für die Firma auch viel wertvoller als reine Maschinenbediener.«

Fertigung ohne Steuerung von außen

Der Ansatz, die Produktion pauschal über eine Minimierung der Fixkosten zu optimieren, ist endgültig vom Tisch. Heute entwickeln Fertigungsmitarbeiter das Produkt und die Prozesse mit. Sie werden von Anfang an miteinbezogen und können ihre eigenen Ideen einbringen. Auch »Lean« bedeutet nicht mehr, dass alle ein und demselben Prozess akribisch folgen müssen, sondern jedes Cluster hat seine eigenen Prozessvarianten gewählt. Um das zu realisieren, gibt es beispielsweise zwischen den sieben Fertigungsmodulen der Brennerfertigung mit je mehreren Dutzend Arbeitsschritten eine Art Kanban-Lagersystem, sogenannte Entkopplungspunkte, welches das komplexe Fertigungssystem in kleine Scheiben schneidet. Die Einführung einer modularen

Fertigung erlaubt es, auch sehr unterschiedliche Produkte in einzelnen Modulen unabhängig voneinander zu entwerfen und umzusetzen. Jedes Modul kann ein anderes Fertigungskonzept enthalten, einem anderen Takt folgen sowie anderen Prinzipien unterliegen. »Die Arbeiter entscheiden Tag für Tag selbst, was in welcher Menge gefertigt wird, und jeder kann den Überblick behalten, weil die Entkopplungspunkte Teil der Fertigungsfläche sind. Jederzeit transparent und sichtbar für jeden ersetzen diese Lager sämtliche KPIs und Steuerungsmechanismen. Auf diese Weise entscheiden diejenigen, die im eigentlichen Sinn wertschöpfend sind, selbstständig über ihr tägliches Tun. In diesen Fertigungsbereichen wird, nichts mehr von außen gesteuert«, fasst Robert Harms zusammen. »Die so entstandenen Fertigungsprozesse sind keine Raketenwissenschaft, aber selbst entwickelt!«

Die Mitarbeiter haben hier den Freiraum, ihre eigenen Wege zu finden. »Sie identifizieren sich viel mehr mit ihren Lösungen und nutzen die versammelte Kompetenz aller Kollegen auf diese Weise viel intensiver«, so Ronny Grossjohann. »Faszinierend ist, dass wir die ganzen Lean-Konzepte wie ›Takten‹, ›One-piece-flow‹ oder die ›5-S-Methode‹ jetzt hier im Einsatz haben – aber sie sind mit gesundem Menschenverstand und im Dialog entstanden, statt aus den Vorgaben außenstehender Experten.«

Kontrolle ist nur eine Illusion

Je nach Fragestellung entstehen in den agilen Systemen autonome Projekte. Robert Harms und Ronny Grossjohann vergleichen sie mit Zellen oder Organen eines Organismus, die selbstständig ihren Sinn und Zweck erfüllen: »Wir geben die fachliche Verantwortung bewusst aus der Hand und schaffen so Freiräume für echtes Engagement. Jedwede zentrale Steuerung verhindert eine effiziente Entwicklung – und jede Kontrolle ist nur eine Illusion.«

Natürlich läuft in der selbstorganisierten Arbeitsweise nicht immer alles glatt, es unterlaufen Fehler – zum Teil auch kostspielige – und nicht immer werden die »richtigen« Entscheidungen getroffen. Doch der

Umgang mit Fehlentscheidungen ist in der heutigen Unternehmenskultur ein anderer. Statt Angst vor Fehlentscheidungen zu haben, sämtliche Verantwortung von sich zu weisen oder zu warten, bis ein Vorgesetzter ihre Probleme löst, nehmen die Mitarbeiter ihre Verantwortung ernst. Sie haben gelernt: Es gibt keine falschen Entscheidungen. Das Resultat einer Entscheidung wird hingenommen, und das System wird einen Weg finden, damit gut umzugehen. Es geht nicht darum, Schuldige zu suchen, sondern neue Alternativen zu finden. »Wenn bei solchen Freiheiten Fehler passieren, kann man den Sachverhalt nur auf Augenhöhe diskutieren. Dann wächst das Verständnis. Wer einen Fehler gemacht hat, kann damit leben, wenn er nicht ständig darauf hingewiesen wird. Das Muster ›Schuld‹ immer wieder zu brechen, ist eine wichtige Aufgabe der Führungskräfte«, sagt Robert Harms. Ronny Grossjohann ergänzt: »Unserer Erfahrung nach wird es immer wieder Leute geben – wenn auch nur sehr wenige –, die mit dieser Art und Weise nicht zurechtkommen. Das ist zwar schade, aber auch ganz natürlich. Doch einige der Kollegen, die anfangs sehr dagegen waren, zählen heute zu den größten Unterstützern des Wandels.«

Kulturvermittlung und Orientierung

Ihre eigene Rolle als Projektleiter hat sich komplett gewandelt. Räume zu schaffen, in denen sich die Teams frei entfalten können, dabei Anregungen zu geben und Entwicklung zu ermöglichen – das steht nun im Mittelpunkt der Führung. »Unsere Rolle liegt darüber hinaus aus Ingenieurssicht eher in einer gewissen Philosophie, manche nennen es bei uns schmunzelnd auch ›Esoterik‹, die wir neuen Teams in den ersten Wochen intensiv vermitteln, damit das System funktionieren kann: Motive verstehen lernen, Herzen verstehen lernen, Unternehmenskultur verstehen lernen, Grenzen im Kopf abbauen«, schildert Robert Harms. »Damit befreien wir uns von bislang unerschütterlichen Grundannahmen wie ›Mein Chef wird das nie zulassen‹, ›Jahrzehntelang wurde mir aber etwas anderes eingebläut‹, ›Maschinenauslastung ist alles, was zählt‹ et cetera.«

Die Kulturvermittlung für neue Teams läuft nebenbei, etwa über zwei Monate. Manche Teams werden von den Projektleitern täglich für ein bis zwei Stunden begleitet, andere nur zweimal pro Woche – je nach Gesprächsbedarf: »Wir bieten den Leuten eine Orientierung durch den Prozess hindurch – aber nicht wie etwa eine Scrum-Methodenschulung, denn es geht hier nur um die Einstellung, die Denkweise. Jedes Team ist verschieden. Sie bestimmen den Weg – wir bieten lediglich den passenden Rahmen«, erklärt Robert Harms. Ronny Grossjohann bekräftigt: »Es geht nicht darum, etwas zu lernen. Vielmehr geht es darum, etwas zu befreien, das bei jedem längst vorhanden ist.« Das Ergebnis: Ehemalige Zuständigkeitsgrenzen verschwimmen zusehends, und stattdessen entsteht echte Zusammenarbeit an gemeinsamen Zielen. Mit einem Mal kommen Maschinenprogrammierer und Software-Entwickler auf Augenhöhe zusammen und entwickeln gemeinsam neue Software und neue Problemlösungen.

Ein Miteinander wie in einem Inkubator

Mittlerweile weckt die neue Art zu Arbeiten die Neugier anderer Abteilungen. Es gibt Anfragen aus der Administration, etwa aus den kaufmännischen Funktionen, und aus der Instandhaltung. Das Silodenken wird nach und nach aufgebrochen. Heute kommen sogar Kollegen aus anderen Bereichen in den Projektraum, eine Art Co-Working-Space, und tauschen sich zu aktuellen Fragen und Herangehensweisen aus, holen sich Ratschläge oder geben selbst Tipps. »Es ist ein ganz anderes Miteinander entstanden, wie in einem Inkubator«, schwärmt Ronny Grossjohann. »Früher kamen die Vorgaben vom Engineering und wurden in der Produktion umgesetzt. Heute kommt das Engineering in die Fertigung und will von den Fertigungskollegen lernen, wie sie das Beste aus Ingenieurskunst, Fertigungskompetenz und neuer Arbeitskultur miteinander verbinden.«

Eine ganze Reihe von Folgeprojekten hat inzwischen den gesamten Standort erfasst. Alle – Mitarbeiter wie Führungskräfte – gestalten dabei den Wandel mit. »Kulturwandel muss von beiden Seiten gewollt sein: von oben wie von unten. Es muss für alle spürbar sein, dass er Vorteile bringt«, ist sich Ronny Grossjohann sicher. »Was allen sehr auf dem Weg geholfen hat, waren der ehrliche Umgang auf Augenhöhe, das stückweise Abschaffen der Kontrollmechanismen, die nur aus ›Nicht-Vertrauen‹ entstanden waren. Kommunizieren, kommunizieren, kommunizieren: Nur über diesen sachten Weg der Annäherung konnten alle Beteiligten sich gegenseitig verstehen lernen. Und der Erfolg hat das Ganze gewissermaßen zementiert.« Robert Harms sinniert: »Früher haben wir versucht, den anderen zu erklären, wie die Welt funktioniert. Doch das trägt keine Früchte, solange sie nicht wollen. Wir können nur warten, bis die Menschen bereit sind, freiwillig diesen Weg zu gehen. Dann ist es für alle gut.«

Kapitel 4
Lebendiger Kulturwandel
im Arbeitsalltag

»Man kann einen Menschen nichts lehren;
man kann ihm nur helfen, es in sich selbst zu finden.«
Galileo Galilei

Viele Wege führen zu einer lebendigeren Organisation. Doch solange wir nicht in einen offenen, hierarchiefreien Austausch über unsere grundsätzlichen Vorstellungen hinsichtlich Mensch und Miteinander treten, wird der nachhaltige gemeinschaftliche Wandel, den wir uns für unseren Betrieb wünschen, auf sich warten lassen. Wie können wir als Kollegen und Begleiter in der Organisation wirken, um gemeinschaftliche Entwicklung und engagierten Kulturwandel von innen heraus zu fördern? Wie kann die Weiterentwicklung der Organisation auf Augenhöhe gelingen?

Bereits bei den Fallbeispielen der »Stolpersteine« in Kapitel 1.1 wurde klar, dass wir Veränderungsvorhaben und damit Entwicklung kaum mit oberflächlichen Tipps und Tools angehen können. Wir kommen nicht umhin, in die Tiefe zu blicken, um den Motiven der Beteiligten besser gerecht zu werden. Nur auf dieser Grundlage ist es möglich, die Früchte dieser Veränderungen gemeinsam zu ernten, nämlich Kulturwandel als organischen Prozess zu erleben, den die Beteiligten jenseits von Meilensteinen und Gantt-Charts in ihrer eigenen Weise tragen und mitgestalten.

Doch wenn wir Kollegen und Mitarbeitern Räume zur freien Gestaltung und Entwicklung öffnen, ist grundsätzlich ungewiss, was passiert: Wir können weder wissen noch vorherbestimmen, ob sie ihre neuen Möglichkeiten erkennen und begeistert nutzen; ob sie sehen werden, was die neuen Freiheiten mit sich bringen; ob sie bereit sein werden, neue Freiräume tatsächlich zu nutzen; und ob sie ihre Freiräume tatsächlich als offen erleben werden.

Gemeinschaftliche Kulturentwicklung im Sinne von Social Energy braucht einen Ansatz, mit solchen Ungewissheiten umzugehen und geeignete Räume zu schaffen dafür, dass ein gemeinsames Anliegen und ein wachsendes Zutrauen in einen entsprechenden Entwicklungsprozess entstehen können, ohne dass einer seine Vorstellungen den anderen auf irgendeine Weise aufnötigen würde. Mit den bis hier entwickelten Begriffen und Ansätzen wie den Beziehungsqualitäten, dem Entwicklungszyklus, den Kernanliegen und künstlichen Spannungen haben wir uns eine gute Grundlage erarbeitet, unser System gemeinsam zu beeinflussen – und im besten Fall eine kraftvolle Kampagne zur Mobilisierung entstehen zu lassen.

4.1 Grundkonsens: Gemeinschaftliche Organisationsentwicklung

Was bedeutet das nun konkret für den Arbeitsalltag? Wir haben in den vorangegangenen Kapiteln bereits einige unverzichtbare Grundlagen kennen gelernt, die unterschiedliche Aspekte von gelingendem Wandel beleuchten und uns als Begleiter von Entwicklungsprozessen helfen können:

- Beziehungsqualität: Wie bereit sind wir für gemeinsame Entwicklung?
- Erweiterte Seerose: Betrachten wir die Wurzeln unserer Spannungen?
- Entwicklungszyklus: Wie finden Entwicklung und Konfliktlösung statt?
- Kernanliegen: In was wollen wir gemeinsam investieren?
- Spannungen besprechen: Wie wollen wir mit Spannungen umgehen?

Mit jeder dieser Betrachtungsweisen können wir täglich arbeiten, um auf unterschiedlichen Ebenen zu Veränderungen beizutragen.

Dass Selbstorganisation automatisch zu großen Erfolgen führt, wird gern und oft proklamiert – aber dem stehen vielfach erhebliche Ängste, wenn nicht sogar handfeste gegenteilige Erfahrungen entgegen. Ganz von allein stellt sich diese Form der Zusammenarbeit jedenfalls nicht ein. Die vier Erfahrungsberichte in den »Impulsen aus der Praxis« beschreiben, was Einzelne unternommen haben, um für sich zu klären, wie sie zur Weiterentwicklung ihres Unternehmens beitragen wollen und im Zuge dessen zu erkunden, was sie wirklich wollen, wo sie übertreiben und was sie tolerieren – und der Entwicklungszyklus startet auch hier immer wieder von Neuem.

So unterschiedlich die Wege der vorgestellten Unternehmensentwicklungen bei DB Vertrieb, Lilly Deutschland, der Siemens Power and Gas Division und am Ende dieses Kapitels bei der Systelios-Klinik im Detail verlaufen sind, so kristallisieren sich doch einige Gemeinsamkeiten heraus: Zum einen der Ansatz, Impulse zu geben, Vorbild zu sein und Dialogräume zu öffnen, die den Kollegen vor Augen führen, dass Selbstorganisation tatsächlich möglich ist. Ob die selbstorganisierende Leadership-Konferenz bei Lilly, die Möglichkeiten zu konkreten Initiativen bei der Bahn und bei Siemens oder die tägliche Zusammenarbeit auf Augenhöhe in den Kreisstrukturen bei Systelios: Wer Freiräume nutzen möchte, kann es tun, und wer noch zögert, erlebt am Beispiel seiner Kollegen, welche Chancen darin liegen. Die Einladung steht, selbst die Vorzüge zu erfahren, neue Arbeitsweisen zu erproben, andere Blickwinkel einzunehmen – für jeden, zu jeder Zeit. Ein Austausch auf Augenhöhe ist immer möglich und gewollt.

Zum anderen haben alle diese Wege ein Führungsverständnis gemeinsam, das seine Rolle darin sieht, den Mitarbeitern solche Räume zu öffnen und diese gerade auch dann offen zu halten, wenn es schwerfällt – und sich selbst inhaltlich aus dem Tagesgeschäft auch gerade dann möglichst herauszuhalten, wenn es verlockend ist, selbst in die Federführung zu gehen.

Der vielleicht bedeutsamste Faktor, ohne den Selbstorganisation nicht in Gang kommen kann, ist die intensive Beschäftigung aller Beteiligten mit emotionalen Themen, die bei vielen Betrieben weiter ausgeklammert bleiben und damit nicht besprechbar sind: Glaubenssätze, Gefühle, Ängste, Empathie, Beziehungsgestaltung, Loslassen. Ja, mitunter auch Meditation, Körperarbeit und Spiritualität. Alles unverzichtbare, natürliche, biologisch-organische Ermöglicher von Selbstorganisation, aber verpönt, geächtet und in Vergessenheit geraten in unseren vermeintlich rationalen, technokratischen Management-by-Objectives-Bürokratien.

Ohne solche Investitionen in eine Weiterentwicklung des Miteinanders auf den emotionalen, untersten Ebenen des erweiterten Seerosenmodells bleibt Kulturwandel eine Fiktion, ja er droht sogar zur Farce zu werden, wie die vielen Beispiele zeigen, die den Weg in dieses Buch als »Stolperstein« gefunden haben: erzwungen, verhindert, nicht authentisch und verbrannt.

In einem solchen Gegeneinander, aus solchen Niederungen heraus, findet ein positiver Entwicklungsprozess ungleich schwerer statt, als wenn alle an einem Strang ziehen. Wenn dann noch unverzichtbare soziale Kulturwandeltechniken wie etwa Post-its, World Café oder Stuhlkreis offen belächelt, statt begeistert erlernt und verbreitet werden, wird kulturelle Entwicklung bald zum ohnmächtigen Kraftakt gegen innere und äußere Widerstände. In einem solchen Klima wird kaum jemand in gegenseitige Hingabe und Weiterentwicklung investieren wollen – allein schon weil geschützte Räume fehlen, um mit sich selbst und anderen über das bloße Funktionieren hinaus in einen unverstellten, offenen Austausch über die Situation zu kommen. So manche Betroffene verlieren dann schlicht die Zuversicht, in ihrer Kultur jemals positive Veränderungen erleben zu können: die klassische Abwärtsspirale der Motivation. Doch Entwicklung ist immer möglich, auch wenn eine Situation noch so verfahren scheint (Kapitel 2.1 »Muster des Gelingens«).

Bewusstsein schaffen für Entwicklungschancen

Nach meiner Erfahrung wird ein einheitliches Bild von »Change« vielerorts gewünscht, aber notwendig ist es nicht. Selbst wenn es theoretisch möglich wäre, »den Change« für das gesamte Unternehmen identisch zu definieren (was ich persönlich stark bezweifle): Letztlich wird es in der Praxis doch höchst unterschiedlich ausfallen, wie sich die verschiedenen Aspekte der Veränderung bei den einzelnen Mitarbeitern in ihrem jeweiligen Tätigkeitsfeld konkret darstellen.

Unumgänglich für ein kraftvolles Miteinander ist hingegen ein Grundkonsens in der Frage, *wofür* das Unternehmen existiert und wie man hierzu miteinander umgehen möchte. Ein Grundkonsens deshalb, weil eine grundlegende verbindliche Übereinkunft zu diesen beiden Fragen zwar einen klaren Rahmen setzt, aber noch viel Freiraum lässt für das »Wofür« und das »Wie«. Wenn hinsichtlich dieser beiden Fragen ein echter Grundkonsens herrscht, können wir vertrauen: vertrauen darauf, dass unsere Kollegen und wir auch ohne große Abstimmung oder Kontrolle grundsätzlich am gleichen Strang ziehen – und darauf, dass wir ihr Verhalten selbst dann richtig interpretieren, wenn es in Details einmal zu Missverständnissen kommt. Wenn das »Wofür« und das »Wie« hingegen unklar sind, beginnt das Rätselraten: »Was haben die anderen vor?«, »Wie haben die das gemeint?«, »Arbeiten die gegen uns?« Wenn wir uns mit solchen Fragen aufhalten – wie viel Aufmerksamkeit bleibt dann noch für die »eigentliche« Arbeit, geschweige denn für den angestrebten Kulturwandel?

Im Praxisimpuls des vorigen Kapitels schildern die beiden Gesprächspartner, wie intensiv sie bei der Siemens Power and Gas Divison mit ihren Kollegen arbeiten, um Motive verstehen zu lernen und gegenseitige Grundannahmen zu besprechen. Auch zu meiner Zeit bei Procter & Gamble konnte ich als Nachwuchsführungskraft erleben, wie ernsthaft man Kulturentwicklung angehen kann, wenn sie wirklich gewollt ist.

Mit Klarheit in diesen beiden Fragen des »Purpose« (»das Wofür«) und des gegenseitigen Umgangs (»das Wie«) habe ich komplexe Projekte in aller Welt durchgeführt, mit Kollegen von Asien bis Amerika, die ich zum Teil nie persönlich getroffen habe. Das war möglich, weil wir nicht viel Aufwand in gegenseitige Absicherung stecken mussten; vielleicht haben Sie in Ihren eigenen Projekten bereits ähnliche Erfahrungen gemacht, wie auch die Beteiligten der vier »Impulse aus der Praxis« in diesem Buch. Schön, wenn es so etwas gibt und wenn alle Beteiligten einen solchen Grundkonsens ernsthaft mittragen und schützen.

Konsequente Kulturvermittlung zahlt sich aus

Bei Procter & Gamble (P&G) konnte ich diese effiziente, vertrauensvolle Projektkultur bereits in den 1990er Jahren prägend kennen lernen. Dort wurde der Grundkonsens zum »Wie« beispielsweise gefördert, indem alle Mitarbeiter weltweit verbindliche Trainings zu den grundlegenden Arbeitsweisen des Unternehmens bekamen, zum Teil je nach Rolle jedes Jahr insgesamt mehrere Wochen.

Alle konnten sich in diesem Umfeld darauf verlassen, dass jeder ernsthaft nach diesen Werten lebte und arbeitete – und wenn dies wider Erwarten nicht der Fall war, konnte jederzeit darüber gesprochen werden. Jeder kannte Feedback-Techniken und dergleichen und wusste, dass die anderen dieses Training ebenfalls absolviert hatten. So war es möglich, ohne große Umschweife auch zu heiklen Themen in Austausch zu treten.

Am bekanntesten ist bis heute auch außerhalb von P&G das »One Page Memo« für Vorschläge zu Veränderungsinitiativen – ein bestimmtes Format, das den Blick auf die wesentlichen Fragen und Hintergrundinformationen lenkt, um sicherzustellen, dass Interessierte sich möglichst leicht und barrierefrei an der Diskussion beteiligen können.

In vielen Unternehmen geht »Change« heutzutage mit einer Rückbesinnung einher, inwieweit ein solcher Grundkonsens tatsächlich besteht und zur wahrgenommenen Wirklichkeit des Unternehmens passt. Andere Unternehmen merken, dass sie bestimmte Leitbilder insgesamt stärker oder neu betonen wollen:

Kulturwandel zu mehr Diversity betrifft alle Bereiche

Ein großes überregionales Beratungsunternehmen, das sich bislang vorrangig über Werte wie »Kompetenz« und »Verlässlichkeit« positioniert hatte, wollte den Wert der Vielfalt unterschiedlicher Charaktere, Perspektiven und Naturelle wesentlich deutlicher als zuvor in den Mittelpunkt des Miteinanders stellen. Das vorherrschende Ideal vom grauhaarigen Seniorexperten wurde damit nicht falsch, aber es sollte ergänzt werden um Elemente einer agilen, leidenschaftlichen und kreativen Kultur. Für Hunderte Mitarbeiter bedeutete dies eine große Umstellung in den verschiedensten Bereichen: von Marke und Recruiting über Vertrieb und Projektmethodik bis hin zu Vergütung und Mitarbeitergespräch. Eine vielseitige Aufgabe für interessierte »Game Changer«, diesen Wandel quer durch alle Abteilungen effizient zu fördern.

Doch wie entwickelt eine Organisation ein gemeinsames Bewusstsein für die Chancen und Risiken von Veränderung? Ist ein einheitliches Bild dafür notwendig?

Grundkonsens für pluralistische Entwicklung der Gemeinschaft

In vielen Betrieben ist es mittlerweile üblich, Werte und Zielsetzungen in Form von bindenden Mission-Statements und dergleichen zu manifestieren. Dahinter steht die Erwartung, einen Kodex zu formulieren, der die Mitarbeiter auf bestimmte Rahmenbedingungen ihres Handelns festlegt. Solche Leitplanken gibt es ausdrücklich oder unausgesprochen in den meisten Lebensbereichen nach dem Schema: »Wer hier dabei sein will, möge bitte die Regeln respektieren, die wir uns gegeben haben.« Ein solcher Verhaltenskodex hat das Ziel, eine Art Ethos, also identitätsbildende Normen, für ein reibungsloses Miteinander zu etablieren. Häufig hat dies den Charakter einer Selbstverpflichtung: Idealerweise entscheiden wir uns freiwillig und engagiert dafür und leisten nicht nur gezwungenermaßen Folge. Klassische Beispiele für solche identitätsbildenden Normen sind etwa Landesgesetze, Sitten und Gebräuche, Berufskodizes, Anstandsregeln, Spielregeln oder auch die Netiquette im Internet, Open-Source-Regeln und das »Agile Manifest« der agilen Software-Entwicklung.

Dabei gilt: Jede Gruppe hat das unbestreitbare Recht, ihren Mitgliedern ein bestimmtes Regularium aufzuerlegen und die Mitgliedschaft daran zu knüpfen, dass sie eingehalten werden. Zugleich wissen wir aus der Geschichte allzu gut, zu welchen exzessiven Widerlichkeiten einseitiger Dogmatismus, »Kadavergehorsam« und blinde Regeltreue führen können. Doch auch weit abseits solcher Exzesse stellt sich die Frage: Wie können Gemeinschaften sicherstellen, dass ihre verbindlichen Regeln mit der Zeit gehen?

Der pluralistische Grundkonsens: Schlüssel zu dauerhaftem Gemeinwohl

Den Schlüssel zu echtem, dauerhaftem Gemeinwohl sah Ernst Fraenkel, der deutsch-amerikanische Jurist und »Vater« der bundesdeutschen Politikwissenschaft, nach dem Zweiten Weltkrieg im *Pluralismus*: Hält die Gemeinschaft es aus, ja fördert sie es, dass ihre Mitglieder unterschiedliche Denkweisen vertreten – oder fehlt ihr die Fähigkeit, in Alternativen zu denken, und flüchtet sie sich in aufeinanderfolgende totalitäre und anarchische Phasen?

Es *muss* Konflikte geben, sonst loten wir die Gegebenheiten nicht genug aus – davon war Fraenkel überzeugt: Gesellschaft gelingt über einen *Grundkonsens*, der nur immer wieder im Streit erneuert werden kann, weil er nur so mit der Wirklichkeit geht.

Das bedeutet: Der Grundkonsens braucht den Streit. Er beendet ihn nicht »um des lieben Friedens willen« im Sinne einer einmaligen, für immer gültigen Einigung. Er öffnet stattdessen Räume für eine anhaltende konstruktive Auseinandersetzung – und weil die Welt und wir alle uns weiterentwickeln, kommen wir nicht umhin, immer wieder neu in die Auseinandersetzung zu gehen, wenn wir nicht an der Wirklichkeit vorbei handeln wollen. Dies setzt voraus, dass wir verschiedene Denkweisen verstehen, vermitteln, erläutern und verbinden können und es schaffen, Gemeinsamkeiten und damit ein echtes Gemeinwesen herzustellen. Die Bereitschaft zu einem echten Pluralismus unterscheidet die Willensbildung moderner demokratischer Gesellschaften von den homogenen Gesellschaften der Antike – und leider auch von vielen Gesellschaften der Gegenwart.

Kaizen, Agile & Co: Wege zum pluralistischen Grundkonsens

Als Gemeinschaft haben wir die Wahl, ob wir uns immer wieder mit der eigenständigen, unablässigen Weiterentwicklung der Welt auseinandersetzen oder der Versuchung erliegen, vor ihr die Augen zu schließen und uns mit uns selbst zu beschäftigen. Letzteres ist um so verlockender, je weniger Routine und Effizienz wir als Organisation entwickelt haben, Impulse von außen in geeigneter Weise aufzunehmen und in innere Veränderung zu überführen.

Manche Behörden und Organisationen sind auf Stabilität optimiert: Ihr dynamischster, nach außen gerichteter »Bewegungssensor« bestand lange in den vierteljährlichen Ergänzungslieferungen zu den Loseblattsammlungen der maßgeblichen Gesetze und Verordnungen. Hier kontinuierliche, dezentrale, an der Wirklichkeit vor Ort orientierte Verbesserungsprozesse zu schaffen, erfordert neue Strukturen, die behutsam, aber entschlossen zu flexibleren Haltungen ermutigen und ihnen Raum geben.

Bewährte Praktiken einer »kontinuierlichen Verbesserung« entwickelten sich etwa in Japan unter dem Leitmotiv *Kaizen* (jap. *kai* »Wandel«, *zen* »zum Besseren«) etwa zeitgleich mit Ernst Fraenkels Überlegungen. Kaizen ist für viele Veränderungsansätze bis heute maßgeblich – etwa für agile Arbeitsweisen, wie Scrum und Kanban, und auch für dieses Buch – als Grundhaltung, die Organisation in stetem Gewahrsam ihrer Spannungen zur Außenwelt zu halten, die eigenen Ansätze und Prozesse, damit umzugehen, kontinuierlich zu verfeinern.

So bleibt die Organisation in der Lernzone und entwickelt sich mit jeder bewältigten Spannung weiter, auf allen Ebenen, bis hin zur kritischen Überprüfung ihres Grundkonsenses. Letztlich manifestiert sich hierin ein Bekenntnis zu einem Weltverständnis der natürlichen, organischen Weiterentwicklung, wie sie auch Ernst Fraenkel vor Augen hatte: Denn letztlich entspringen all diese Spannungen der *Wirklichkeit* und nicht etwa dem »bösen Willen« oder der Unzulänglichkeit der Beteiligten. Ein solcher souveräner Pluralismus ist gelebtes »Ich bin OK, du bist OK«, ganz im Sinne des dritten Kapitels – die fordernde, aber lohnende Balance zwischen Kulturdiktatur und orientierungsloser Beliebigkeit.

In jedem Fall ist ein Grundkonsens unabdingbar dafür, dass ein Miteinander entstehen kann. Es muss eine gemeinsame Basis geben, von der aus gemeinsames Handeln möglich ist: Ob Wertvorstellungen, Erwartungen, Interessen oder Bedürfnisse – der Schlüssel zum Gelingen eines pluralistischen, tragfähigen und motivierenden Grundkonsenses liegt darin, dass er frei vereinbart ist und dass er Räume schafft, in denen die Menschen ihre unterschiedlichen Sichtweisen miteinander gut zu einem gegenseitigen Verständnis entwickeln können. Dies fällt uns auf einer gemeinsamen Gefühlsebene leichter als auf der reinen Sachebene. Jedem Vertriebs- und Marketingexperten ist dies geläufig – im Seerosenmodell gesprochen: Je tiefer die emotionale Ebene, auf der wir zusammenkommen, desto eher erkennen wir gemeinsame Anliegen; auf der Ebene unserer Wertmaßstäbe und Handlungsmotive, wo wir uns alle als Menschen und (mit)-fühlende Wesen begegnen, ist ein Grundkonsens sogar unvermeidlich.

Produktive Auseinandersetzung auf Sach- und Gefühlsebene

Was macht es uns dann so schwer, uns auf der Gefühlsebene zu begegnen? Wie viel trägt die enorme Dichte und gegenseitige Abhängigkeit, mit der wir einander in Ballungsräumen und Unternehmen begegnen, hierzu womöglich bei? Und wie viel die seit Descartes' »Cogito ergo sum« populäre verkopfte Herablassung unseren »unbeherrschten« Gefühlen gegenüber? Ich glaube, unsere unausweichliche Verbundenheit ohne Rückzugsmöglichkeit überfordert uns in der Industriegesellschaft und lässt das, was uns miteinander verbindet, als unbedeutend oder gar stressig erleben.

»Auf der Sachebene bleiben und perfekt funktionieren« scheint dementsprechend ein verbreiteter Grundkonsens der Neuzeit zu sein – nicht nur, aber vor allem in der Arbeitswelt. So geraten wir empfindlich aneinander, sobald andere etwas tun, das unser perfektes Funktionieren zu gefährden droht oder dessen Notwendigkeit infrage stellt: Hierarchien und Zuständigkeiten missachten; »einfach so« etwas ändern; planlos auf sich zukommen lassen, was passiert.

Doch die große Kunst im lebendigen Miteinander besteht nicht darin, die Gemeinschaft zu einem perfekten sachlichen Funktionieren zu bringen und alle Beteiligten zu homogenen Ansichten oder zum Stillschweigen. Sie besteht vielmehr darin, geeignete, effiziente Diskursräume zu schaffen, in denen der gemeinschaftliche Grundkonsenses (einschließlich emotionaler und ethischer Auseinandersetzungen) aus unterschiedlichen Denkweisen heraus immer wieder auf die Probe gestellt und verhandelt werden kann, auch wenn damit spürbare Störungen und Dissonanzen verbunden sind.

Diese Fähigkeit zu einer *produktiven pluralistischen Auseinandersetzung* ist das, was aus meiner Sicht »führende« Nationen, an denen andere sich orientieren, von weniger führenden Nationen unterscheidet – und ebenso die meisten führenden Unternehmen von Followern und Losern im Markt. Sie ist zudem für mich einer der wesentlichen Unterschiede, weshalb pluralistische Gesellschaften auf Dauer leistungsfähiger sind als »homogene« oder gar totalitäre Gesellschaften, in denen dieser vermeintlich störende Diskurs zugunsten der Zwangsbeglückung mit einem homogenen, konfliktfreien Miteinander eingespart wird: Obwohl sie durch den ständigen Diskurs scheinbar ineffizienter sind, haben sie den unschätzbaren Vorteil, ihren Mitgliedern weit größere Verbindungs- und Entfaltungsräume zu öffnen und insgesamt nachhaltiger hinzuzulernen und mit der Zeit zu gehen. Allerdings nur, wenn zum einen die vereinbarten Dialogformen trotz der unausweichlichen Konflikte den Zusammenhalt stärken – und wenn der Grundkonsens selbst nicht zur Disposition steht, sondern lediglich einzelne Aspekte.

Wir erleben in der Weltpolitik derzeit immer wieder Bewegungen, große errungene Gemeinschaften aufzukündigen: von Brexit und »America First« bis hin zur De-facto-Abschaffung der Demokratie durch demokratisch gewählte Populisten und Technokraten in immer mehr Ländern. Die Analogie dieser politischen Herausforderungen zur betrieblichen Wirklichkeit liegt für mich in der großen Verführung, sich im Business-Kontext die Mühen und den Geräuschpegel eines immer wieder zu erstreitenden Grundkonsenses über das Miteinander ersparen zu wollen. Dies geschieht immer dann, wenn versucht wird, Unternehmenskultur von oben zu verordnen und »verbindlich«, also homogen durchzusetzen. Hier glauben Herrscher, den Stein der Weisen gefunden zu haben, und immer wieder erliegen wir der Illusion, mit mehr Homogenität, Kontrolle und Regeln Meinungsverschiedenheiten unterdrücken und damit das Glück der Menschen vergrößern zu können. Mit dieser Herangehensweise erreichen wir unser Ziel jedoch nur vordergründig und kurzfristig.

Dabei sehen wir so oft, wie sehr alle Beteiligten profitieren, wenn die Gemeinschaft ihre Lebendigkeit dadurch zeigt, dass neue Perspektiven zusammenkommen und sich zu neuen gemeinsamen Bildern verbinden können. Wertschätzend ausgetragener Konflikt gefährdet die langfristige Stabilität des Systems nicht, sondern dient dazu, die Stabilität des Systems zu sichern. Der Schlüssel dazu liegt darin, Konflikte konstruktiv zu lösen, statt aus Bequemlichkeit oder vermeintlicher Effizienz darauf zu verzichten. Für den lebendigen Fortbestand einer Gemeinschaft braucht es einen Grundkonsens.

4.2 »SELF«: Dialogräume und Handlungsrahmen für Kulturentwicklung

SELF als Kurzwort für »Social Energy Language & Framework« (engl. = »Sprache« und »Handlungsrahmen«) ist ein Vorschlag für einen Grundkonsens, der auf eine kraftvolle Weiterentwicklung der Organisation abzielt und dafür geeignete Freiräume schafft. Das Akronym SELF (engl. *self* = »selbst«) symbolisiert, dass es um Sie und Ihre Kollegen selbst geht und um Ihren eigenen Weg, die Organisationsentwicklung in Ihrem Betrieb aus eigener Kraft anzugehen. Es ist Ihr Weg; Sie gehen ihn selbst. SELF ist ein Ausgangspunkt, der Ihnen und Ihren Kollegen Möglichkeiten und Räume öffnet, die Organisation und sich selbst gemeinsam organisch weiterzuentwickeln.

Essenziell ist dabei der Kerngedanke eines *produktiven pluralistischen* Grundkonsenses, also zu sagen: »Wir einigen uns darauf, dass es Freiräume gibt (und zwar derzeit diese ›…‹) und wie wir mit ihnen umgehen wollen (und zwar derzeit wie folgt ›…‹) statt als Grundkonsens etwas Einengendes, statisch Festgelegtes oder von oben Aufgezwungenes zu verstehen.

Meine Erfahrungen mit SELF sind aus in meiner Arbeit gewachsen – beim Begleiten von Unternehmen in großen und kleinen Entwicklungsprozessen und zuvor im internationalen Management; bei der Entwicklung von *Management Y* und der Dokumentarfilm-Kampagne *Augenhöhe*; und nicht zuletzt seit der Beschäftigung mit Hirnforschung und Gruppendynamik im Studium.

Der Begriff *Language*, also Sprache, steht im Akronym SELF für Angebote zu Erleichterungen, schwierige Dinge leichter besprechbar zu machen. *Framework* steht für den Ordnungsrahmen oder das Grundgerüst, auf das kraftvolle Weiterentwicklung notwendig angewiesen ist: Denn jede Kraft benötigt stabile Ansatzpunkte. Es geht also um allgemeinverständliche Begriffe und gemeinsame Blickrichtungen, mit deren Hilfe wir uns leichter darüber verständigen, was wir wahrnehmen und was wir anstreben, und um Räume für einen offenen und wertschätzenden Austausch darüber.

Die vier wesentliche Schlüsselbegriffe von *Social Energy* – Beziehungsqualität, Entwicklungszyklus, Kernanliegen und natürliche Spannungen – werden besprechbar, indem wir alle wichtigen Aspekte ans Tageslicht holen und das ganze Spektrum der Perspektiven ausleuchten. So entwickeln wir grundsätzliche Bilder, Begriffe und Haltungen für das Gelingen gemeinschaftlicher Veränderungen und gemeinsame, verbindliche Erwartungen und Praktiken für den Alltag.

SELF ist als Handlungsrahmen und Begriffswelt so flexibel, dass Ihre gemeinschaftliche Organisationsentwicklung ohne weitere Voraussetzungen jetzt beginnen kann. Es soll Ihnen ermöglichen, jetzt von diesem Buch aus weiterzugehen und in Ihrem Betrieb Entwicklungen aus eigener Kraft anzuregen und zu erleichtern – mit einem ersten Grundkonsens zum Vorgehen als Angebot, ohne dass Sie oder andere mit Anreizen oder Druck aufeinander einwirken.

Die Elemente von SELF

Das Grundgerüst, das SELF bietet, kann den Grundstein hierzu legen. Es mit Ihren Kollegen abzuschmecken und für sich anzupassen, regt Diskussionen an, die die weitere Entwicklung fördern – ganz im Sinne des Pluralismus. Hierzu folgt SELF diesen Grundsätzen:

- Wir vereinbaren, dass wir uns regelmäßig offen austauschen.
- Wir legen fest, mit welchen Fragen wir uns beschäftigen – aber wir legen nicht im Vorfeld fest, was bei der Diskussion herauskommen soll.
- Wir erkennen an, dass ein offener Austausch immer wieder notwendig sein wird, wenn unsere gemeinschaftliche Entwicklung gelingen soll.

Im Kern beinhaltet SELF hierzu zum einen Anregungen für geeignete Begriffswelten und Dialogräume für die Wahrnehmungen und Anliegen aller Beteiligten. Denn ungewohnte und neue Themen werden häufig nicht angesprochen, weil sie gerade anfangs schwerer besprechbar sind als die bisherigen Themengebiete der Organisation.

Zum anderen schafft SELF einen Handlungsrahmen für die gemeinschaftliche Weiterentwicklung der Organisation. In jeder Phase des Entwicklungszyklus einer Organisation stellen sich unterschiedliche Fragen. Wir kommen nicht umhin, praxisoriertiert auf sie einzugehen.

Den Abschluss dieses vierten Kapitels bilden nach SELF viele weitere Anregungen für einen gelingenden Wandel und ein minimalistisches Start-Programm als kleinstmögliche Kurzfassung eines ersten Anfangs.

Vier Ausgangspunkte der Organisationsentwicklung

Basis jeder gemeinschaftlichen Veränderung ist ein Grundkonsens, der zielgerichtetes Handeln ermöglicht und dabei der Vielfalt der Perspektiven gerecht wird.

Vier klare Ausgangspunkte bilden den Einstieg in einen ersten belastbaren Grundkonsens. Hierzu gibt SELF eine knappe Zusammenschau der grundlegenden Annahmen, Gedanken und Begriffe zu Social Energy, die Sie mit Ihren Kollegen leicht besprechen können: worum es geht, und was dafür nötig ist. Mit diesem Grundkonsens sind Sie gerüstet, die Entwicklung Ihres Betriebs weiter zu begleiten – so, wie es für Sie und alle anderen möglichst stimmig ist. Sie können sofort beginnen und aus eigener Kraft mit Ihren Kollegen den begonnenen Weg fortsetzen. Mit SELF kann der Kreis der Interessenten und Unterstützer aus eigener Kraft wachsen, unabhängig davon, wie vertraut Ihre Kollegen mit Organisationsentwicklung bereits sind.

Vier Ausgangspunkte Ihrer Organisationsentwicklung

Ausgangspunkt 1: Ihr Verständnis von Beziehungsqualität. Die fünf Beziehungsqualitäten »gegeneinander«, »nebeneinander«, »miteinander«, »füreinander« und »vereint« lassen sich ohne nennenswerte Vorbereitung diskutieren:

- Welche Beziehungsqualität empfinden wir zwischen uns und in Bezug auf den Betrieb?
- Welche Beziehungsqualität würden wir uns wirklich wünschen?
- Wo sind wir schon so weit?
- Wie könnten wir dazu beitragen, dass sich die gewünschte Beziehungsqualität einstellt?

Hier stellt sich die Frage, welche Beziehungsqualität wir haben wollen. Die Diskussion ist leichter, als es scheinen mag, und erhellend – etwa zu einem scherzhaften Impuls wie »Ich bin für ein Miteinander, solange alle meiner Meinung sind« zu fragen: Spräche dies für ein echtes Miteinander oder allenfalls für ein Neben- oder gar Gegeneinander?

Nehmen Sie hierzu gerne Abbildung 1 als Überblick zu den fünf Beziehungsqualitäten zu Hilfe. Finden und verwenden Sie eigene Beziehungsqualitäten statt der hier gegebenen fünf Begriffe, wenn Ihnen diese stimmiger erscheinen. Die Kernfrage ist immer, ab welcher Beziehungsqualität Sie und Ihre Kollegen bereit sind, in Ihr Miteinander zu investieren.

Die Reflexion »Beziehungsqualität wahrnehmen« im Abschnitt »Psychologische Sicherheit« in Kapitel 1.2 können Sie ebenso gemeinsam durchführen.

Ausgangspunkt 2: Ihr gemeinsames Bild menschlicher Kernanliegen. Ein wesentlicher Schlüssel zu Social Energy liegt in der Frage, welchen Kernanliegen eine Organisation oder Beziehung idealerweise Raum gibt, sodass wir als Mensch gern all unsere Kapazitäten in die Organisation oder Beziehung investieren, statt uns hier nur mit wenigen Kernanliegen und Kapazitäten angesprochen zu fühlen, oder gar nicht.

- Die sieben Kernanliegen des Inneren Teams sind schnell dargestellt und leicht besprechbar: Was braucht der Mensch, über Geld hinaus? Welche Kernanliegen stehen dahinter?
- Finden Sie zu einem gemeinsamen Verständnis der grundsätzlichen Bedürfnisse Ihrer Kollegen. Gibt es Schwerpunkte innerhalb der Kernanliegen? Sind weitere wichtige Anliegen zu ergänzen?

Auch hier steht es Ihnen frei, eigene Kernanliegen statt dieser sieben zu erarbeiten; womöglich finden Sie in der gemeinsamen Diskussion Wege, das Spektrum der sieben Kernanliegen noch zu erweitern.

Kapitel 2.4 bietet Ihnen hierzu weitere Reflexionen, die Sie gleichfalls gemeinsam durchführen können, insbesondere »Kernanliegen im Alltag erforschen«.

Ausgangspunkt 3: Ihr Verständnis des Entwicklungszyklus Ihrer Organisation. Die Grundidee des Entwicklungszyklus (Kapitel 2.1) mit seinen vier sich ständig wiederholenden Schritten ist schnell geschildert. Überlegen Sie gemeinsam im Anschluss daran:

- In welcher Weise kann Ihre Organisation sich leicht weiterentwickeln?
- Sagt sie vier Mal »Ja«, oder gerät der Kreislauf irgendwo ins Stocken?
- Was könnte der tieferliegende Grund dafür sein, dass die Entwicklung zum Stillstand kommt?

Wesentlich ist eine gemeinsame Vorstellung davon, wie Entwicklung und Veränderung möglich werden können, ohne die Beteiligten zu bevormunden oder ihre individuellen Perspektiven zu ignorieren oder gar abzuwerten. Hilfreich bei Meinungsverschiedenheiten ist meist die Frage, welche Kernanliegen hinter den einzelnen Standpunkten stehen, und auf der Ebene dieser Kernanliegen gemeinsame Anliegen und Verständigung zu suchen.

Ausgangspunkt 4: Ihr Umgang mit auftretenden Spannungen. Wie hinderlich künstliche Spannungen im Miteinander sind (Kapitel 3), erschließt sich am nachdrücklichsten aus eigenem Erleben – etwa anhand der Übungen für Empathie in diesem Buch, mit anschließender Reflektion. Wenn Sie zu Beziehungsqualität, Kernanliegen und Entwicklungszyklus einen Grundkonsens gefunden haben, wird es leichter, die Möglichkeiten und Auswirkungen unterschiedlicher Veränderungsbeiträge zur Organisationsentwicklung auszuloten:

- Welche Beiträge braucht Ihr Betrieb, um den Entwicklungszyklus positiv zu durchlaufen, und was könnte jeder Einzelne hierzu beitragen?
- Was würde es für die Organisation bedeuten, wenn sie individuelle Perspektivwechsel und eigenständige Entwicklungen systematischer fördern würde?
- Wie würde es sich auf den Entwicklungszyklus Ihrer Organisation auswirken, wenn Dominanzstreben, Druck und andere Formen künstlicher Spannungen noch zu- oder abnähmen?

Wie könnten Sie und Ihre Kollegen es sich erleichtern, mit Spannungen gut umzugehen und auf künstliche Spannungen mehr und mehr zu verzichten?

An welchem Schritt stehen Sie selbst in Ihrem persönlichen Entwicklungszyklus, und was wünschen Sie sich gerade? Unsere Kraft zu innerem Wandel hängt ab von unserer Bereitschaft, uns auf Spannungen einzulassen und einen verbindenden Umgang im Sinne eines »Ich bin OK, du bist OK« aktiv zu fördern. Im Entwicklungszyklus liegt hierzu der Schlüssel, inwieweit

- wir uns überhaupt bewusst sind, welche Entwicklung für uns möglich wäre (Schritt 1: Bewusstsein);
- wir die Gelegenheit hatten und genutzt haben, unsere Optionen zu reflektieren (Schritt 2: Bedeutung);
- wir bereit sind, uns auf Neues tatsächlich einzulassen (Schritt 3: Bereitschaft);
- wir selbst neue Erfahrungen gemacht haben, die uns Lust machen auf mehr (Schritt 4: Erleben).

Orientierung für den Einstieg in »Ich bin OK, du bist OK« kann hier die Goldene Regel bieten: Wie würden Sie selbst gern begleitet werden – und wie könnten Sie mehr Sicherheit bei der Entscheidung gewinnen, welche Art von Begleitung Ihrer Organisation am meisten nützen würde? Diskutieren Sie zu dieser Frage, wenn Ihnen dies stimmig erscheint, auch die vier unterschiedlichen Beiträge als Begleiter in Kapitel 3.5.

Grenzen von SELF

Nehmen Sie SELF als Ausgangspunkt – und nehmen Sie sich gleichzeitig die Freiheiten und die Freiräume, dieses Grundgerüst nach Ihren Vorstellungen mit Leben zu füllen. Meine Vorschläge sollen Ihnen und Ihren Kollegen als Basis dienen, wenn Sie nicht mit dem sprichwörtlichen leeren Blatt beginnen möchten. Denn weit bedeutsamer als langwierige Diskussion um »richtige« oder »falsche« Begrifflichkeiten und Vorgehensweisen ist,

- dass *überhaupt* Dialoge auch zu diesen schwerer greifbaren und mitunter ungewohnten Themen stattfinden,
- dass diese Dialoge wertschätzend geführt werden (im Sinne der verbindenden Haltung »Ich bin OK, du bist OK«) und
- dass sie nicht nur einmalig, sondern kontinuierlich geführt werden.

Entwicklung ist ein Zyklus – und was im ersten und zweiten Durchlauf nicht gelingt, gelingt vielleicht im dritten. Doch die Erfahrung lehrt auch: Was beim ersten Mal abgelehnt wird, weil es erzwungen oder oktroyiert werden soll, wird womöglich nie mehr gelingen. Selbst so hilfreiche Begriffe und Tools wie Wertschätzung, Agilität, Haltung, World Café, Stille, Lego (»serious play«), Stuhlkreis, Meditation oder Post-its können dem zum Opfer fallen und gelten in einigen Unternehmen regelrecht als »verbrannt« – zum Leidwesen derer, die gerne mit ihren Kollegen hiermit arbeiten möchten.

4.3 Sprache: Lebendige Begriffswelten und Dialoge für Kulturentwicklung

Niemand kann von sich sagen, er allein wüsste, welches die »richtige« Kultur für eine Gruppe ist, und selbst wenn es die optimale Kultur gäbe, wären unsere individuellen Vorstellungen, Erfahrungen, Wünsche und Begriffswelten viel zu unterschiedlich, als dass wir in absehbarer Zeit auf einen grünen Zweig kommen könnten. Solange wir auf der Ebene vager Buzzwords bleiben, mag unser Gespräch noch einmütig erscheinen, doch spätestens, wenn es ans Konkrete geht, dürften unsere Vorstellungen davon, was weshalb zu ändern sei, in der Praxis meist weit auseinanderliegen. Wenn wir uns also bei übergeordneten gemeinsamen Zielen wie Kulturentwicklung schnell grundsätzlich einig scheinen, verkennen wir leicht, wie unterschiedlich unsere Perspektiven tatsächlich sind.

Der Schlüssel zur Entstehung einer kraftvollen Gemeinschaft liegt darin, sicherzustellen, dass alle Wahrnehmungen und Anliegen ihrer Mitglieder besprechbar sind. Wo wichtige Themen nicht besprochen werden können – etwa weil die Räume fehlen, die Begriffe, das gegenseitige Vertrauen oder schlicht die Erlaubnis –, entstehen gravierende Hemmnisse für einen echten Austausch. Wenn nicht einmal diese Hemmnisse besprechbar sind, stehen die Chancen für echte Gemeinschaftsbildung schlecht.

Zugleich sorgen untereinander in der Praxis jede Menge alltäglicher Missverständnisse, Begriffsverwirrungen, Hemmungen und natürlich der übliche Zeitmangel dafür, dass unsere Dialoge nur selten ideal ablaufen. Umso unverzichtbarer ist das aktive Bemühen aller, sich gerade diesem Schlüssel zum Gelingen von Gemeinschaft möglichst engagiert zu widmen: Sonst ist es, als ob wir sportliche Spitzenleistungen erbringen wollen und ein enges Korsett, das wir nicht ablegen können, unsere Beweglichkeit einschränkt und unsere Energie abschnürt.

Doch es geht nicht nur darum, das Trennende besprechbar zu machen. Ebenso wichtig ist es, alles zu unterstreichen, was die Verbundenheit fördert: Erfolge zu feiern; sich über neue Erfahrungen und Impulse gemeinsam zu freuen; Dankbarkeit auszudrücken; auszusprechen, was gerade gelingt; den Grundkonsens zu bekräftigen. Das alles sind wichtige Elemente einer lebendigen Dialogkultur.

Leider fehlen uns für die wesentlicheren, tieferen Ebenen des erweiterten Seerosenmodells oftmals schlicht die Begriffe und die Übung, um im Arbeitskontext so routiniert und verständlich über Gefühle und Ängste zu sprechen wie über die üblichen Gesprächsthemen und Fachbegriffe unserer Abteilung. Ohne geeignete gemeinsame Begriffe und Dialogräume ist uns Vielfalt im Arbeitsalltag meist eher im Weg, als dass wir Souveränität aus der Vielfalt unserer Perspektiven schöpfen könnten (Kapitel 2.2 »Vom Ich zum Wir«).

Gemeinsame Sprache: Offene Dialogkultur ohne Dogmen

Es braucht eine gemeinsame Sprache und eine gemeinsame Vorgehensweisen, um diese Räume und das Vertrauen mit Leben zu füllen und zu pflegen. Idealerweise entstehen die Begriffe und Arbeitsweisen in der Gemeinschaft selbst, damit ihre Mitglieder sich diese ohne Hindernisse zu eigen machen können. Zumindest ist es hilfreich, neue, unverbrauchte Begriffe einzuführen und gegebenenfalls zu prägen.

Gemeinsame Begriffe machen Wahrnehmungen besprechbar und gemeinschaftliche Weiterentwicklung möglich. Daher ist es hilfreich, Begriffe in den Austausch einzubringen, die von allen gleichermaßen verstanden werden und die möglichst wenig mit anderen, womöglich missverständlichen Bedeutungen beladen sind. Ich glaube, dies ist ein natürliches Argument dafür, dass so viele Anglizismen überall dort herumschwirren, wo es um Neues oder vermeintlich Neues geht: Oft steckt dahinter wohl auch einfach der unbewusste Wunsch, für einen neuartigen Sachverhalt, den wir ausdrücken wollen, ein möglichst ebenso neues Wort verwenden zu können. Doch Englisch ist nicht »unübersetzbar« und mit einem Buzzword allein ist es nicht getan. Entscheidend ist, allem, was uns gemeinsam viel bedeutet, Begriffe zu geben, bei denen alle wissen, was damit im Kontext der Zusammenarbeit gemeint ist.

Wortneuschöpfungen bei Scrum

Bei dem agilen Projektframework Scrum wurden beispielsweise sämtliche Elemente dieser neuartigen Vorgehensweise bewusst mit neuen Begriffen belegt – obwohl herkömmliche Begriffe grundsätzlich durchaus ebenfalls verwendbar gewesen wären:

- Sprint statt Projekt-Iteration,
- Product Owner statt fachlicher Leiter,
- Scrum Master statt Mannschaftscoach,
- Retrospektive statt Rückschau,
- User Story statt Anforderung und vieles mehr.

Ein Ziel dieser Begriffsprägungen war, spürbar zu machen, dass es sich hier um etwas ganz Neues handelt; denn keiner der genannten »herkömmlichen« Begriffe erfasst die in Scrum intendierte Bedeutung zu 100 Prozent.

Solche Wortneuschöpfungen erleichtern den Aufbruch zu etwas Neuem und geben Diskussionen um Bedeutungen und Deutungshoheit von vornherein so wenig Nährboden wie möglich, wenn sie bei der Einführung in geeigneter Weise erläutert werden. Zu den vielen Begriffen, die insbesondere ein internes Kulturlabor (wie etwa ein Game-Changer-Team, Kapitel 4.5) für sich und für das Unternehmen entwickeln, beschließen, prägen und einführen könnte, zählen unter anderem die individuelle, von den Beteiligten selbst gewählte Bezeichnung

- ihres Projekts,
- ihres eigenen Teams,
- der Teammitglieder,
- ihrer Rollen, in denen sie sich im Team begegnen,
- ihrer Termine, zu denen sie regelmäßig zusammenkommen,
- ihrer Leistungen, die sie für die Kollegen im Haus entwickeln,
- ihrer internen Adressaten und Zielgruppen ihrer zu entwickelnden Leistungen,
- ihrer Kommunikationsplattformen, auf denen sie mit den Kollegen im Haus kommunizieren.

Diese Liste ließe sich problemlos fortsetzen. Es sind alles Begriffe, die im Team entwickelt werden können – idealerweise gemeinsam mit möglichst vielen Betroffenen und Nutzern –, und so die Akzeptanz der gemeinschaftlichen Bestrebungen erheblich steigern, weil die Menschen sich das, was geschieht, buchstäblich zu eigen machen. Der Kunstgriff liegt darin, die Kollegen einzuladen, den Dingen Namen zu geben, die Bedeutung für sie haben. Mit dem Namen entsteht eine emotionale Bindung. Zudem ist ein Projekt, das einen bedeutungsvollen Namen hat, viel leichter und emotionaler besprechbar als eines, dem lediglich eine Budgetnummer zugewiesen wurde.

Der große Wert solcher eigenen Begriffsprägungen geht weit darüber hinaus, eine »eigene Sprache« zu entwickeln, die dem Wir-Gefühl Ausdruck gibt, wie wenn auf einer Klassenfahrt mit einmal neue und ausgesprochen bedeutsame Begriffe unter den Schülern entstehen, Sie erinnern sich bestimmt. Vielmehr öffnet eine solche Begriffsfindung, bewusst angeregt und durchgeführt, ganz wesentliche Dialoge über die fundamentalen Aspekte des gemeinsamen Vorhabens: Dem Vorhaben etwa gemeinsam einen eigenen Namen zu geben und den Beteiligten eine Rollenbezeichnung, mag auf den ersten Blick verzichtbar erscheinen, doch es führt viel mehr in die Tiefe und zu den relevanten Fragen als »verkopfte« oder theoretische explizite Debatten über Ziele und individuelle Beiträge. Bei der gemeinschaftlichen Begriffsfindung ergeben sich diese Debatten unausweichlich und lebendig von selbst, sobald die Beteiligten sich ernsthaft auf sie einlassen und aus den Rückmeldungen anderer Kollegen spüren, welche Assoziationen und Bedeutungen der eine oder andere Begriff mit sich bringt.

Umgang mit der neuen Offenheit und Verletzlichkeit

Selbst wenn wir uns auf gemeinsame Begriffe verständigt haben, bleibt die Frage: Wie können wir gut mit der gegenseitigen Offenheit und der Verletzlichkeit umgehen, die damit einhergehen, dass wir unsere professionellen Masken und mitunter Rüstungen ablegen?

Die Kunst besteht darin, trotz all der Konflikte, die berufliche Zusammenarbeit im Allgemeinen und persönliche Diversität im Besonderen unvermeidlich mit sich bringen, bewusst in gegenseitiges Vertrauen zu investieren. Wenig hilfreich ist hingegen, wenn wir uns gegenseitig die vorsichtig geöffneten Fenster ins eigene Seelenleben enttäuscht und verärgert wieder zuschlagen, kaum dass uns erste Missverständnisse, Interessenkonflikte und womöglich Übertreibungen daran erinnern, wie schwer es ist, sich in der alltäglichen Betriebsamkeit aufeinander einzulassen. Die künstlichen Spannungen, die wir in Kapitel 3 betrachtet haben, enden leider meist nicht automatisch mit der Proklamation eines neuen Miteinanders.

Ein weiteres wesentliches Erfolgsmerkmal gelingender Kulturwandelprojekte besteht daher darin, Konflikten und Störungen bewusst Raum zu geben, sodass die Beteiligten den erheblichen Wert geeigneter Formate zur Konfliktbewältigung kennen lernen können (im Scrum zum Beispiel die Retrospektive). Die Leistungsfähigkeit eines Teams kann im Zuge der Überwindung solcher Konflikte wachsen und das Team insgesamt gestärkt daraus hervorgehen.

Nicht zuletzt macht es einen erheblichen Unterschied, ob die grundsätzliche Tonalität der Kommunikation offen und in verbindender Weise natürliche Spannungen anspricht – oder ob sie von Groll, »Müssen« und künstlichen Spannungen geprägt ist (Kapitel 3.4).

Unverzichtbar: Klare Leitplanken für mehr Freiraum

Bei allen Freiheiten braucht es auch klare Leitplanken, um die Freiräume wirklich unbeschwert nutzen zu können. Diese Rahmenbedingungen umfassen insbesondere

- den zeitlichen Horizont, in dem das Team tätig sein will (Wochen, Monate, Jahre),
- die Verfügbarkeit der Mitwirkenden, zum Beispiel in Prozent der Wochenarbeitszeit,
- die angestrebte Zahl der Mitwirkenden (einige wenige, einige Dutzend, oder mehr),
- die grundsätzlich angestrebten Merkmale einer positiven Entwicklung: Betriebsklima, Innovationskraft, Veränderungsbereitschaft et cetera,
- Freiräume, bestimmte Entscheidungen selbst treffen zu können, und die Notwendigkeit, andere Entscheidungen abzusprechen,
- Freiräume, die bestehenden Kommunikationsplattformen (Intranet, Hauszeitschrift) zu nutzen und gegebenenfalls eigene zu entwickeln,
- regelmäßige Dialogformate mit maßgeblichen Ansprechpartnern im Management,
- die gewünschte Beteiligung der jeweiligen Vorgesetzten,
- ein geeignetes Budget für Materialien, Software, Raumausstattung und gegebenenfalls externe Unterstützung, Moderation und Reisekosten bei mehreren Standorten,

- die Modalitäten einer eventuellen Zeiterfassung und -verbuchung sowie die Buchung eventueller Ausgaben,
- die Anerkennung, dass all diese Rahmenbedingungen zu Anfang nicht stabil sein werden und regelmäßigen Dialog erfordern, um sich mit der Zeit stabilisieren zu können.

Wichtig ist neben diesen formalen Rahmenbedingungen das Bekenntnis, jeglichen Austausch im Team, zwischen Team und Management und zwischen Team und Mitarbeitern frei von Denk- und Sprechverboten zu halten. Denn freie Entwicklung lebt davon, dass alles Wesentliche besprechbar ist.

Hinderliche Denk- und Sprechverbote inhaltlicher Art

Bei einem Kulturwandelprojekt in einem Beratungsunternehmen hatte das Team den vollen Rückhalt des CEO. In unterschiedlichen Dialogrunden entwickelten die Mitarbeiter untereinander praktische Veränderungsansätze zu Schlüsselaspekten ihrer Unternehmenskultur. Alles war hier besprechbar – bis auf das Bonussystem; dieses hatte der CEO zum Tabu erklärt, um die ohnehin seit dessen Einführung schwelende Dauerkritik nicht noch zusätzlich zu befeuern.

Der Versuch, das heikle Thema unter Verschluss zu halten, vergrößerte das Problem nur: Regelmäßig und hitzig erschien das Thema trotzdem – oder gerade deswegen – auf den Post-its und Whiteboards der Workshops, obwohl es gar nicht zur Diskussion stand.

Auch jenseits der inhaltlichen Ebene beobachte ich immer wieder Sprachbarrieren:

Fehlender Rückhalt als schwer besprechbares Thema

Bei einem anderen Projekt war den Mitwirkenden größtmögliche Freiheit gegeben, thematische Schwerpunkte zu setzen, die Belegschaft entsprechend einzubeziehen und sie auch mit kritischen Fragen zu befassen. Allerdings stand nur ein einziges Vorstandsmitglied vorbehaltlos hinter der Notwendigkeit eines Kulturwandels; den anderen erschienen altbewährte Maßnahmen weitaus lohnender, insbesondere Vertriebsoffensiven und Kostensenkungen.

Die resultierenden offenen und verdeckten Interventionen einzelner Führungskräfte erschwerten die Arbeit des Teams immer wieder, doch sie erschienen dem Team nicht besprechbar. In der Folge nahmen die Teammitglieder mitunter beträchtliche Erschwernisse in Kauf, um die grundsätzliche Erlaubnis zur Kulturarbeit nicht aufs Spiel zu setzen.

Dies sind Beschränkungen, die in Kulturwandelprojekten häufig vorkommen. Zwar können die Beteiligten hiermit grundsätzlich umgehen wie mit anderen Hemmnissen auch (siehe etwa den Abschnitt »Störungen haben Vorrang« und folgende, Kapitel 3.2). Die Möglichkeiten eines echten Kulturwandels werden durch solche Barrieren jedoch zunächst an einer sehr empfindlichen Stelle begrenzt.

Haltungen und Weltbilder in der Kommunikation

Der letzte, vielleicht subtilste und sicherlich einflussreichste Aspekt gelingender Kommunikation und Begriffswelten zur Kulturentwicklung sind die Haltungen, aus denen heraus die Beteiligten sich äußern. Eine ganz wesentliche Unterscheidung im Sinne von Social Energy liegt in der Beantwortung der folgenden Fragen:

- Inwieweit gehen wir als Beteiligte davon aus, positive Entwicklungen grundsätzlich *erzwingen* zu müssen – und inwieweit vertrauen wir darauf, dass sie organisch aus eigener Kraft zustande kommen?
- Inwieweit sind wir als Begleiter von Veränderungsprozessen davon überzeugt, dass Vorgaben, Anreize, Verbote und gegebenenfalls Sanktionen unvermeidbar sind – und inwieweit können wir uns zuversichtlich darauf einlassen, lediglich günstige Rahmenbedingungen beizutragen?

Damit hängt die grundsätzliche Einschätzung zusammen, ob die Abläufe und Entwicklungen des Unternehmens im Allgemeinen und seiner Kultur im Besonderen planbar sein werden und einseitig kontrollierbar sein sollen oder nicht (»Projektansätze im Vergleich«, Kapitel 3.5). Entsprechend werden Dialoge zu künstlichen und natürlichen Spannungen hilfreich sein, inwieweit die Unternehmensentwicklung und ihre Kommunikation eher einem *einseitigen* Gestaltungswillen Folge leisten oder anstreben, einen *gemeinschaftlichen* Gestaltungswillen zu kultivieren.

4.4 Handlungsrahmen: Entwicklungszyklus der Organisation

Impulse geben, Dialogräume öffnen, ermutigendes Einfühlungsvermögen mit sich und anderen kultivieren und den Nutzen von Selbstorganisation im Arbeitsalltag erleben: Das ist erfolgreiche Arbeit im Entwicklungszyklus (Kapitel 2.1), die Führungskräfte und Mitarbeiter in den vier »Impulsen aus der Praxis« und vielen anderen Unternehmen leisten, und das ist der Weg, den ich sehe, wenn Organisationsentwicklung gelingen soll. Auch das Buch *Management Y*, die Dokumentarfilmkampagne *Augenhöhe – Film und Dialog* und dieses Buch greifen so ineinander, dass sie Organisationen durch ihren Entwicklungszyklus hindurch begleiten können. *Social Energy* bereitet in diesem Sinne *Management Y* und *Augenhöhe* den Boden: *Augenhöhe* und *Management Y* mobilisieren Entwicklung, die Haltung von *Social Energy* erleichtert diese Entwicklung.

Management Y, Augenhöhe und *Social Energy:*
Denkbare Angebote für den Entwicklungszyklus der Organisation

1. Wahrnehmung: Die Dokumentarfilmkampagne *Augenhöhe* macht anhand lebendiger Beispiele spürbar, welch unterschiedliche Unternehmenskulturen nicht nur möglich sind, sondern auch, wie viel lebendiger, erfolgreicher und gesünder sie sind.

2. Bedeutung: *Management Y* gibt vielfältige Anregungen für alle Organisationsebenen, neue Arbeitsweisen für sich zu erproben und zu prüfen, welche betrieblichen Fragen und Perspektiven von diesen neuen Wegen besonders profitieren würden.

3. Bereitschaft: Reflexionen und Dialogformate (etwa in *Management Y* und den Materialien für *Augenhöhe*-Dialogveranstaltungen) erleichtern es, unsere Bereitschaft zu kleinen oder größeren Entwicklungsschritten miteinander auszuloten und uns gegenseitig dabei zu unterstützen.

4. Erleben: Die besten Methoden zur Kulturentwicklung bleiben Äußerlichkeiten, solange wir die Kultur nicht leben. Veränderungsfähigkeit ist der Schlüssel hierzu. *Social Energy* bietet systematische Unterstützung, eine Bewegung in Gang zu bringen, als Mensch wie als Organisation von innen heraus die eigenen Haltungen weiterzuentwickeln.

Dies ist Rückhalt, den Kulturwandel »von außen« erhält – wie auch seitens vieler anderer guter Bücher und Filme, die sich in immer mehr Firmen als hilfreiche Unterstützung erweisen. Mit das Schönste für mich ist, mitzuerleben, wenn Kollegen in Betrieben sich *gegenseitig,* also »von innen« bei der Entwicklung ihres Miteinanders unterstützen und sich und anderen damit neue Spiel- und Entfaltungsräume eröffnen. Auf diese Weise entwickelt sich Kultur entlang einer gemeinschaftlich getragenen und mitgestalteten Dynamik – sofern alle Beteiligten bereit sind, ihre Eigen- und Mitverantwortung anzunehmen, statt sie anderen zu übertragen und passiv ihre Arbeitsweisen hinzunehmen.

Von jedem Platz der Organisation aus können wir zur Weiterentwicklung der Kultur beitragen, indem wir Kontexte schaffen, in denen sich die vier Schritte des Entwicklungszyklus so barrierefrei wie möglich vollziehen können:

1. Wahrnehmen: Welche Möglichkeiten haben wir, die wir bisher nicht erkannt haben?
2. Reflektieren: Was bedeutet das für uns?
3. Bereit sein: Sind wir bereit, etwas Neues zu wagen?
4. Erleben: Was erleben wir in diesem Wagnis?
5. (wie 1.) Wahrnehmen: Welche Chancen bieten sich uns jetzt, die uns zuvor nicht zugänglich waren? – Und so fort.

Wir haben uns in den vorangegangenen Kapiteln umfassend mit der Veränderungsbereitschaft des Menschen beschäftigt und damit, was wir alle dazu beitragen können. Wie kann nun ein für uns und unseren Betrieb stimmiges Vorgehen für gelingenden gemeinschaftlichen Wandel entstehen? Wie kann die Gemeinschaft sich in Schritten entwickeln, zu denen jeder Einzelne beiträgt?

Betrachtet man die Vielzahl von Möglichkeiten, zu einer organischen Kulturentwicklung beizutragen, kristallisiert sich eine Reihe essenzieller Haltungen und Handlungsweisen heraus, die sich in der Praxis bewährt haben. Für jede Phase des Entwicklungszyklus finden sich in den folgenden vier Abschnitten konkrete, praktische Hilfsmittel und Angebote, die wir unseren Kollegen zur Verfügung stellen und ebenso ganz für uns allein nutzen können: für Bewusstsein, Bedeutung, Mut und Handeln.

Bewusstsein: Unterschiede wahrnehmen und Blicke lenken

Wie könnten wir es uns, unseren Kollegen und Mitarbeitern erleichtern, Unterschiede zwischen bisherigen Arbeitsweisen und neuen Möglichkeiten zu erkennen, ohne das »Neue« übergriffig oder gar dogmatisch als den einzig möglichen Weg zu oktroyieren?

Würdigen und wertschätzen, was schon da ist und gelingt

Nicht alles ist schlecht! Statt zu beklagen, was noch fehlt oder im Argen liegt, können wir den Blick darauf lenken, wo sich im Hier und Jetzt bereits zeigt, was möglich ist. »Ressourcenorientierung« nennt dies die Psychologie. Die Frage ist, wie wir mit den gegebenen Möglichkeiten – unseren Ressourcen – zur bestmöglichen Entwicklung beitragen können. Dort, wo sich gute Entwicklungen bereits abzeichnen, erhalten wir wertvolle Hinweise darauf, welche Zusammenhänge und Prozesse wir stärken können, um die Gesamtentwicklung aus eigener Kraft zu fördern. Schlüsselfragen sind:

- Was gelingt bereits?
- Was bräuchte es, damit mehr davon noch besser gelingt?
- Wo liegen – auch im Hinblick auf unsere Kollegen und Mitarbeiter – die positiven Aspekte und Entwicklungschancen? Und wo klagen wir stattdessen gewollt oder ungewollt über (vermeintliche) Missstände?

Wenn sich andere an uns orientieren, beeinflussen wir durch unsere Haltung ihre Blickrichtung – wenn sie uns wertschätzend erleben wie auch wenn wir klagen (siehe »Verbindende Grundhaltung«, Kapitel 3.1).

Blickwinkel weiten und Angebote machen, etwas Neues wahrzunehmen

Wenn unser Blick sich auf Probleme fokussiert, erscheinen unsere Handlungsmöglichkeiten in der Folge minimal, weil unsere Wahrnehmung eingeengt ist. »Problemtrance« nennt dies die Psychologie. Sie kennen sicherlich die philosophische Frage, ob ein zur Hälfte gefülltes Glas halbvoll oder halbleer ist. Wer in Problemtrance verfällt, bei dem geht nichts mehr, er steckt fest in einer Abwärtsspirale der Motivation und sieht bald keinen Ausweg aus seiner Misere. Das Muster dieser Wahrnehmungsgewohnheit zu durchbrechen ist sehr wichtig, damit sie sich nicht verfestigen kann (siehe »Muster des Gelingens«, Kapitel 2.1).

Wie könnten wir es schaffen, unsere Aufmerksamkeit auf neue Eindrücke zu richten? Tänze, Glaube, Erzählungen, Literatur, Schauspiel: Schon die Urvölker hatten ihre klassischen Wege, Menschen andere Perspektiven anzubieten und mit leicht zugänglichen Angeboten deren Problemtrance sanft zu unterbrechen. Wo wir uns im Westen gegenüber Konzepten wie »Tänzen« und »Glaube« eine hinderliche, vermeintlich »professionelle« Distanzierung angewöhnt haben, berauben wir uns vieler Möglichkeiten, uns »mit Bordmitteln« selbst zu helfen.

Eine Vielzahl von Möglichkeiten im Arbeitskontext zeigt beispielsweise der Ansatz von *Management Y*, Kollegen sanfte Angebote zu machen, anfallende Aufgaben einmal anders anzugehen und dabei neue Erfahrungen zu machen, die den Blick weiten auf neue Möglichkeiten, wie sich Beziehungsqualität und Zusammenarbeit entfalten und verbessern können (*Management Y*, Kapitel »24 Möglichkeiten, jetzt zu handeln«).

Bedeutung: Lust auf Neues

Wie könnten wir Räume schaffen, in denen wir mit unseren Kollegen zu einer eigenen Einschätzung finden, was die anstehenden Entwicklungen für uns ganz persönlich bedeuten, ohne dass die notwendige Befassung mit der Veränderung oberflächlich bleibt oder angesichts der drängenden Prioritäten des Tagesgeschäfts untergeht?

Aufmerksamkeit lenken

Dies scheint eine grundlegende Voraussetzung auch für die beiden vorgenannten Ansätze zu sein. Unsere Aufmerksamkeit zu lenken, ist definitiv möglich. Die Kunst dabei ist, attraktive Angebote ins Blickfeld zu rücken, ohne jemanden zu irgendetwas zu zwingen: bei der Challenge Map (Kapitel 1.2) beispielsweise gemeinsame und unterschiedliche Hoffnungen (die wir dabei in der oberen Hälfte der gemeinsam entstehenden Themenlandkarte sammeln) und subjektiv empfundene Hemmnisse (unten auf der Karte). Bei diesem Format richten sich alle Blicke auf ein gemeinsames Bild der wesentlichen Gemeinsamkeiten und Unterschiede, ohne den Teilnehmern bestimmte Themen aufzudrängen oder zu verwehren.

Wollen wir im Kontext von Entwicklungsprozessen die Aufmerksamkeit auf die beiden Schlüsselfragen des Abschnitts »Bewusstsein schaffen« in Kapitel 4.1 lenken – was zählt (das »Wofür« der Entwicklung) und welche Veränderungen befinden sich bereits auf einem aussichtsreichen Weg (das »Wie«) –, sind Fragen wie die folgenden sehr wirksam:

- Wo erleben wir heute schon das, was wir wollen, in der Praxis – auch wenn es sich bis jetzt nur im ganz Kleinen zeigt?
- Was ist es, das uns dort offensichtlich die Möglichkeit dazu gibt?
- Wie könnten wir uns mehr von diesen Möglichkeiten verschaffen?

Mit derartigen Fragen machen wir uns den in der Fachsprache »Selektive Wahrnehmung« genannten Effekt zunutze, dass unsere fokussierte Aufmerksamkeit wie Nahrung wirkt für das, was wir uns zu entwickeln wünschen: Sobald einmal unser Interesse an neuen Möglichkeiten geweckt ist, werden wir sie überall entdecken. Unser »mentaler Mustererkennungsapparat« findet sie auf einmal schneller. So wie ein Kind, das Lesen lernt, plötzlich überall in der Welt Buchstaben und Worte entdeckt, und einem Erwachsenen, der Golfen lernt, mit einem Mal auffällt, wie viele Golfplätze es in seiner Umgebung gibt. Ähnlich kann sich der Fokus unserer Wahrnehmungsgewohnheiten verändern, sobald unsere Mustererkennung nicht mehr überall Gründe für unlösbare Probleme, sondern Chancen auf Verbesserung entdeckt.

Räume und Stille bieten

Eine gute Frage kann enorme Kraft entfalten in der Weise, wie sie unsere Aufmerksamkeit bindet. Doch wenn sie im üblichen Lärm unseres Alltags untergeht, wird sie uns nicht erreichen und ihre Kraft ungenutzt verpuffen. Mit anderen Worten: Wer vor lauter Tagesgeschäft nie Zeit hat, sich mit Alternativen zu seinem täglichen Tun zu beschäftigen, wird schlichtweg nichts Neues versuchen. Solange wir nicht bewusst Räume für Feines und Stille schaffen, wird Neues uns nur erreichen, wenn es den alltäglichen Lärm übertönt.

Stille ist ein mächtiges Instrument, um Entwicklung zu fördern – denn in der Stille können wir einer guten Frage kaum ausweichen. Das macht Stille zu einem überaus mächtigen Phänomen: derart mächtig, dass wir sie manchmal kaum ertragen mögen.

So ist die Stille der am leichtesten verfügbare Weg, um zu uns selbst zu finden, in uns hineinzuhorchen, zu reflektieren und uns mit dem Neuem zu verbinden: Neue Fragen. Neue Blickwinkel und Chancen. Neue Gedanken und Erkenntnisse. Neue Impulse. Neue Empfindungen. Neue Verbindungen zu Kollegen und Mitmenschen. Neue Intensitäten des Erlebens, wie Gerührtheit und Freudentränen. Je stiller und sanfter, desto kraftvoller.

Unsere Aufmerksamkeit ist unser knappstes Gut. *Achtsamkeit* ist die gelebte Praxis, mit unserer Aufmerksamkeit weder in die Zukunft noch in die Vergangenheit zu driften, sondern ganz im Moment zu sein. In der Meditation können wir hierzu üben, uns in der Stille nicht einmal von unseren eigenen Gedanken ablenken zu lassen. So können wir uns aus dieser noch stilleren Haltung heraus auf noch feinere Wahrnehmungen einlassen, die uns sonst nie erreichen würden. Hier erleben wir, wie viel kraftvoller sanftes Empfinden wirken kann als der alltägliche Lärm und Druck, den wir so gut auszuhalten gelernt haben.

Was wäre uns möglich, wenn wir genauso geübt wären, feine Signale und Empfindungen wahrzunehmen? Dies ist geradezu eine Lebensentscheidung: Wollen wir Lärm und Druck oder feines Wahrnehmen in unserem Leben kultivieren? Was tut uns wirklich gut?

Viele Reflexionen hier im Buch geben Raum, in der Stille tiefer zu uns zu finden. Als Einstieg in eine persönliche Achtsamkeitspraxis eignen sich insbesondere »Was wir wahrnehmen, wenn wir nichts müssen« und »In Kontakt mit dem Inneren Team« in Kapitel 2.1 und 2.4.

Mut: Bereitschaft zu neuen Erfahrungen

Wie könnten wir es uns, unseren Kollegen und Mitarbeitern erleichtern, für Schritte ins Neue den nötigen Mut zu fassen?

Dialog fördern und Rückhalt geben

Nicht nur uns selbst, sondern auch unseren Kollegen und Mitarbeitern tut es gut, wenn wir alle den Mut fassen, uns gegenseitig stille Räume zu schenken und gute Fragen zu stellen. Gemeinsam entsteht im Austausch die Kraft für Neues. In der gemeinsamen Stille sind wir alle gleich: Hierarchien und Rollen verblassen, jeder trägt für sich selbst Verantwortung, wir beginnen uns als Mitmenschen, als fühlende Wesen im selben Raum wahrzunehmen und haben die Möglichkeit zu erspüren, wie verbunden wir im Grunde sind.

Anschließend an solche Momente der Stille kann im Austausch mit anderen leichter eine Bereitschaft zum Perspektivwechsel entstehen.

Doch viele Situationen im Berufsalltag sind von unterschwelligen Zwängen oder mitunter kaum wahrnehmbarem Druck geprägt: Wie frei sind wir beispielsweise, unser Tun einmal aus einem anderen Blickwinkel zu betrachten, wenn wir mitten in einem Meeting mit der Geschäftsführung stecken, als Repräsentant unseres Bereichs, mit all den Zahlen und Sachfragen auf dem Tisch?

Es liegt eine erhebliche Chance darin, dem verbreiteten Kontrastprogramm aus vordergründigen Fragen, höflicher Verstellung, Rollenspiel, gegenseitigen Manipulationsversuchen und mutlosem Ausweichen, wenn die Fragen einmal schwieriger werden, mit einer neuen, verbindenden Haltung zu begegnen. Verbindender Dialog auf Augenhöhe schafft einen Rahmen, in dem wir alles oberflächlich Drängende eine Zeit lang vergessen, um uns dem zu widmen und uns gegenseitig das zu schenken, was wirklich zählt: tiefgründige Fragen, ehrliche Sichtweisen, echte Begegnung, wohlwollendes Zuhören und ernsthafte Reflexion. Doch wir wissen: Dies geschieht nicht über Nacht, es ist ein Prozess. Und als Begleiter werden wir in diesem Punkt voraussichtlich an Grenzen stoßen, weil unsere Einstellungen, Grundannahmen und Glaubenssätze, die sich in solchen Situationen manifestieren, tief verwurzelt sind (siehe »Grenzen der Möglichkeiten als Begleiter«, Kapitel 3.6).

Je mehr diese verbindende Haltung in unserer täglichen Zusammenarbeit im Betrieb oder insgesamt in unseren Beziehungen institutionalisiert ist, desto mehr können wir davon profitieren, uns im Dialog professionell begleiten und moderieren zu lassen, bis wir und die anderen Teilnehmer die zuvor genannten Qualitäten stärker verinnerlicht haben. Alte Gewohnheiten können mächtig sein und Appelle bewirken meist wenig. Doch wir können mit der Zeit lernen, einen guten Rahmen für ein kraftvolles Miteinander zu schaffen, in dem sich unterschiedliche Perspektiven gegenseitig befruchten und aus ihrer Unterschiedlichkeit heraus Neues entstehen kann: neue Wahrnehmungen, neue Perspektiven, eine neue Bereitschaft zur Veränderung. Das Gefühl, im Dialog Rückhalt zu spüren, ist der Schlüssel – oder zumindest eine große Erleichterung – für mutige weitere Schritte.

Vorleben und Vorbilder haben

Auch mit den besten Absichten scheitern Dialog und jede andere Form, aufeinander eine positive Wirkung auszuüben, solange wir unsere guten

Absichten durch gegenteilige Signale entwerten und hintertreiben. Menschen nehmen feinfühlig wahr, was anderen jenseits all ihrer Worte und Appelle wirklich etwas bedeutet. Mimik, Körpersprache und unser tatsächliches Tun und Lassen drücken aus, was uns wirklich umtreibt: Sicherheitsdenken oder Innovationsfreude? Beweglichkeit oder Starre? Offenheit oder Maskenspiel?

Wenn wir das eine fordern, aber das andere leben, entwerten wir beides. Insbesondere sind heutzutage viele moderne Dialogformate und Arbeitsmethoden zwar in den Unternehmen angekommen, werden jedoch oft noch ganz im alten Geiste eingesetzt: Gruppenarbeitsformate wie etwa die »Retrospektive« oder das »World Café«, die uns zum Beispiel stark dabei unterstützen könnten, aus Fehlern zu lernen und einen offenen, hierarchiefreien Gedankenaustausch zu fördern, gehen geradezu nach hinten los, wenn sie mit Überzeugungen angeleitet wird, die diesen Zielen entgegenwirken: etwa der Glaube, dass Fehler grundsätzlich bestraft werden müssen oder dass man als Vorgesetzter prinzipiell einen Wissensvorsprung haben müsse. Auf diese Weise werden solche leistungsfähigen Formate zur Gruppenarbeit, aber auch umfassendere Ansätze wie Scrum und Design Thinking im Unternehmen schnell »verbrannt«: etwa auch dann, wenn sie aus Angst vor Verletzlichkeit nicht offen und vom Herzen her, »von Mensch zu Mensch« durchgeführt werden, sondern nach Schema F und allzu technisch.

Ja, der Wandel beginnt bei jedem selbst. Aber es reicht nicht aus, als Führungskraft einen Managementansatz oder eine gewünschte Verhaltensweise an die Mitarbeiter zu delegieren, denn sie können solche Veränderungswünsche nur dann in ihren Arbeitsalltag übernehmen, wenn die Führung sie tatsächlich vorlebt. Sonst steht die kommunizierte Wunschkultur im Widerspruch zu dem, was die Führung am Ende des Tages tatsächlich honoriert und erwartet. Selbst Vorbilder zu haben, ist der sicherste Weg, sich der eigenen Vorbildwirkung bewusst zu werden.

Vorbilder haben und Vorbild sein
Wer ist Ihnen Vorbild, an wem orientieren Sie sich bewusst oder womöglich auch unbewusst? Meist prägen uns unsere Eltern oder andere wichtige Personen unserer Kindheit; oft auch Freunde, Kollegen oder auch Roman- oder Filmgestalten und Figuren des öffentlichen Lebens.
Wie fühlt es sich für Sie an, ein Vorbild zu haben? Was hat sich hierdurch entwickelt?

Wem könnten *Sie* eventuell Vorbild sein oder gewesen sein, womöglich ohne dass Sie sich dessen bisher ausdrücklich bewusst waren? Überlegen Sie gern hartnäckig bei dieser Frage – Sie werden in Ihrem Leben sicher nicht ohne Wirkung auf andere geblieben sein.

Handeln: Erleben aus erster Hand

Wie könnten wir unseren Kollegen und Mitarbeitern Räume öffnen, so real und angstfrei wie möglich tatsächlich neue Erfahrungen zu machen, die ihnen einen Vorgeschmack davon geben, wie das Neue sich anfühlen könnte?

Scheitern dürfen und aus Fehlern lernen

Neue Werte persönlich vorzuleben, ist naturgemäß schwerer, als sie von anderen zu verlangen. Doch niemand muss perfekt sein. Ein Geschäftsführer erzählte mir einmal, er habe eine Mitarbeiterveranstaltung zum Kulturwandel in seinem Haus mit folgenden Worten eingeleitet: »Ihr kennt mich, ich bin selbst nicht so, wie ich mir unsere Kultur vorstelle. Aber ihr sollt wissen, dass mir diese Kultur ernsthaft am Herzen liegt und dass ich sie mit allem, was ich kann, fördern möchte.« Solche entwaffnende Offenheit kann auch ein Weg sein, als Führungskraft voranzugehen und Menschen ehrlich mitzunehmen. Wir tun uns alle leichter, wenn wir uns von übertriebenem Perfektionismus verabschieden und lernen, unseren menschlichen Seiten im Arbeitsalltag mehr Raum zu geben.

Zugleich gibt es bei aller Begeisterung für moderne Werte und Arbeitsweisen kein Dogma, also nicht den einen richtigen Weg: Jede Arbeitsweise hat ihre Berechtigung – nur ist eben nicht jede Arbeitsweise für jede Herausforderung geeignet. Gerade viele neue Herausforderungen, vor denen Unternehmen in der VUCA-Welt (Kapitel 2.6) stehen, erfordern entsprechend neue Herangehensweisen, weil die alten Wege schlichtweg nicht zum Ziel führen. Wenn wir Neuland betreten, geht demnach kein Weg am tastenden Probieren vorbei. Doch wenn im Experimentierraum nur Erfolge stattfinden und Dogmen bestätigt werden dürfen, verfehlt das Experiment seinen Zweck, wirkliches Hinzulernen zu ermöglichen. Angst vor Repressalien und die Aussicht, möglicherweise Fehler zu machen, stellen viele Menschen vor immense Hürden auf dem Weg zu neuen Erfahrungen. So wagen wir ungern, etwas Neues zu versuchen.

Wenn Fehlschläge hingegen nicht weiter tragisch sind, lassen wir uns viel eher auf sie ein. Und mal Hand aufs Herz: Was ist wirklich schlimm? Jedes forschende Unternehmen vergibt Forschungsbudgets in dem Wissen, dass im Neuland Erfolge nicht vorausgesetzt werden können; Forschung ist immer ein Risiko. Das Budget soll doch im Wesentlichen finanzieren, dass wir hinzulernen, indem wir bestehende Hypothesen hinterfragen (»falsifizieren«, wie es in den forschenden Wissenschaften heißt), statt uns gezwungen zu sehen, vorgegebene Heilslehren auf Teufel komm raus zu bestätigen wie im »real existierenden Sozialismus« der 1980er Jahre.

Wichtig ist natürlich, die Existenz des Unternehmens mit Experimenten nicht stärker aufs Spiel zu setzen, als dieses angesichts der Marktdynamik ohnehin schon gefährdet ist. Das muss auch gar nicht sein, denn selbst kleine Experimente können großen Entwicklungen den Weg bereiten, etwa wenn wir den Mut fassen, potenzielle Kunden in ebenso mutiger Weise ehrlich in unsere inneren Entwicklungsprozesse einzubeziehen wie der vorgenannte Geschäftsführer seine Mitarbeiter.

Echte Verantwortung übernehmen und autonom handeln

Eine wesentliche Voraussetzung für ein echtes Hinzulernen aus Experimenten ist die echte Verantwortung aller Experimentierenden, reale Herausforderungen zu meistern, statt »bloß herumzuspielen« oder durch hypothetische Übungsszenarien oder Anweisungen Dritter vor Überraschungen bewahrt zu werden. Wirklichkeitsfremde oder allzu eng begleitete Übungsszenarien helfen beim Lernen ebenso wenig, wie seine Fahrstunden nur auf dem Verkehrsübungsplatz oder auf dem Beifahrersitz zu absolvieren. Die größten Lernchance, den eigenen Blickwinkel zu verändern und das Gesamtgeschehen aus einer ungewohnten Perspektive zu betrachten, liegt darin, eigenverantwortlich Überraschungen zu meistern. Zugleich braucht es natürlich einen klaren Handlungsrahmen, damit die ersten Schritte auf ungewohntem Terrain nicht zu Überforderung, Unstimmigkeiten oder chaotischen Zuständen führt. Je mehr Autonomie die Lernenden erhalten, desto mehr brauchen sie dienende Unterstützung (siehe »Muster des Gelingens« und »Panikzone« in Kapitel 2.1).

Einen geeigneten Rahmen, neue Formen der Zusammenarbeit zu erproben und sich zu eigen zu machen, bieten auch freiwilliges Engagement für gemeinnützige Zwecke (siehe Kapitel 3.5) und offene Workshops, idealerweise unter Begleitung erfahrener Coaches. Hier stellen sich leichter neue

Arbeitsweisen ein als in der gewohnten Arbeitsumgebung, und mitunter herrscht generell ein anderes Klima, das neue Formen der Zusammenarbeit sehr erleichtern kann. Viele Unternehmen fördern betriebliche Freiwilligen-programme inzwischen systematisch, oft auch unter dem Schlagwort *Corporate Volunteering*, und stellen Mitarbeiter regelmäßig für entsprechende Einsätze frei.

4.5 Weitere Anregungen für gelingenden Wandel

Müssen positive Entwicklungen ihre Strukturen, ihren Halt und ihre Klarheit von außerhalb der Organisation bekommen – oder können wir sie in uns selbst kultivieren, von innen her? Ich bin überzeugt, dass eine organische Ent-wicklung ihre Strukturen idealerweise von innen heraus gestaltet. Impulse, Anregungen und Erkenntnisse mögen von außen kommen, und das ist häu-fig unverzichtbar, damit eine Organisation nicht nur im eigenen Saft badet: Markt, Kunde, Gesellschaft, Trends, Ideen, positive und negative Beispiele – das sind alles Wirklichkeiten, die wir leicht ausblenden.

Doch welchen konkreten inneren Entwicklungspfad eine Organisation tatsächlich nimmt, kann von außen niemand vorgeben, das lässt sich nicht von Vorbildern abkupfern, und das weiß auch kein Einzelner besser als alle anderen. Organische Entwicklung von innen bedeutet, dass sich die Struk-turen und Veränderungen bilden, die den Beteiligten insgesamt stimmiger erscheinen als der vorherige Zustand – und das möglichst als Einladung für andere, ebenfalls zu versuchen, den eigenen Zustand weiterzuentwickeln.

An dieser Stelle lohnt es, als Impulse für Ihre eigene Entwicklungen (nicht als Blaupausen) einige beispielhafte Ansätze zu betrachten, die erleichtern können, dass Strukturen organisch entstehen und sich wandeln – ausgewählt anhand meiner Beobachtungen, welche organischen Entwicklungsinstru-mente sich auf organisatorischer Ebene bewährt haben.

Zappos & Co: Mythos und Wirklichkeit populärer Vorbilder

Im Kontext der Organisationsentwicklung gibt es zahlreiche vielverspre-chende Modelle, die ideale Zielbilder und somit geradezu populäre Träume darstellen. Wie können wir mit solchen Modellen gut arbeiten? Betrachten wir drei besonders häufig diskutierte Erfolgsmodelle genauer:

- Die Matrix-Struktur, also die Einführung weiterer eigenständiger Hierarchien,
- »Wie Zappos werden«, also Soziokratie, Holacracy, ein Pfirsichmodell oder Ähnliches einführen, mit neuen Organisationsformen wie insbesondere Kreisstrukturen, die die Hierarchie ablösen sollen,
- »Teal«, *Augenhöhe* und *Management Y*, stellvertretend für viele in populären Publikationen vorgestellte Organisationsformen, die ohne konkrete Strukturvorgaben vor allem auf Grundlage bestimmter Werte entstanden sind.

Was versprechen sie, und wo liegen die Herausforderungen und Chancen, um damit erfolgreich zu sein? Etliche Bücher und Schulungsangebote widmen sich dem Wunsch, hierüber mehr Klarheit zu erlangen. Ich stelle diese im Folgenden kurz vor.

Matrix: Mehrere Hierarchien (meist drei), statt nur eine

Das Versprechen: Die Organisation mit mehreren Hierarchien zu beschreiben statt nur mit einer einzigen, wird den realen Gegebenheiten besser gerecht – beispielsweise die verbreitete dreidimensionale Einordnung und Führung aller Organisationseinheiten und Mitarbeiter in drei eigenständigen Hierarchien für Funktion, Produktsparte und Region.

Der Mythos: Außer der Einrichtung verschiedener Hierarchien braucht man nichts zu ändern, das Unternehmen wird genauso weitergeführt wie bisher.

Die Herausforderung: Aufgrund der drei Hierarchien in der Matrix mit einem Mal statt *einem* Vorgesetzten *drei* fordernde Führungskräfte über sich zu haben, ist für die Geführten meist überfordernd bis lähmend – insbesondere wenn ihre drei unterschiedlich incentivierten Chefs sich untereinander nicht abstimmen. Je nach Naturell taktieren, mauern oder lavieren Mitarbeiter aller Ebenen sich nun durch, in der Regel zunehmend frustriert. Die Organisation erstarrt in überbordenden Abstimmungs- und Kontrollstrukturen, die versuchen, die bisherigen Führungsansprüche auch in der neuen Struktur gegen die Widerstände der anderen Hierarchien durchzusetzen.

Die Chance: Das große Potenzial der Matrix liegt in *dienender* Führung: Wenn Geführte drei Führungskräfte haben, die ihre Verantwortung delegieren und ihre Mitarbeiter bei der Arbeit unterstützen, kann die Matrix paradiesisch sein – das habe ich in meinen vielen Jahren als Angestellter in zwei amerikanischen Unternehmen immer wieder selbst so erlebt. Für Führungskräfte bedeutet dies, uns von unseren *Ansprüchen* auf Führung zu verabschieden und unser vorrangiges Selbstverständnis in der Unterstützung und Entfaltung der von uns betreuten Mitarbeiter zu sehen. Das ist für viele eine erhebliche Umstellung, die jedoch häufig als sehr befreiend erlebt wird. Bei mir selbst hat es, was dienende Führung betrifft, Jahre gedauert, bis der Groschen wirklich fiel.

Wie Zappos & Co: Holacracy, Soziokratie, »Pfirsich«, ...

Das Versprechen: Mitarbeiter, die etwas bewegen wollen, finden sich selbstorganisierend in entsprechenden Kreisen zusammen. So entstehen Jobvielfalt und organisatorische Flexibilität.

Der Mythos: Das Management wird abgeschafft – zumindest soll es keinen »Chef« mehr geben, auf den man die Schuld schieben kann.

Die Herausforderung: Kreise sind verschachtelnd und überlappend, und sie bilden damit eine kaum überschaubare Vielzahl von Strukturen. Die Frage, wer welche Arbeit macht, geht von den Führungskräften der bisherigen Hierarchie (bei Zappos früher: circa 150) auf die sogenannten Lead Links über (bei Zappos 2016: circa 350), die die Zusammenarbeit der Kreise koordinieren und bei denen man sich darum bewirbt, in einem Kreis mitzuwirken. Auch müssen beispielsweise individuelle Beiträge und Gehälter mit Kollegen und Marktgehältern in Einklang gebracht werden.

Die Chance: Holacracy und Soziokratie in einer komplizierten, übergreifend arbeitsteiligen Organisation wie Zappos erfordert wesentlich mehr Führung als in einer traditionellen Hierarchie. Die Führung verteilt sich nur anders, nämlich auf mehr, feiner austarierte und unterschiedliche Rollen sowie auf mehr Köpfe. Dies gelingt, wenn die Führungskräfte die Werte des Unternehmens spürbar vorleben und einfordern. Zudem ist eine geeignete IT-Infrastruktur unverzichtbar, damit jeder Mitarbeiter mühelos Einblick nehmen kann, was derzeit passiert und was er beitragen kann et cetera.

Das Entscheidende ist: Hier spielt die Beziehungsqualität eine weit größere Rolle. Traditionelle Organisationen können mit einem gepflegten, auf Unterordnung und Angst basierenden Neben- und Gegeneinander recht weit kommen. Eine so vernetzte, kollaborative Struktur wie bei Zappos braucht hingegen ein echtes Miteinander, um zu funktionieren. Dafür arbeitet sie im Zweifel wesentlich flexibler, engagierter und leistungsfähiger – und das ist nützlich, gerade wenn dies Kompetenzen sind, die der Markt besonders honoriert.

Mehr zu Zappos und Holacracy finden Sie unter www.zapposinsights.com/about/holacracy.

»Teal«, Augenhöhe, Management Y und andere Vorlagen

Das Versprechen: So begeisternd, wie die in populären Filmen und Büchern porträtierten Betriebe zusammenarbeiten, geht es überall.

Der Mythos: Wir schauen uns einen Film an, lesen ein Buch, holen uns die richtigen Berater – und machen danach alles anders, besser, begeisterter …

Die Herausforderung: Die genannten Organisationsvorbilder teilen weitgehend die auch in diesem Buch vertretenen Wertauffassungen. Spezifische *Forderungen*, insbesondere nach Augenhöhe oder bei Laloux' »teal«-Begriff nach »Überwindung des Egos«, bringen viele Führungskräfte und Mitarbeiter ebenso wie Organisationsberater an ihre Grenzen. Am Nächsten kommt dem in praktischer Hinsicht wohl die verbindende Grundhaltung »Ich bin OK, du bist OK« aus Kapitel 3.1 und die Überwindung gewohnter Reflexe, etwa auf Hindernisse mit Groll, Scham oder Schuldzuweisungen zu reagieren. So verbinden wir die Eigenverantwortung für unser Wohlergehen mit der Empathie für das Wohlergehen anderer.

Doch ein systematisches Nachahmen der vielen organisch entstandenen Arbeitsweisen der vorgestellten Unternehmen würde voraussetzen, dass diese tatsächlich entsprechende Systematiken verwenden – dabei liegt der Schlüssel zu ihrem Erfolg zu allermeist weitaus mehr in bestimmten Haltungen als in kopierbaren Methoden. Daher lassen die vorgestellten Erfolgsbeispiele *bewusst* erhebliche Interpretationsspielräume und verlangen de facto von den Betrieben, die solche Beispiele bei sich implementieren wollen, letztlich, ihren *eigenen* Weg zu finden, wie die Vorbilder auch.

Gleiches gilt für die Erfahrungsberichte in den vier »Impulsen aus der Praxis« hier im Buch. Auch sie sollen lediglich als Inspiration dienen, indem sie Social Energy anhand lebendiger Beispiele spürbar machen und nachzeichnen, wie sich die Haltungen der Beteiligten über die Zeit entwickelt haben.

Die Chance: Wenn wir Selbstorganisation und Eigenverantwortung fördern wollen, kann es tatsächlich nicht der Weg sein, einen bestimmten Ansatz zu kopieren oder externen Beratern die Findung unseres Wegs zu übertragen. Der Weg liegt darin, so frei wie möglich von Dogmen und Vorgaben die Mitarbeiter intensiv in die Mitverantwortung einzubeziehen, ihre eigene Zusammenarbeit zu gestalten. Hierfür sind Dialoge über Vorbilder, Grundwerte und Weltbilder sicher wichtig – entscheidend sind jedoch geeignete Räume für Mitarbeiter aller Ebenen, Perspektiven zu wechseln und sich gegenseitig zu unterstützen.

Unter dem Strich profitiert jedes Unternehmen, das einen ernsthaften Kulturwandel anstrebt, von einer größeren Souveränität und Mündigkeit seiner Führungskräfte und Mitarbeiter – in dem Sinne, dass Menschen ihre Rolle als Vorgesetzte und Untergebene und die damit einhergehende Fixierung auf Unterordnung und Druck loslassen zugunsten neuer Formen der Zusammenarbeit, die auf lebendiger Eigenverantwortung, Eigenständigkeit und Gemeinschaftlichkeit basieren statt auf Plänen, Unselbstständigkeit und individuellen Anreizen oder Sanktionen.

So kommt die Kultur ins Haus: Drei mögliche Wege

Wie entsteht ein Grundkonsens über das Miteinander, und wie verbreitet er sich? Top-down, outside-in, bottom-up oder ein anderes englisches Begriffspaar: Wer definiert die Soll-Kultur, und wer bestimmt den optimalen Weg ihrer Übertragung ins Haus? Lässt sich Kultur überhaupt »ausrollen«, wenn wir es ernst meinen mit dem pluralistischen Grundkonsens? Das sind kritische Grundsatzfragen – hier drei populäre Wege im direkten Vergleich.

Weg 1: Virale Kulturverbreitung

Der radikale Gegenentwurf zu einer zentralistischen Kulturdiktatur ist die Idee, Kultur über »virale« Ansätze zu verbreiten. Dass Mitarbeiter aus freien

Stücken Botschaften aus der Zentrale begeistert weiterempfehlen, setzt voraus, dass die Mitarbeiter diese Botschaften tatsächlich selbst gutheißen. Für selbst erarbeitete Ergebnisse oder Entwicklungen, die die Mitarbeiter selbst angestoßen, mitgestaltet und ins Unternehmen getragen haben, gilt das natürlich umso mehr.

Ein Erfolgsbeispiel für eine solche Kampagne schildere ich in *Management Y* im Abschnitt »Elch auf dem Tisch«, hier die Kurzversion: Der CEO des amerikanischen Konsumgüterherstellers Procter & Gamble ermutigte seine Führungskräfte in aller Welt auf humorvolle Weise dazu, heikle Themen anzusprechen, statt sie wie bisher zu verschweigen. Damit löste er, wie ich selbst erleben durfte, konzernweit eine sich selbst tragende Kulturwende aus. Im Mittelpunkt stand dabei ein kleiner Plüsch-Elch, den wir im Meeting auf den Tisch legten, wenn wir ein heikles unausgesprochenes Thema, also einen »Elch auf dem Tisch« wahrnahmen.

Auch in den Erfahrungsberichten von DB Vertrieb, Lilly Deutschland, der Siemens Power and Gas Division und Systelios findet auf verschiedenen Ebenen virale Kulturverbreitung statt.

Kraftvolle paradoxe Neuigkeiten haben sich immer schon »wie ein Lauffeuer« verbreitet. Virale Verbreitungsmechanismen markieren das Umdenken von Push zu Pull. Sie tragen Früchte, sobald sie Menschen ermutigen, etwas Neues, das ihnen Freude bereitet, an andere weiterzugeben – egal ob es sich um unfassbare Youtube-Videos handelt oder um Fotos von Daimler-Chef Dieter Zetsche in einem T-Shirt mit dem Aufdruck »Do Epic Shit« (zu Deutsch etwa »Mach geiles Zeug«), mit denen der Konzern seine Mitarbeiter animieren möchte, zu Game Changern zu werden, und dafür drei wesentliche Tipps weitergibt:

- Kopier' nicht andere, sondern such' deinen eigenen Weg.
- Probier' etwas aus, warte nicht erst auf Erlaubnis.
- Mach' Erfolgsgeschichten sichtbar und nutze dafür soziale Medien.

Es bleibt zu hoffen, dass die hiermit versprochene Kultur und die entsprechenden Freiräume im Konzern real existieren – oder sich im Zuge dieser Kampagne tatsächlich bilden werden. Dieter Zetsches Segen scheinen die Mitarbeiter jedenfalls zu haben: Sein Foto mit dem T-Shirt hat er im Mai 2017 auf seinem persönlichen LinkedIn-Kanal gepostet (linkedin.com/in/dieterzetsche).

Wie ein Lauffeuer

»Don't Ask For Permission. Ask For Forgiveness« (zu Deutsch etwa »Bitte nicht um Erlaubnis, sondern hinterher um Vergebung) war ein neuer Führungsgrundsatz, der zwar nie offiziell proklamiert wurde, aber sich Ende der 1990er Jahre zu meiner Zeit im internationalen Management bei Procter & Gamble in kurzer Zeit wie ein Lauffeuer verbreitete. Eine Neuigkeit, deren Verheißung tatsächlich allein schon dadurch faktischer zu werden schien, dass jeder sie kannte und jeder wusste, dass jeder andere sie kannte.

Die managementkritischen *Dilbert*-Cartoons des amerikanischen Comiczeichners Scott Adams verbreiteten sich bei Procter & Gamble seinerzeit noch schneller, obwohl sie jahrelang ausdrücklich verboten waren – angeblich weil die Bilderflut die Mailserver verstopfe und die Bilder im Büro auszudrucken zu teuer sei. Doch mit einem Mal fand ein Umdenken statt, was virale Kultureffekte anging, sicherlich nicht ohne Billigung des oberen Managements: Schlagartig wurde es üblich, *Dilbert*-Cartoons mit durchaus selbstkritischem Unterton in Managementpräsentationen einzubinden und ganze *Dilbert*-Bücher sogar in selbstironischer Manier zu Weihnachten palettenweise an die Mitarbeiter zu verschenken – mit spürbarem Effekt auf die Kultur.

Ich glaube, jeder Kulturwandel hat das Zeug, sich aus eigener Kraft »viral« zu verbreiten, wenn er die Arbeit der Menschen tatsächlich erleichtert, also etwa Probleme löst, Freiräume schafft und Gemeinschaft fördert. Mit anderen Worten: Wenn er die Kernanliegen bedient.

Solche guten Botschaften professionell über zentrale Kommunikationsabteilungen zu verbreiten, etwa in der Art wie Lobbyisten und Spin-Doctors und heute womöglich auch russische Social-Media-Fabriken in die politische Meinungsbildung eingreifen, kann *immer* nach hinten losgehen – und ich hoffe inständig, dass Internetbürger und Mitarbeiter zunehmend lernen, Fake News von Meldungen echter Kollegen zu unterscheiden. Ich finde es schade, wenn Unternehmen der Kraft ihrer eigenen Botschaften nicht trauen und glauben, im Kontakt mit ihren eigenen Leuten allzu professionell nachhelfen zu müssen. »Haben die das wirklich nötig?« ist die nachvollziehbare Reaktion der Öffentlichkeit ebenso wie der Belegschaft auf übertrieben beworbene Offerten, die nicht von sich aus attraktiv zu sein scheinen.

Hausinterne Kommunikation, Vorträge und vor allem Workshops und Trainings zu Kulturthemen sind gute Gelegenheiten, die Mitarbeiter sich selbstorganisierend untereinander austauschen zu lassen, welche Beispiele des Gelingens sie kennen und was sie persönlich für ihren Arbeitsalltag davon mitnehmen können. Wenn Menschen ohne großen Aufwand echte Geschichten weitererzählen können und dürfen, steht viraler Ausbreitung von Kultur wenig im Weg.

Besonders leicht kommt dies in Gang, wenn Unternehmen authentischen guten Beispielen einer neuen Kultur attraktive Bühnen bieten.

Die Augenhöhe-Kampagne: Bühnen schaffen für neue Arbeitsweisen

Die Dokumentarfilmkampagne *Augenhöhe – Film und Dialog* zeigte bereits Zehntausenden Menschen, dass begeisternde Zusammenarbeit sich lebendig anfühlt und überall möglich ist – und das nicht mit dem erhobenen Zeigefinger bekannter Experten oder nur aus der Warte von Geschäftsleitung oder PR-Abteilung. Im Gegenteil: Bei *Augenhöhe* transportieren authentische O-Töne von Mitarbeitern und Führungskräften die Geschichten. Nicht einmal die Interviewfragen sind zu hören; die Gefilmten sprechen für sich.

Auch verbreiteten Vorurteilen gegen neue Arbeitsweisen wollten wir mit unserer *Augenhöhe*-Kampagne begegnen. Daher beschränkten wir uns strikt darauf, nur Mitarbeiter erfolgreicher »Otto-Normal-Unternehmen« zu porträtieren, keine glamourösen Start-ups oder sonstige Sonderlinge der Arbeitswelt: Also keine Digitalunternehmen, keine systemischen Beratungshäuser und keine noch unprofitablen Neugründungen – sondern nur Firmen mit möglichst klassischen Leistungsangeboten, die mit ihrer Kulturentwicklung schon weit gekommen sind und *gerade deshalb* in absolut herkömmlichen Branchen überaus erfolgreich sind. »Wenn begeisternde Zusammenarbeit unter so normalen Bedingungen möglich ist, dann ist sie in jedem Unternehmen möglich« lautet die Botschaft, die wir mit dem Dokumentarfilm viral in die Welt geben wollten.

Weg 2: Kulturlabore außer Haus – »Schnellboote vor dem Tanker«

Eine erhebliche Verbreitungshürde im Haus haben Neuerungen der Unternehmenskultur überall dort, wo solche Neuerungen sich nur außerhalb des Werksgeländes abspielen dürfen.

Die gerade in Berlin mittlerweile unzählig in Co-Working-Spaces, Fabriklofts und Topadressen wie Unter den Linden aus dem Boden gestampften Start-up-Schmieden, Digital Venture Labs und Gründer-Lounges der Dax-Konzerne haben es fernab der streng reglementierten Heimatstandorte zweifellos um ein Vielfaches leichter, Neues auszuprobieren. Doch spätestens wenn die mit Co-Creation, Design Thinking, Social-Media-Support und Scrum zumeist digital gelaunchten Prototypen in die Wirklichkeit ihrer Muttergesellschaften integriert werden sollen, ist guter Rat teuer – und zwar auf beiden Seiten.

Die Mitarbeiter im Mutterkonzern, denen mit der Auslagerung solcher Innovationszentren die Kompetenz zu relevanten Weiterentwicklungen klar abgesprochen wurde und die demzufolge bislang vom Entwicklungsprozess dieser Innovationen eher ausgeschlossen waren, müssen nun zusehen, wie sie diese fantasievollen, mit Vorstandssegen und reichlich Presse bedachten fremden Machwerke in ihre mühsam über Jahre und Jahrzehnte perfektionierten Produktionsprozesse ihrer Werke und IT-Landschaften einpassen.

Die Innovatoren, die oft nicht nur mangels Einbindung in die echte Wertschöpfung des Mutterhauses eher Gesellenstücke und L'art pour l'art als real nutzbare Innovationen entwickeln, sehen sich im Gegenzug vielfach (aus Konzernsicht aus unabweisbaren Gründen) von allerlei Regularien ihrer Mutterkonzerne heimgesucht, wie etwa striktes Berichtswesen, komplizierte Einkaufsprozesse, Vorgaben der IT-Sicherheit, vorgeschriebene Laptop-Software, gewachsene Intranet-Policies, langwierige Kommunikations- und Freigabeschleifen et cetera. Sie werden zudem bei dem Versuch, ihre Prototypen in die Produktion, die IT-Landschaft und andere Bereiche zu überführen, von den Kollegen des »Mutterschiffs« – in vielen Fällen trotz beidseitig bester Absichten – als naiv und weltfremd abgetan und in der Folge ignoriert.

Nicht nur ausgelagerte Produktinnovationen, auch Kulturinnovationen tun sich schwer, im Mutterhaus Akzeptanz zu finden, wenn die Grundhypothese der Entstehung solcher Kulturinnovationen ist, dass diese intern nicht möglich sei und deshalb extern entwickelt werden müsse. Diese Trennung liefert Steilvorlagen für Killerargumente wie »Das funktioniert bei uns nicht«, »So etwas mag ja in Berlin gehen, aber hier ist das völlig undenkbar«, »Die arbeiten ja gar nicht ernsthaft, den ganzen Tag Kicker, Sitzsack und Tischtennis kann ich auch«, »Die sollen doch erstmal Umsatz machen« und so fort.

Das ist das Dilemma künstlicher Laborbetriebe fernab der Heimat: Sie produzieren tolle Ideen, aber solange die Botschaft ins Haus unvermeidbar

gleichzeitig lautet »Bei uns geht so etwas nicht, deshalb müssen wir es aus-
lagern, um uns zu entwickeln«, hat der Rücktransfer der Ergebnisse eine
schwere, manchmal sogar unüberwindliche Hürde zu nehmen. Das lange Zeit
äußerst populäre Bild der »kleinen beweglichen Schnellboote vor den Tan-
kern unserer Konzerne« ist im Grunde eine Ohnmachtserklärung nach innen
wie nach außen.

Doch Ausnahmen bestätigen bekanntlich die Regel: Die D-Labs der Bahn
beispielsweise, deren neueste Entwicklungen mir der damalige Bahnchef
Rüdiger Grube vor einigen Jahren begeistert auf seinem Smartphone zeigte,
haben längst bewiesen, dass auch Konzerne mit eigenen Apps ein Millionen-
publikum begeistern können – wenn man die Mitarbeiter machen lässt und
zugleich die konstruktive gegenseitige Unterstützung und Verzahnung mit
dem »Mutterschiff« nach Kräften fördert.

Weg 3: Inhouse-Labore und Game-Changer-Teams

Weit günstigere Voraussetzungen finden meist Laborbetriebe im Haus, etwa
in Form sogenannter Game-Changer-Teams. Hier entsteht Kulturwandel
unter den Bedingungen des Mutterhauses – realistisch, nicht im Schonraum.
Ins Leben gerufen nicht in Konkurrenz zu den Kollegen im Heimatbetrieb,
sondern um sie mit ganz konkreten Leistungen zu unterstützen.

Eine hausinterne Serviceentwicklung für kulturelle Arbeitserleichterung
lässt sich sicher nicht »eben mal so aus dem Boden stampfen«, doch ihre
Einrichtung schafft den besten Rahmen, neue Formen der Zusammenarbeit
am konkreten Bedarf verschiedener Teams, Abteilungen oder Bereiche aus-
zurichten und mit ihnen gemeinsam weiterzuentwickeln.

Der entscheidende Unterschied ist: Hier wird nichts top-down vorgegeben
oder entschieden. Jeder, der diese Leistungen mitgestalten will, kann auf seine
Art dazu beitragen: Input geben, testen, mitentwickeln, als Botschafter davon
unternehmensweit berichten – und dabei die neue Kultur kennen lernen, die
im Team herrscht. Auf diese Weise entstehen authentische Beispiele und Sto-
rys im Haus, wo erfolgreich neue Wege beschritten werden, egal ob es sich um
Meeting-Formate, digitale Kommunikations-Tools oder andere Leistungsangebote handelt.

Kulturwandel von innen beginnt mit ergebnisoffenen Fragen. Wo Mitarbeiter sich gehört und ernst genommen fühlen und wo erste konkrete Entwicklungen sehr spürbar machen, dass echte Veränderung tatsächlich gewollt

ist, wächst die Lust, das eigene Unternehmen selbst ebenfalls mitzugestalten, statt nur passiv mitanzusehen, wie die Kollegen es verändern. Jeden Monat schöne Fotos für die Hauszeitschrift zu generieren, ist die Kür – die Pflicht ist, mit den ersten Schritten den Nerv der Belegschaft möglichst genau zu treffen. Denn das modernste Smartboard im nagelneuen »Think-Tank-Teamspace« wird zur Farce, wenn die wahren Probleme und Chancen aus Sicht der Mitarbeiter woanders liegen. Je höher unser Rang im Haus, desto mehr haben alle davon, wenn wir Wandel im Haus spürbar fördern, um uns ernsthaft *überraschen* zu lassen und nicht, um endlich unsere Lieblingshypothesen zu beweisen. Wege zu weisen, ist wichtig, aber nützlicher im Kulturwandel ist: »Seek First to Understand, Then to Be Understood«, frei übersetzt »Reden ist Silber, Verstehen ist Gold«.

Mitarbeiterdialoge auf mehreren Ebenen

Ob Mitarbeiterbefragung oder offene, freiwillige Workshops, im Dialog mit den Kollegen haben sich Fragen dieser Art bewährt:

- Wie erlebt ihr eure Motivation und Zusammenarbeit?
- Was braucht ihr noch, als ganzer Mensch, um wirklich gut arbeiten zu können – jenseits der üblichen Wünsche nach besseren Laptops und mehr Gehalt?
- Was läuft schon gut bei euch und anderswo? Welche Chancen seht ihr noch? Hättet ihr Lust, selbst dazu beizutragen, dass wir mehr davon entwickeln?
- Wollt ihr dieses Meeting-Format hier mal ausprobieren? Das haben wir mit einigen Kollegen zusammen entwickelt, und es könnte mit ein wenig Anpassung bei euch auch hilfreich sein.
- Wir möchten euch gerne Slack vorstellen, eine Art WhatsApp für Projekte, die wir bei unserer Learning Journey in vielen Unternehmen im Einsatz gesehen haben. Vielleicht ist das auch in eurem Bereich eine sinnvolle Bereicherung. Habt ihr schon mal davon gehört, oder es sogar selbst ausprobiert? Wir können euch gerne zeigen, wie das Ganze funktioniert.

Es ist nützlich, solche Dialoge auf mehreren Kanälen anzubieten, um für die anstehenden Veränderungsvorhaben auf möglichst unterschiedliche Weise sowohl die ersten grundsätzlichen Schwerpunktthemen zu identifizieren als auch einige »tiefhängende Früchte« in Form schneller

Detailverbesserungen, von denen starke Signalwirkungen zu erwarten sind.

Bei einem großen deutschen Mittelständler lag die Unterstützung des Kulturwandels bis zum Wechsel des Vorstands beispielsweise in der Hand eines bereichsübergreifend zusammengesetzten »Game Changer Teams«, das mit mir in einem halben Jahr

- zwei große Mitarbeiterbefragungen,
- anonyme Dialogkanäle,
- eigene kurze Dialogformate zur Unternehmenskultur bei zwei Drittel der abteilungsübergreifenden Events im Unternehmenskalender, und last but not least
- regelmäßige Rückkommunikation der aktuellen Erkenntnisse via Intranet, Mailverteiler und die genannten Dialogformate

organisierte und so den Kulturwandel spürbar als Neuerung »von Mitarbeitern für Mitarbeiter« erlebbar machte – mit monatlichen Sprints in einem an das Scrum-Modell angelehnten iterativen Projektvorgehen und unter lebhafter Beteiligung vieler Mitarbeiter.

Weitere solche Beispiele für vielversprechende Leistungsangebote, die von derartigen Inhouse-Teams als sichtbare Zeichen eines ernsthaften Wandels bei entsprechendem Bedarf der Mitarbeiter entwickelt werden können, sind »quer durch den Garten« insbesondere:

- ein ehrliches internes Stimmungsbarometer für Teams,
- eine neue Webseite und Unternehmensbroschüre, die im Sinne der Seerose tiefere Kernanliegen der Zielgruppen ansprechen;
- ein unternehmensweit ausgerollter eintägiger Workshop, der Kollegen dazu in Dialog bringt, wie Zusammenarbeit sich für sie persönlich anfühlt, wie sie sich aus ihrer Sicht anfühlen sollte und was sie selbst dazu beitragen möchten;
- eine standortweite Intranetplattform für »Brown Bag Lunches«, über die Mitarbeiter sich dazu verabreden, beim Mittagessen über relevante Kulturthemen zu sprechen, Bücher vorzustellen oder Filme zu schauen;
- ein Jahresprogramm für Führungskräfte, um sich über Weltbilder und Glaubenssätze bewusst zu werden und sich in Kleingruppen bei Perspektivwechseln gegenseitig zu begleiten;

- ein neues Format für bereichsübergreifenden Informationsaustausch, bei dem sowohl übergreifende neue Entwicklungen miteinander besprochen als auch Entscheidungen getroffen werden;
- ein digitaler Rückkanal an gewählte Schiedsleute für knifflige ethische oder soziale Sorgen und Ideen, über den Mitarbeiter unter technisch garantierter Anonymität ihre Gedanken teilen können;
- ein bereichsübergreifendes Hospitanzprogramm, über die Dauer von drei Monaten gegenseitig als Gäste und Feedback-Geber an den Jours fixes anderer Abteilungen teilzunehmen;
- eine grundlegende Neuausrichtung der Talentakquise, weg von funktionalen Stellenangeboten per Inserat und Headhunter hin zu authentischem, auf Werte und Kultur ausgerichtetem Empfehlungsmarketing über Konferenzen und Social Media;
- ein Checklisten-Tool mit Merkhilfen und kurzen Videoclips zu zentralen Kulturtechniken, die von den befragten Kollegen als besonders entwicklungsfähig benannt wurden, etwa Feedback geben und nehmen, Kernanliegen wertschätzend besprechen, Konflikte schlichten, Basiskenntnisse in Mediation, Umgang mit Restriktionen, Grundlagen der Moderation et cetera.

Diese Liste ließe sich beliebig fortsetzen. Wichtig ist: Es handelt sich um reale Leistungen, die Kollegen füreinander und miteinander entwickeln und erbringen, um neue Formen der Zusammenarbeit in ihrem Arbeitsalltag zu erproben und dabei neue Wege zu Innovationen in Aufgabenbereichen wie Produktentwicklung, Personalwesen, Vertrieb, Kundenbetreuung und Marketing et cetera zu entwickeln – als Game Changer, die ihren Kollegen erleichtern, alte Spielregeln zu ändern, und ihnen neue anbieten, ohne sie ihnen aufzuzwingen.

Im Idealfall entsteht ein stabiles Kernteam mit einem zusätzlichen Außenkreis von Gewährsleuten und Multiplikatoren vor Ort, die eine regelrechte Bewegung in Gang setzen. Das Kernteam übernimmt im Interesse möglichst vieler Kollegen neben- oder hauptamtlich die Verantwortung für die Weiterentwicklung der Unternehmenskultur. Dafür entwickeln und erproben Kernteam und Außenkreis unter sich geeignete Formen der Zusammenarbeit, die sie anschließend ihren Kollegen aus eigenem Erleben heraus anbieten können.

Ein bewährtes Vorgehen, entsprechende Prototypen für die Organisation zu entwickeln, ist beispielsweise ein vierwöchiger Scrum-Rhythmus, bei dem sich das Team vierzehntägig zu Planung, Austausch, Rückschau und themenbezogenen Workshops und Laborversuchen trifft und in den Zwischenzeiten selbstorganisierend entsprechende Aufgaben bearbeitet – koordiniert durch ein sogenanntes Backlog und kurze, regelmäßige Stand-up-Meetings oder, bei verteilten Standorten, durch geeignete digitale Plattformen zur selbstorganisierenden Projektkoordination wie etwa Trello und Slack. Eine Einführung in Scrum gibt beispielsweise das Buch *Der Ultimative Scrum Guide 2.0* sowie als kompakte Übersicht *Management Y*. Trello und Slack können Sie im Internet unter trello.com und slack.com kennenlernen.

Kulturlabor ist, wenn man Freitag spätabends erfrischt von der Arbeit kommt

Die Arbeit in einem solchen hausinternen Kulturlabor ist herausfordernd, mitunter anstrengend – aber im Gegenzug oftmals sehr erfüllend. Eine Mitarbeiterin eines großen Beratungsunternehmens, bei dem ich den Aufbau eines solchen Inhouse-Teams begleitete, erzählte uns eines montags, nachdem wir im Team am vorangegangenen Freitag bis spätabends an kulturellen Leistungsangeboten für die Kollegen gearbeitet hatten: »Als ich abends um zehn endlich bei meinen Freunden ankam, fragten sie erstaunt: ›Wo kommst du denn her? Du siehst so erfrischt aus!‹. Die machten vielleicht Augen, als ich antwortete: ›Stellt euch vor, mir geht's super. Ich komme direkt aus dem Büro, wir arbeiten jetzt anders zusammen!‹«

Hilfreiche Grundsätze aus der Erfahrung

Das Spektrum möglicher Veränderungen ist weit – von kleinen ersten Schritten bis zu radikaler Transformation. Folgende vier Stufen lassen sich klar unterscheiden und diskutieren: Wie weit wollen wir mit unseren gegenwärtigen Veränderungsbestrebungen gehen?

1. Stufe: Räume für Dialog öffnen,
2. Stufe: Kulturentwicklungsziele im Dialog mit interessierten Mitarbeitern entwickeln, statt »von oben« oder aus Zentralfunktionen wie dem Personalbereich heraus,

3. **Stufe:** Verteilte oder umverteilte Autorität und neue Strukturen, ergänzend oder anstelle der bisherigen Hierarchie,
4. **Stufe:** echtes (Mit-)Eigentum – durch Mitarbeiterbeteiligung bis hin zur Umwandlung des Unternehmens in beispielsweise eine Genossenschaft.

Alle diese »Sprungweiten« habe ich in der Praxis als sehr erfolgreich erlebt, und kein Schritt ist unmöglich. Es ist lohnend, gemeinsam mit Interessierten auszuloten und transparent zu machen, wo die Grenzen des Sinnvollen liegen, und die Räume bis hierhin aufzumachen.

Anschließend führt der Weg, mit der Unplanbarkeit solcher Kulturveränderungen souverän umzugehen, entlang des Entwicklungszyklus der Organisation: von heute erkennbaren Alternativen über Dialog und praktische Erfahrungen zu neuen Vereinbarungen und Gewohnheiten der Zusammenarbeit zu kommen. Das gilt im Großen wie im Kleinen. In diesem Entwicklungsprozess hilft es, die folgenden Grundsätze im Blick zu behalten.

Entdeckerfreude, unsere natürliche Energiequelle

All sich vor, Sie beobachten ein kleines Kind auf dem Spielplatz bei der großen Rutsche. Wie oft hat es schon andere Kinder dort herunterrutschen sehen, aber sich bisher selbst einfach nicht getraut! Doch heute fasst es Mut, klettert ohne fremde Hilfe die Leiter hinauf und steht bald ganz hoch oben. Huch, das sieht aber schon gefährlich aus … Aber die kindliche Neugier erstickt alle Zweifel im Keim; das Neuartige ist viel zu verlockend. Das Kind rutscht – und das kleine Gesicht zeigt zuerst Anspannung, und dann explodieren die Emotionen in einer Mischung aus Überraschung, purer Freude und Lebendigkeit. Und was passiert, wenn das Kind unten ist? Na klar, es ruft begeistert: »Nochmal!«

Das ist die Kraft der Entdeckerfreude, die in uns allen steckt, auch wenn das Erwachsenenleben solche einfachen Möglichkeiten wie eine Rutsche nicht mehr so oft bereithält wie in unseren Kindertagen. Diese Entwicklungsmöglichkeiten einander wieder zu eröffnen, ist das Geheimnis zur Veränderung aus eigener Kraft.

Verbündete für Entwicklung: Der Kreis der Willigen

Schon die Montageanleitungen eines bekannten schwedischen Möbelhauses legen ausdrücklich nahe, das Wagnis – in diesem Fall etwa einen Schrank zusammenzubauen – nicht alleine auf sich zu nehmen, sondern sich gemeinsam mit anderen dabei gegenseitig zu unterstützen. In Veränderungsprozessen gilt dies umso mehr: nicht nur, um mit schwierigen Herausforderungen nicht alleine dazustehen, sondern auch, weil geteiltes Leid halbes Leid ist, wir weitere Perspektiven und Rückmeldungen erhalten und gemeinsam auf ganz andere Lösungen kommen. Sobald wir anderen von unseren Veränderungswünschen erzählen, sind wir überrascht, wie viele Ähnliches anstreben wie wir selbst und Lust hätten, den Weg mit uns gemeinsam zu gehen. Und es ist ja mitnichten so, dass wir Böses vorhätten! Wenn es darum geht, die Zusammenarbeit zu besprechen und die Unternehmenskultur weiterzuentwickeln, finden sich viele Interessierte: der Kreis der Willigen.

Angebote, keine Vorgaben

Den Unterschied, ob der Funke überspringt und man über Wünsche hinaus ins Handeln kommt, macht vor allem, ob wir einander zuhören und voneinander lernen wollen oder uns gegenseitig Vorhaltungen machen: Streben wir nach Verbundenheit oder Überlegenheit? Wollen wir einander Vorgaben machen oder uns unterstützen? Machen wir uns die Räume eng oder weit?

Häufig beginnen wir, unserem gewohnten beruflichen Durchsetzungsimpuls folgend, mit trennenden Kommunikationsmustern und erzeugen künstliche Spannung (Kapitel 3.3). Sobald wir uns dies bewusst machen, können wir offen thematisieren und besprechen, welche alternativen Möglichkeiten es gibt, in verbindender Weise über die Weiterentwicklung unseres Miteinanders zu sprechen. Die Kunst liegt darin, geeignete Angebote hierzu zu machen und keine Vorgaben. Das verhaltensökonomische Standardwerk *Nudge* (2008, dt: *Nudge: Wie man kluge Entscheidungen anstößt*) des Wirtschaftsnobelpreisträgers Richard Thaler beschreibt einen grundlegenden Ansatz, in nicht-paternalistischer Weise das Verhalten von Menschen zugunsten gemeinsamer Interessen zu beeinflussen, ohne sie zu bevormunden.

Ausgangspunkte besprechen: Vier Handlungsfelder für Entwicklung

Wenn wir über Veränderungen sprechen: Wo im Unternehmen sollen sie beginnen? Die übliche Sichtweise auf Abteilungen führt hier oft nicht weiter, denn die meisten Veränderungschancen laufen quer zur Organisation und beschränken sich nicht auf einen einzelnen Bereich. Für *Management Y* habe ich eine alternative Betrachtung der Gesamtorganisation entwickelt, entlang von vier unterschiedlichen Perspektiven, die sich im gesamten Haus wiederfinden (*Management Y*, Kapitel »Was Unternehmen heute ändern«):

Partizipativer Strategie- und Innovationsprozess: Verstehen wir wirklich, was Kunden brauchen? Was leistet unser Betrieb? Wie entscheiden wir über zukünftige Produkte und Geschäftsmodelle? Wie gemeinschaftlich läuft dieser Prozess, wer ist einbezogen und mit welchem Ergebnis?

Agile Produktion: Liefern wir wirklich, was gebraucht wird? Wie entstehen aus Innovationsvorhaben tatsächlich reale Produkte, und wie flexibel können wir dabei auf Kundenbedürfnisse reagieren?

Lebendige Organisation: Wie lebendig ist unser Miteinander? Wie sorgen wir untereinander für Transparenz und Klarheit? Dienen wir einander oder ist unsere Beziehungsqualität eher von Nebeneinander oder Gegeneinander geprägt?

Echte Motivation: Worin liegen die Gründe unserer Mitarbeiter, Zulieferer und Kunden, zu unserem Erfolg beizutragen? Sind wir imstande, Menschen ehrlich zu begeistern?

Die Leitfrage lautet: Wo drückt der Schuh derzeit am meisten, was unsere Zukunftsfähigkeit betrifft? Abzuwägen, wo Veränderung derzeit das größte Potenzial hätte, fällt anhand dieser vier Perspektiven leichter als anhand der Strukturen unseres herkömmlichen Organigramms.

Es ist einfacher, neue Formen der Zusammenarbeit zu erproben, wenn wir ohnehin Veränderungen anstreben – etwa den Kunden zu erforschen, etwas gemeinsam zu entscheiden, voneinander zu lernen, das gegenseitige Vertrauen zu stärken, Freiräume zu schaffen oder Führung neu zu gestalten. Bei derartigen natürlichen Veränderungsanlässen fällt es leichter, im alltäglichen Tun Neuerungen einzubeziehen, als über ein formales Kulturwandelprojekt.

Dies ist der Grundansatz von *Social Energy* und *Management Y*: Entwicklung nicht von außen vorzugeben, sondern sie da, wo sie passt, aus einem ganzheitlichen Verständnis heraus in den Arbeitsalltag zu integrieren, um aus kleinen positiven Erfahrungen Mut zu fassen für weitere, womöglich größere

Veränderungen. So kann Kultur sich aus geeigneten Erfahrungen oder aus Haltungen heraus entwickeln – idealerweise geht beides Hand in Hand.

Graswurzel-Wandel: Den »Kreis der Willigen« stetig erweitern

In diesem Sinne haben sich viele weitere grundsätzliche Herangehensweisen bewährt, gemeinsam Komfortzonen zu verlassen und neuer Zusammenarbeit und einem anderen Miteinander mehr Raum zu geben. Mit selbstorganisierten »Brown Bag Lunches« oder etwas längeren, intensiveren Workshops wie dem folgenden Format hat in Tausenden Unternehmen der Kulturwandel begonnen und Fahrt aufgenommen.

Raum für Entwicklung: gemeinsam raus aus der Komfortzone
Wie können wir uns auf diesem Weg gegenseitig Hilfe zur Selbsthilfe geben und neue Möglichkeiten eröffnen, statt Kulturimperialismus zu betreiben?
   Laden Sie einen »Kreis der Willigen« zu einem kleinen Workshop ein, der eine greifbare Entwicklung anstößt, gemeinsam einige der bisherigen Komfortzonen zu verlassen.

Vorbereitung: Schicken Sie Ihren Kollegen und Mitarbeitern eine Liste inspirierender Filme, oder posten Sie diese im Intranet oder am Schwarzen Brett. Wählen Sie gemeinsam einen davon für den Workshop aus.

- Impuls: Sehen Sie sich den ausgewählten Film zusammen an.
- Reflexion: Tauschen Sie sich in einem geeigneten Dialogformat über Ihre Eindrücke aus, etwa im Kugellager. Das Kugellager finden Sie im Abschnitt »Miteinander zu mehr Klarheit« weiter unten beschrieben.
- Bereitschaft: Probieren Sie gemeinsam ein weiteres Dialogformat aus, zum Beispiel aus den bereits verschiedentlich genannten Sammlungen *Management Y, Liberating Structures* oder ähnlichen Quellen – etwa das *Blueboard,* ein *World Café* oder *Appreciative Inquiry* (auch bekannt als *Appreciative Interviews*).
- Erleben: Verabreden Sie sich in Gruppen zu 2 bis 4 Teilnehmern, sich dabei zu unterstützen, in den nächsten fünf Arbeitstagen eine kleine konkrete Veränderung zu versuchen und sich spätestens im nächsten Workshop darüber auszutauschen.

Ein solcher Durchlauf benötigt einen etwa zweistündigen Workshop, um den Film gemeinsam anzusehen und in den Dialog zu kommen. Der Workshop kann nach Schritt 2 schließen mit der Ermunterung, bis zum nächsten Treffen in Eigenregie eine kleine derartige Übung selbst durchzuführen und den anderen beim folgenden Workshop davon zu berichten. Ideal ist ein Zeitraum von einer oder maximal zwei Wochen.

4.6 Schnellstartpaket: Aufbrechen zu Social Energy

Wenn es darum geht, Kulturwandel, Perspektivwechsel und Entwicklung der Organisation zu fördern, braucht es geeignete Räume für unverstellten Dialog, ergebnisoffene Experimente und echtes Hinzulernen. Dabei gilt: Es gibt nicht die eine verbindliche Liste von Maßnahmen, *die entscheidende Methode oder den einen richtigen* Ansatz. Wie freiwillige, engagierte Entwicklung gefördert werden kann, davon berichten auch die »Impulse aus der Praxis«. Beispielhaft möchte ich aus jedem von ihnen jeweils einen bestimmten Aspekt herausgreifen (der natürlich zum Teil auch für die anderen zutrifft):

- Bei DB Vertrieb werden immer mehr Veränderungsfragen von den Mitarbeitern in die Diskussion gebracht und verantwortet: unbürokratisch, ergebnisoffen und unabhängig von Schulterstreifen, bis hin zur Abstimmung über das zukünftige Organisationsmodell.
- Lilly Deutschland bietet seinen Mitarbeitern eine Vielzahl von Räumen, ihr Miteinander mitzugestalten, um die Transformation des Unternehmens auf unterschiedlichen Ebenen bis hin zu Mindfulness-Workshops zu reflektieren und neue Erfahrungen der Zusammenarbeit zu machen.
- Bei der Siemens Power and Gas Division entstehen im Kerngeschäft immer mehr greifbare und wirtschaftlich überzeugende Beispiele gelingender Selbstorganisation, die auch skeptische Kollegen die Unterschiede zu bisherigen Arbeitsweisen unmittelbar erfahren lassen.
- Bei Systelios (am Ende dieses Kapitels) entwickeln die Mitarbeiter gemeinsam mit der Geschäftsführung im »Großkreis« mit teilweise 60 und mehr Teilnehmern neue Führungs- und Koordinationsstrukturen, um ihre menschliche und therapeutische Grundhaltung von Prozessvertrauen und Augenhöhe in geeignete arbeitsteilige Organisationsformen zu übertragen.

Wie kommen wir zu Haltungen, die unsere Organisation auf ihrem Weg zu solchen Entwicklungen kraftvoll unterstützen?

Wir haben viel betrachtet: Menschenbilder, Entwicklungsprozesse, Einflussmöglichkeiten. Was wäre ein minimaler Satz wesentlicher Aspekte, der auf ein paar Seiten Papier passt – gewissermaßen ein Startpaket für mehr Social Energy –, der uns durch einige grundlegende Schritte begleiten kann?

Einen solches »minimalistisches« Schnellstartpaket für Social Energy finden Sie zum Abschluss auf den folgenden Seiten. Es erleichtert Ihnen mit Ihren Kollegen den zügigen Einstieg in all das bis hierher Erarbeitete.

Den Ausgangspunkt bilden die Grundfragen Ihres Vorhabens.

Schlüsselfragen für Social Energy

Die Schlüsselfragen, die ich zu Kulturwandelvorhaben immer wieder stelle, lauten:

- Unsere Blickwinkel: In welchen Bereichen wollen wir Neues entdecken und in welchen eher Bestehendes bewahren?
- Unsere Bilder der Zukunft: Wo benötigen wir eher eigenständige und wo eher planbare Entwicklungen?
- Unsere grundsätzlichen Motive: Wo hoffen wir Neues hinzuzugewinnen, und was fürchten wir Kostbares zu verlieren?
- Unser Rollenverständnis: In welcher Haltung wollen wir zur eigenständigen Entwicklung beitragen, und wie gehen wir mit den daraus resultierenden Spannungen um?

Bilden Sie Ihre eigene Bestenliste: Welche Fragen haben Sie bei der Lektüre bisher am meisten beschäftigt, und welche weiterführenden Fragen und Antworten haben sich für Sie hieraus ergeben? Was sollte in Ihrem Betrieb unbedingt besprochen werden?

Den Grundkonsens benennen: Ein Social-Energy-Manifest

Die Angebote dieses Buchs sollen uns alle ermutigen, inneres »Müssen«, Groll, Übertreibungen und die Versuchungen künstlicher Spannungen loszulassen, neue Entwicklungen zuversichtlich auf uns zukommen zu lassen und dabei auf Verbundenheit und Miteinander zu setzen. Es liegt eine große

Chance darin, uns gegenseitig zu begleiten und im Vertrauen auf lebendige Entwicklungsprozesse bestehendes Kostbares zu bewahren und neues Kostbares hinzuzugewinnen.

Dies ist für mich der Kern von Social Energy – und ein möglicher Ausgangspunkt für unser eigenes Social-Energy-Manifest.

Vorschlag für ein Social-Energy-Manifest
Wie wollen wir leben und arbeiten?

- Als ganzer Mensch beitragen und uns dabei unterstützen, mehr in uns zu sehen als nur den Homo oeconomicus – mit aller Vielfalt unserer Kernanliegen und getragen von unserer lebenslangen Entwicklungsfähigkeit.
- Mit natürlichen Spannungen gemeinsam souverän umgehen und uns unterstützen, falls wir ungewollt in künstliche Spannungen abgleiten – sodass wir im Blick behalten, was uns bei aller Verschiedenheit am Boden unserer Seerosen miteinander und mit der Welt verbindet.
- Handeln im Vertrauen auf die Kraft lebendiger Entwicklungen, statt im allzu starren Festhalten an eigenen Plänen und Zielen – darin steckt Selbstorganisation wie auch klare Führung als ein Beitrag, der von jedem Platz ausgehen kann.

Passen Sie das Manifest mit interessierten Kollegen nach Ihren Vorstellungen an.

Ein solches Manifest kann die Grundlage der ersten Diskussionen bilden: Wo erscheint es uns stimmig für unsere Situation und wo weniger? Es vertritt einen klaren Standpunkt und gibt damit allen Perspektiven eine klare Reibungsfläche. Alles kann, nichts muss – was zählt, ist der ergebnisoffene Dialog, etwa so: »Wenn wir die Vielzahl unserer Sichtweisen im Raum betrachten: Wo können wir bereits anfangen zu experimentieren und gemeinsam hinzuzulernen? Und wo ist uns eher danach, noch etwas zu warten, etwa aus Angst Fehler zu machen?« Ein regelmäßiger Austausch zu solchen Fragen ist enorm hilfreich und aufschlussreich.

Vom Manifest zum Tun: Den Weg ins Handeln finden

Um zum Ausklang solcher Erörterungen in Meetings und Workshops gemeinsam mit unseren Kollegen vom notwendigen Diskurs ins ebenso notwendige Handeln zu finden, hat sich folgendes Format sehr bewährt.

Handlungsorientierung mit »Start, Stop, Continue«
Mit dieser Überlegung ergibt sich eine erste Handlungsorientierung zur gemeinsamen Entwicklung in der allerkleinsten Version – sozusagen als Miniatur-Grundkonsens zum Miteinander und zu konkretem, beobachtbarem Verhalten. Reflektieren Sie gemeinsam: Was wollen wir

1. neu beginnen,
2. fortführen oder
3. beenden?

»Gemeinsam« kann in dem Zusammenhang auch bedeuten, dass nur einer oder zwei Kollegen primär handeln und die anderen nach Möglichkeit unterstützen. »Gemeinsam« bedeutet aber sicher nicht, die Kollegen mit der übernommenen Verantwortung allein zu lassen.

Wie könnten wir uns und anderen die vereinbarte Veränderung erleichtern? Insbesondere ist es nach meiner Erfahrung hilfreich, Zusammenarbeit und neue, förderliche Verhaltensweisen ohne großes Drumherum einfach auszuprobieren – im zuvor gemeinsam bekräftigten Vertrauen, dass alle anerkennen,

- wie schwer dies mitunter sein kann,
- dass sicherlich dabei Fehler gemacht werden und das in Ordnung ist,
- dass Zusammenarbeit immer wieder zurückstehen muss, weil sie Zeit kostet, Vertrauen voraussetzt und in der Regel eine Investition darstellt, die nur mittelbar auf unsere Topprioritäten einzahlt.

In diesem Anerkenntnis sind alle Beteiligten doppelt dankbar dafür, dass trotz aller Hürden alle gemeinsam die ersten mutigen Schritte zu gehen wagen.

Empathie stärken: Im Arbeitsalltag üben mitzufühlen

Wie wertvoll und erfüllend es ist, in die gemeinschaftliche Entwicklung zu investieren und sich für das Wohl der Beteiligten wie auch der Organisation einzusetzen, können wir von anderen so oft hören oder lesen, wie wir wollen: Es bleiben die Geschichten der anderen. Impulse, Anregungen und Vorbilder sind unverzichtbar, doch unsere eigene Weiterentwicklung wird letztlich primär von dem geleitet, was wir selbst erlebt haben. Umso wichtiger ist es, insbesondere prosoziale, wir-bezogene Verhaltensweisen (die geradzahligen Kernanliegen 2, 4 und 6) aufmerksam wahrzunehmen und viele Wege auszuprobieren, wie wir zu einem feineren empathischen Verhalten kommen können. Hierzu können wir uns Folgendes vornehmen – nur für uns ganz allein, in einer Gemeinschaft, als tägliche Gewohnheit oder als Gemeinschaftsaufgabe.

Empathisches Verhalten im Alltag stärken

Nehmen Sie sich drei Dinge vor, und halten Sie allein für sich oder in der Gruppe fest, welche Erfahrungen Sie damit machen:

- Sich ausdrücklich in Wort und Tat spürbar zur Gemeinschaft bekennen und erleben, was es bewirkt, wenn es von Herzen kommt. Zum Beispiel auf künstliche Spannungen verzichten und prosoziales statt rivalisierendes Verhalten ermutigen (Kernanliegen 2).
- Jemanden mit den eigenen Kapazitäten uneigennützig unterstützen, statt ihn zu ignorieren oder seine Möglichkeiten einzuschränken. Zum Beispiel die eigene Überlegenheit zugunsten anderer einsetzen oder auf ein Vorrecht verzichten und damit anderen etwas erleichtern, das ihnen wichtig ist (Kernanliegen 4).
- In den eigenen Zielen und konkreten Verhaltensweisen Perspektiven suchen, die das Ganze über das Eigene stellen und verbinden, was bisher getrennt ist, statt umgekehrt. Zum Beispiel sich auf die Richtungsvorgabe eines anderen einzulassen, statt den eigenen Willen durchzusetzen, oder bewusst auf Verhaltensweisen verzichten, die zulasten anderer gehen, etwa zulasten Schwächerer, oder im Umweltschutz zulasten zukünftiger Generationen (Kernanliegen 6).

Wiederholen Sie den Austausch, sodass mit der Zeit eine feste Gruppe entstehen kann, in der Sie sich hierbei offen unterstützen können.

Weitere Übungen zu Empathie im Alltag finden Sie in Kapitel 3.7 »Social Energy erleben«.

Anders Entscheiden: Miteinander zu mehr Klarheit finden

Entscheidungen bilden den Kern unseres Berufslebens. Das ganze Leben ist ja letztlich ein kontinuierlicher Entscheidungsprozess, wie der Entwicklungszyklus zeigt. In Reflexion über konkrete Wege zu nachhaltiger Entscheidungsfindung spüren viele jedoch eine tiefsitzende Unsicherheit.

Ein klarer Weg zu kleinen und großen Entscheidungen liegt in der Dreiteilung der Entscheidungsfindung in eine *öffnende,* eine *verbindende* und eine *schließende* Phase. Diese drei sehr unterschiedlichen Phasen zu vermischen, ist eine häufige Quelle von Entscheidungsproblemen: also beispielsweise vorschnell »in Lösungen zu gehen«, solange etwa die zu entscheidende Frage noch gar nicht hinreichend geklärt ist – oder kurz vor Schluss noch einmal alles infrage zu stellen. Häufig fehlt es auch im Weg zur Entscheidung an einem echten Miteinander, gerade wenn tieferliegende Spannungen nicht besprechbar erscheinen.

Ein kurzweiliger, sehr praxisgerechter Weg, einer Gruppe zu erleichtern, sich gerade auch vor schwierigen Entscheidungen in maximal 20 Minuten für die Vielzahl ihrer Perspektiven zu öffnen, bietet das Dialogformat »Kugellager«. Die zu besprechende Frage wird vorher festgelegt; geeignet sind insbesondere »Wie können wir«-Fragen wie bei der Challenge Map (Kapitel 1.2). Weit mehr als die üblichen Besprechungsrunden am Tisch finden die Teilnehmer dabei zu lebendiger Spannung und Verbundenheit.

Kugellager: Der schnellste Perspektivwechsel
Im Kugellager (oft auch als »Speeddating« bekannt) kommen Gruppen zur anfänglichen Frage in kürzester Zeit zu einem breiten persönlichen Austausch ihrer Perspektiven. Die Teilnehmer bilden in einem Raum ohne Tisch zwei gleichstarke Gruppen in Form konzentrischer Kreise, also einen »Innenkreis« und einen »Außenkreis«. Sie stellen sich so, dass jeder, der im Innenkreis steht, genau ein Gegenüber im Außenkreis anblickt und die beiden für die nächsten Minuten ein Paar bilden. Bei ungerader Teilnehmerzahl bilden zwei Teilnehmer ein festes Duo, oder ein Begleiter nimmt mit teil.

Nun hat jedes Paar 3 Minuten Zeit zum Gespräch: Erst spricht 90 Sekunden der Teilnehmer im Innenkreis zu seinem Gegenüber, der nur aufmerksam zuhört; dann spricht 90 Sekunden lang der Teilnehmer im Außenkreis zu seinem Partner, der nun zuhört. Anschließend geht der Außenkreis einen Teilnehmer weiter, sodass sich vollständig neue Paare bilden. Wieder wird 2 mal 90 Sekunden abwechselnd gesprochen; diesmal zusätzlich mit einer kurzen Einführung, eine wesentliche Erkenntnis des vorigen Gesprächs zu teilen.

Nach vier oder fünf Runden, also insgesamt 15 bis 20 Minuten, ist eine starke Durchmischung erreicht, und das Kugellager wird beendet. Die Teilnehmer sind meist sehr angeregt, verbunden und bereichert von den intensiven Dialogen und Perspektivwechseln. Wichtig ist hierbei die Zeitdisziplin: In 90 Sekunden kann eine Menge Wichtiges gesagt werden. Überziehen kann jeder; doch die Kunst liegt darin, sehr konzentriert zu sprechen und zuzuhören, und sich einfach nur auszutauschen, statt schon Lösungen entwickeln und Entscheidungen treffen zu wollen. Ein kräftiger Gong wirkt oft Wunder.

Eine ruhigere, nachdenklichere Variante, die ebenfalls ein hohes Maß an Verbundenheit fördert, ist beispielsweise das in Kapitel 3.7 »Social Energy erleben« beschriebene Dialogformat »1-2-4-all«.

Natürliche Energie im Alltag statt künstlicher Spannungen

Künstliche Spannungen (Kapitel 3.3) zu erzeugen, ist uns häufig so zur Gewohnheit geworden, dass sie uns im Arbeitsalltag kaum noch auffallen. Meetings sind ein sehr geeignetes Feld, um diese Gewohnheiten in einen kraftvollen Umgang mit den dahinterliegenden natürlichen Spannungen zu verwandeln.

Wirkungsvolle Musterbrüche in Meetings
Wie man ein Meeting »ordentlich« durchführt, wissen alle: einladen, Agenda verschicken, das Wort erteilen und nächste Schritte abstimmen – perfekt. Doch obwohl es so simpel scheint, sind die wenigsten mit ihren Besprechungen, Jours fixes, Meetings, Sitzungen, Klausuren und Workshops wirklich glücklich. Sinnlos vertane Zeit, keine Ergebnisse,

immer sprechen die Falschen … Ein Kulturwandel, der nicht anders wahrgenommen wird als die üblichen Meetings, hat wenig Chancen auf Erfolg.

Was tun? Der ohnmächtige Zynismus der meisten Meeting-Witze lässt darauf schließen, dass wirkliche Verbesserungen eher in der Tiefe des Seerosenmodells (Kapitel 1.3) zu erhoffen sind als mit Oberflächenkosmetik. Wie können wir das bisher in diesem Buch Erarbeitete übersetzen in lebendigere, ehrlichere Begegnungen und Dialogformate, die über die alten, unbefriedigenden Rituale wirksam hinausgehen? Experimentieren Sie mit den folgenden Anregungen, und vertiefen Sie, was für Sie und Ihre Kollegen stimmig ist!

Meetings im Stuhlkreis statt wie gewohnt am Tisch: Es macht einen großen Unterschied, ob im Meeting zwischen uns ein trennender Tisch steht oder nicht – zudem noch mit aufgeklappten Laptops. Probieren Sie es aus, und halten Sie das nächste Meeting im Kreis ab, im Sitzen oder sogar im Stehen. Lassen Sie sich von der grundsätzlich anderen Stimmung und Dynamik überraschen, und verbringen Sie die letzten 5 Minuten des Termins damit, gemeinsam darüber zu sprechen, wie alle Beteiligten die neue, ungewohnte Situation empfunden haben und ob sie vermehrt auf diese Weise zusammenarbeiten möchten.

Pairing statt der Illusion der effizienten Alleinzuständigkeit: Viele Aufgaben würden davon profitieren, wenn ein Zweierteam sich ihrer annähme, statt dass Zuständigkeiten immer auf einzelne Personen heruntergebrochen werden. Nicht nur, dass die meisten Themen tatsächlich mehrere Kollegen im Haus betreffen – es hat auch eine ganz andere Dynamik, wenn Kollegen ihre Kompetenzen gegenseitig ergänzen und sich mit unterschiedlichen Sichtweisen gegenseitig anregen. Überdies können sie einander bei Abwesenheit vertreten. Der Mehraufwand durch die Doppelbesetzung wird durch die gesteigerte Effizienz mehr als aufgewogen. Unter Begriffen wie »Tandem« oder »Pairing« sind inzwischen regelrechte Methodensammlungen entstanden, um diese Effizienzvorteile systematisch noch zu vergrößern. Probieren Sie es aus, indem Sie das nächste Mal, wenn im Meeting die nächsten Schritte besprochen werden, jeweils Zweiergruppen bilden, die sich der anstehenden Aufgabe gemeinsam annehmen (siehe etwa auch »Pairing - schamlos zu zweit viermal besser« in *Management Y*).

Augenhöhe durch Post-its statt unbewusster Rollenmuster: In den meisten Meetings sind unbewusst die Rollen von vornherein verteilt, wer viel, wer wenig und wer gar nichts sagen wird. Auf diese Weise bleiben viele wertvolle Beiträge ungehört. Bei einer Arbeitsweise mit Moderationskarten oder Haftnotizen denken alle Teilnehmer zu einer gegebenen Frage erst still für sich nach, schreiben dann ihre Karten und stellen diese der Reihe nach an der Moderationswand vor. Dies hat mehrere Vorteile, insbesondere jedoch dass die Teilnehmer unabhängig voneinander ihre Gedanken formulieren und der Wechsel von Fragen, stiller Reflexion, aufeinanderfolgenden Beiträgen im Stehen und anschließender Gruppendiskussion wesentlich mehr Disziplin erreicht, als wenn am Tisch ein Beitrag ad hoc den nächsten auslöst. So führen Post-its zu deutlich mehr Augenhöhe.

Tacheles statt Totschweigen: Wie wäre es, nicht nur miteinander zu sprechen wie gewohnt, sondern uns zusätzlich auch offen darüber auszutauschen, *wie* wir miteinander sprechen: »Haben sich im Miteinander alle wohlgefühlt? Erreichen wir unsere Ziele? Welche Hindernisse stehen unserer Zusammenarbeit im Weg, mit denen wir das nächste Mal besser umgehen könnten?« Wenn Sie diesen drei Fragen zum Abschluss eines Meetings einmal Raum geben, können Sie erleben, was für aufschlussreiche Gespräche entstehen – und dass die hierfür aufgewendete zusätzliche Zeit durch bessere Zusammenarbeit schnell wieder hereinkommt. Essenziell für das Gelingen solcher sogenannter Retrospektiven ist allerdings verbindende Kommunikation und dass die Gruppe für einen guten Umgang mit festgestellten Hindernissen selbst die Verantwortung übernimmt, statt über Dritte zu klagen: »Was wir nicht ändern können, können wir nur akzeptieren« – dieser Grundsatz kann enorm motivieren.

Prototyping statt Perfektion (»Always in beta«): Mit diesem Grundsatz können wir die Perfektionismusfalle austricksen, vor der keiner von uns gefeit ist. Wenn wir unsere Ideen und Vorhaben, die wir uns gegenseitig in Meetings vorstellen, als *Prototyp* deklarieren, laden wir zu Feedback ein. Das entlastet und beschleunigt. Wichtig ist natürlich, dass unsere Vorhaben nichtsdestotrotz abgeschlossen werden. Nur haben wir sie einander schon vorher gezeigt, in einem frühen Stadium, mit viel Raum und Anregungen für Verbesserung – und nicht erst am Ende, wenn für

Rückmeldungen nicht mehr viel Zeit bleibt und echte Fehler weit stärker ins Geld gehen.

Stille statt Pausenlosigkeit: Welch einen erheblichen Unterschied macht es, ob wir ein Meeting mit einer oder zwei Minuten Stille beginnen, in einer heißen Diskussionsphase eine kurze Pause der Besinnung einlegen oder am Ende, bevor alle Teilnehmer auseinandergehen, noch einmal gemeinsam eine kurze Zeit miteinander schweigen. Wenn wir solche Momente des Innehaltens erst einmal kennen und schätzen gelernt haben, ist kaum noch begreiflich, dass wir sie uns immer wieder vorenthalten in dem Glauben, für den damit verbundenen Respekt vor uns selbst und unseren Aufgaben keine Zeit zu haben. Denn was lässt sich womöglich alles klären nach 2 Minuten Stille, das in 15 Minuten hitziger Diskussion kein Stück vom Fleck käme? Immer wieder einmal eine kurze Stille einzulegen, ist der wirksamste Weg, Zutrauen in die Gemeinschaft zu fördern.

Neue Kultur spielerisch kennen lernen: Um in Stimmung zu kommen, neue Wege der Zusammenarbeit zu besprechen, oder um anhand eines gemeinsamen Erlebnisses eine solide Basis für Dialog über Kultur zu schaffen, können wir nicht nur gemeinsam sprechen oder schweigen, sondern insbesondere auch spielen.

- Die »Marshmallow Challenge« ist ein beliebtes und mittlerweile recht bekanntes Spiel für große Gruppen, das jeden Teilnehmer ein individuelles Gefühl von Selbstorganisation erleben lässt. Im Anschluss haben alle die Gelegenheit, sich darüber auszutauschen, was dies für das eigene Unternehmen bedeuten könnte, was jeder Einzelne zu solchen Entwicklungen beitragen könnte und worin Hindernisse liegen könnten.
- Etwas aufwendiger in der Betreuung ist das »Ballpoint Game«, das inhaltlich noch näher am Arbeitsalltag ist und zudem geradezu körperlich spüren lässt, welch unglaublich positiven Effekt iterative Entwicklungsweisen haben können. Dieses Spiel habe ich schon mit 140 Dax-Vorständen in einem Raum erlebt; es hat ihnen in zwei Stunden ein starkes Erlebnis davon vermittelt, um wie viel leistungsfähiger Selbstorganisation und schrittweises Vorgehen sind als starre Vorausplanung.

Bei beiden Spielen geht es darum, in kleinen Teams unter Zeit- und Wettbewerbsdruck gemeinsam eine neue Aufgabe zu meistern und dabei weit mehr und nachhaltiger zu lernen als etwa bei einem Vortrag. Unter den genannten Suchbegriffen finden Sie im Internet hervorragende Anleitungen und auch zahlreiche Spiele mit ähnlicher Zielsetzung. Das Schöne daran: Vordergründig, sozusagen an der Oberfläche, wird hier einfach nur gespielt. Doch im Inneren der Teilnehmer können durch solche spielerischen Erlebnisse und Erfahrungen weitreichende Prozesse in Gang gesetzt werden, auf einer viel tieferen Ebene mit vielfältigen Effekten, die positiv auf die Entwicklung des Einzelnen und damit auch der Organisation als Ganzes einzahlen.

Ihren eigenen Weg zu einer kraftvollen Gemeinschaft findet jede Organisation für sich – allein und im Austausch. Es gibt keine vorgefertigten Muster oder Schablonen, aber vielfältigste Anregungen und Ideen, unsere Unternehmenskultur weiterzuentwickeln. Tatsächliche Entwicklung erfolgt letztlich nur aus der Organisation selbst, aus dem Inneren des Systems, und damit letzten Endes aus dem persönlichen Beitrag jedes Einzelnen heraus.

Was wäre es für ein Gewinn für unseren Betrieb wie für die Wirtschaft und die Gesellschaft insgesamt, wenn Social Energy nicht die Ausnahme wäre, sondern die Norm! Welche Services, Produkte und Kundennutzen wären möglich? Wie viel Raum würden wir aus einem kraftvolleren Miteinander gewinnen für weiterreichende Fragen nach unserem Beitrag zum Gemeinwohl, zur Umwelt, zur Lebensqualität zukünftiger Generationen und zur Schöpfung insgesamt?

Anstatt Lebenszeit und Energie in künstliche Spannungen und Konflikte zu investieren, könnte jeder von uns so viel Kostbareres bewirken. Gerade dort, wo es schwerfällt, beginnt die Veränderung. Jeder noch so kleine Beitrag zur Beziehungsqualität mit den vielen Menschen, die von unserer Arbeit täglich betroffen sind, vervielfältigt sich – ja er potenziert sich in der Weise, wie all diese Menschen unsere Haltung spüren, aufgreifen und ihrerseits weiter in die Welt tragen. Kunden, Kollegen, Lieferanten, wie auch unsere Familien und Freunde, zu denen wir unser Betriebsklima nach Hause bringen: Sie sind Multiplikatoren des Dominoeffekts, den jeder von uns täglich anregen kann.

Es ist oft nur eine Kleinigkeit – ein Lächeln im Aufzug, eine helfende Geste beim Missgeschick eines anderen, ein Dank oder Wort des Verzeihens – und die Situation kippt aus dem fragilen Frieden des Alltags zu einer Atmosphäre von Menschlichkeit und gegenseitigem Zutrauen. Jeden Tag haben wir die Chance, unseren besten Beitrag zum Leben neu zu entdecken. Es beginnt mit den kleinen Schritten des Alltags, die wir in diesem Buch gemacht haben. Die Energie dazu ist ein neues Lebensgefühl: Social Energy.

Impulse aus der Praxis: Social Energy ist gelebte Haltung

Die Reihe der vier ausführlichen Fallbeispiele zwischen den Kapiteln schließt mit einem Praxisimpuls eines Unternehmens, das mich Social Energy erleben ließ wie kein anderes.

Während der Dreharbeiten zu *Augenhöhe – Film und Dialog* hatte ich die Gelegenheit, viele Mitglieder des Systelios-Teams kennen zu lernen, zu interviewen und im Arbeitsalltag zu begleiten. Das eigenverantwortliche Kümmern bei Systelios hat mich besonders begeistert und berührt. Mitzuerleben, wie Kollegen mit unterschiedlichsten Blickwinkeln, vom Küchenpraktikant bis zur habilitierten Chefärztin, im Großkreis komplexe Themen wie etwa die Restrukturierung der Organisation erarbeiten, sorgte bei mir regelrecht für Gänsehaut. Es ist erstaunlich, wenn man sich einmal vor Augen führt, wie komplex Aushandlungsprozesse schon im kleinsten Kreis sein können, etwa unter Geschwistern im Kleinkindalter, in der Ehe oder im Vorstand eines börsennotierten Konzerns. Bei Systelios sitzen hingegen sechzig, siebzig, manchmal hundert und mehr Mitarbeiter im Kreis beisammen – und ihre Qualität der Beziehungsgestaltung ermöglicht bei aller Verschiedenheit einen Dialog, der dem gesamten Unternehmen und jedem Einzelnen gleichermaßen weiterhilft. Das ist Social Energy, das ist die Kraft der Verbundenheit, die Unternehmen zukunftsfähig macht.

Systelios ist eine Privatklinik für Psychotherapie und psychosomatische Gesundheitsentwicklung mit 150 Mitarbeitern im Heidelberger Umland. Das Klinikkonzept und die dahinterstehende Unternehmenskultur haben seit der Gründung im Jahre 2008 inzwischen auch außerhalb der Gesundheitsbranche Bekanntheit erlangt.

Beziehungsqualität als Arbeitsgrundlage

»Wir sind so ein großes Team geworden – es kann nicht mehr jeder bei allem mitreden und mitmachen«, bringt Michael Krämer die Problematik auf den Punkt. Der Körpertherapeut kennt das Unternehmen, eine Klinik in der Nähe von Heidelberg, seit seinen Anfängen im Jahr 2008 und hat ein feines Gespür dafür, wie sensibel Menschen auf Änderungen der Beziehungsqualität reagieren. Das Betriebsklima bei Systelios liegt ihm am Herzen – weil er weiß, dass es den Patienten guttut, wenn sie täglich erleben, wie angenehm die Mitarbeiter mit ihnen und miteinander umgehen, und natürlich ist er selbst auch gerne Teil davon. Er fährt fort: »Ich frage mich, wie wir weiterhin so eng miteinander vertraut bleiben können – und zugleich unsere Organisationsstruktur so aufstellen, dass sich jeder darauf konzentrieren kann, was er am besten kann, und nicht mehr überall mit dabei ist. Wie können wir uns mehr strukturieren, ohne unsere Flexibilität und Verbundenheit zu verlieren?« Sechzig Köpfe ringsum nicken. Michael Krämer hat im »Mittagsteam«, dem freiwilligen täglichen Großkreis, ein Thema angesprochen, das offenbar viele Systelios-Mitarbeiter beschäftigt.

Strukturen organisch im Fluss

Diese Gesprächsrunde fand vor zwei Jahren statt. Seit den Anfängen vor zehn Jahren ist die Belegschaft der Systelios-Klinik auf 150 Mitarbeitern angewachsen, und der Koordinationsaufwand wuchs mit. Inzwischen haben die Mitarbeiter in vielen weiteren Großteamrunden eine gemeinsame Lösung entwickelt, wie sie das Unternehmenswachstum mit der Unternehmenskultur im Einklang halten. Seitdem bilden bei Systelios sechs, perspektivisch vielleicht sieben Organe die Struktur des Unternehmens:

- Im »Strategie-Team« wird besprochen, wohin die Reise gehen könnte, welche strategischen Entscheidungen anstehen et cetera.

- Die »OSO-Gruppe« – OSO steht für Organisation der Selbstorganisation – bündelt die vielen sich selbst organisierenden Prozesse und steuert die Feedback-Schleifen.
- Das »Außen-Wirken« ist mit Kooperationen und Partnerschaften »außerhalb« der Systemgrenzen beschäftigt.
- Im »Innen-Wirken« werden zum Beispiel Therapiepläne und therapeutische Konzepte überdacht und verfeinert sowie die Personalsituation zieldienlich koordiniert.
- Die »Prozessbegleiter« sollen als Mentoren das Innensystem der einzelnen Teammitglieder, der Klein-Teams sowie der Gesamtorganisation mit gesundheitsförderlichen Impulsen stärken.
- Das »Organ für Meta-Fragen« befasst sich mit Sachverhalten, die alle betreffen, wie etwa »Wer entscheidet bei uns eigentlich, wie entschieden wird?«.

»Die Aufgaben der Organe haben wir teilweise ein wenig an Organen des menschlichen Organismus angelehnt«, schmunzelt Mechthild Reinhard, geschäftsführende Gesellschafterin und Mitgründerin des Unternehmens. »So sollen etwa das ›Strategie-Team‹ und die ›OSO-Gruppe‹ ähnlich wie beim Menschen unsere ›willentlich gestaltbaren‹ und ›unwillkürlich sich selbst ereignenden‹ Prozesse abbilden.«

Diese Struktur ist nicht in Stein gemeißelt, sondern im Fluss: »Das Thema Entscheidungsfindungsprozesse ist zum Beispiel eines, das uns sicher noch eine Weile begleiten wird, vielleicht immer«, ist sich Alexander Herr sicher, systemischer Therapeut und von Beginn an am Aufbau von Systelios beteiligt. »Diese Struktur der sechs, perspektivisch auch sieben Kreise haben wir im Großteam gebrainstormt und geguckt, was in welchen Bereich gehört und auch, wer sich wo verortet. Bei uns gibt es ohnehin sehr verschiedene Formen der Entscheidungsfindung, nicht eine für alle. Einige haben an vielen Stellen sehr an Popularität gewonnen, mit dem konsultativen Einzelentscheid wollen wir zum Beispiel mehr und mehr experimentieren.«

Organisationsform für ein gesundheitsförderliches Umfeld

Eine Organisationsform aufzubauen, die ein gesundheitsförderliches Umfeld schafft, und zwar nicht nur für die Patienten, sondern auch für die Mitarbeiter, »das war vor knapp zehn Jahren unsere Ausgangsidee dafür, uns aus unserer damaligen Klinik auszugründen«, erläutert Dr. Gunther Schmidt die Entstehung von Systelios. »Es musste doch möglich sein, in einem Klinikteam untereinander Beziehungen so gut zu gestalten, wie wir es als Therapeuten mit unseren Klienten tun!« Im einen Moment mit den Patienten einfühlsam umgehen, um im nächsten als Chefarzt die Kollegen herunterzuputzen – das passt aus seiner Sicht absolut nicht zusammen. »Und die Klienten beobachten uns ja auch ganz genau, ob Inhalt und Form zusammenpassen«, ergänzt Mechthild Reinhard. »Es gibt kaum einen Unterschied, wie wir im Speiseraum miteinander umgehen und wie wir uns gegenüber unseren Klienten verhalten. Es ist im Grunde die gleiche mitmenschliche Ebene. Wir verhalten uns konsistent, und das macht uns vertrauenswürdiger, was wiederum für den Heilungsprozess förderlich ist – ebenso wie für das Betriebsklima.«

Dass bei Systelios Mitarbeiter und Patienten gemeinsam in wunderbar gestalteten Räumen speisen, ist nur eine der vielen Facetten, wie in diesem Unternehmen Konsistenz gelebt wird, und das schafft eine wichtige Vertrauensbasis. Denn Menschen in Abhängigkeitsbeziehungen – egal ob Mitarbeiter, Klienten oder Kunden – besitzen ein feines Gespür dafür, ob sie sich in dieser Abhängigkeit sicher fühlen können oder ob sie besser auf der Hut sind. »Resonanz ist heute eine psychologische Gewissheit, unser feinfühliges Wahrnehmen, welche Art von Beziehung Menschen untereinander haben, wie es ihnen miteinander geht und was das für uns als Wahrnehmende bedeutet«, erläutert Alexander Herr. »Empathie, Spiegelneuronen, atmosphärisches Bauchgefühl – das ist alles neurobiologisch bestens untersucht. Wir haben als Menschen von Natur aus ein intuitives Gespür für Beziehungsqualität, ob uns als Nutzer die Gestaltung eines coolen Produkts gefällt oder wir – Stichwort Schlecker/dm – im Drogeriemarkt unwillkürlich wahrnehmen, mit was für einem Gesichtsausdruck die Kassiererin die Sachen ins Regal räumt.

»Denn wenn da ein innerer Anteil unseres Inneren Teams immer kontrolliert, ob man bei dem Unternehmen und seinen Leistungen ›sicher‹ ist oder auf der Hut sein muss, statt sich ganz darauf einzulassen, geht uns viel Vertrauen verloren.« Im Klartext: Das beste Produkt ist auf Dauer nichts wert, wenn die innerbetrieblichen Beziehungen nicht in Ordnung sind – also keinen sicheren Raum bieten –, denn die Unternehmenskultur strahlt nach innen und außen ab und wird von den Mitarbeitern ebenso wie von den Kunden wahrgenommen. »Doch das ist und bleibt ein lebendiger Prozess und ist kein fertiges Produkt!«, ergänzt Mechthild Reinhard.

Miteinander verbunden und zugleich individuell handlungsfähig

Im Zentrum von Michael Krämers Frage, wie man in der Zusammenarbeit gut verbunden und zugleich individuell handlungsfähig bleiben kann, steht also nicht nur ein optionaler, »softer« Wohlfühlfaktor, auf den eine Organisation nach Belieben verzichten könnte, sondern ein zentraler Erfolgsfaktor, der wert ist, ihn fortlaufend im Blick zu behalten. Zudem gilt die Frage nicht nur für Organisationen, sondern für jeden Menschen – deswegen ist eine gute Art der Beziehungsgestaltung, die Verbundenheit und individuelle Entwicklung in Einklang bringt, essenziell: nicht nur im therapeutischen Kontext, sondern überall, wo Menschen grundsätzlich davon profitieren, sich aufeinander einzulassen.

Im Miteinander mit Patienten und Kollegen geht es daher bei Systelios darum, Emotionen und die Beziehungsebene im gegenseitigen Umgang zu pflegen, statt sie als unerheblich abzustempeln und zu versuchen, sie zu ignorieren und außen vor zu lassen. Was ist dafür notwendig? Kommunikation, Einfühlungsvermögen, ehrlicher Austausch — und die grundlegende Erkenntnis, dass die Wirklichkeitskonstruktion jedes Menschen aus seiner Sicht »richtig« ist und Emotionen und Intuition dazu dienen, den Einzelnen in der Komplexität seiner Umgebung bestmöglich zu leiten. »Diese konstruktivistische Grundhaltung in der

Beziehungsgestaltung prägt unsere Unternehmenskultur sehr stark mit. Und damit einhergehend dieses Gefühl der Ganzheit: Ich bin hier als Mensch willkommen, mit allem, was mich als Person ausmacht – es zählt mehr als das bloße Fachwissen, das ich als Mitarbeiter mitbringe. So wünscht man sich doch eigentlich, dass man miteinander umgeht«, unterstreicht Alexander Herr die Wichtigkeit der Beziehungsqualität.

Grundhaltung: Respekt vor der Vielfalt der Perspektiven

Denn ein gravierender Unterschied zu vielen Heilberufen und auch zum Selbstverständnis vieler Führungskräfte, Experten und Berater liegt bei Systelios, neben Gunther Schmidts spezifischen hypnosystemischen Therapiekonzepten, in dem Versuch, diese konstruktivistische Grundhaltung konsistent umzusetzen, »also davon auszugehen, dass Menschen Wirklichkeiten nur über den Dialog erfassen und es nicht einen ›Wahrheitswissenden‹ gibt mit Hoheit über die Wirklichkeitsdefinition«, wie er es nennt. Die Kunst, andere Menschen in Veränderungsprozesse zu führen, liegt in Schmidts Augen darin, von vornherein weite Räume für verschiedene Wirklichkeiten zu öffnen und diese Perspektivenvielfalt eher als Ressource für weitere Entwicklungsschritte denn als Hemmnis für die Entwicklung und Zusammenarbeit zu sehen. Erst wenn ein sicherer Raum entstanden ist, weil der andere Vertrauen fasst und sich verstanden fühlt, ist er bereit, sich auf neue Perspektiven einzulassen.

Unerschütterlicher Respekt für die Perspektive des anderen ist die Wurzel, könnte man laienhaft sagen: Alle bringen ihre Anliegen eigenverantwortlich ein, nehmen sich gegenseitig auf Augenhöhe wahr und wertschätzen den Blickwinkel des anderen – dann kann der Abgleich von Perspektiven beginnen und die Gemeinschaft schöpft Kraft aus der verbundenen Einzigartigkeit jedes ihrer Mitglieder.

Die grundlegende Annahme, dass es viele verschiedene Perspektiven gibt, impliziert gleichzeitig die Einsicht, dass niemand in der Lage sein kann, alle nur erdenklichen Blickwinkel einzunehmen. Demzufolge kann es auch keine Leitung geben, die im klassischen Sinne ein Unternehmen oder Mitarbeiter »führt« – weder bei strukturellen noch bei operativen oder gar banalen Fragestellungen. Selbstorganisation ist in diesem Sinne kein Luxus, sondern Unternehmen sind geradezu darauf angewiesen. So zeigt sich bei Systelios die Fähigkeit zur Selbstorganisation überall im Arbeitsalltag, beispielsweise wenn ein Mitarbeiter krankheitsbedingt ausfällt: »Der gegenseitige Austausch macht es uns so viel leichter, uns gegenseitig zu vertreten. Das wäre nicht möglich, wenn die Mitarbeiter nicht häufig Perspektiven austauschen würden und unter sich Lösungen für angefallene Fragen ausmachen, statt dass zum Beispiel eine Personalabteilung bei einem Ausfall versucht, das zentralistisch zu regeln«, sagt Mechthild Reinhard.

Bei anderen Kliniken gibt es zweifellos auch viele Könner für Beziehungsgestaltung, dennoch ist der Ton andernorts untereinander oft eher rau. »Und es macht sich auch schnell bemerkbar«, ergänzt Alexander Herr, »wenn neue Kollegen unsere Grundhaltung nicht mitbringen, beispielsweise statt unserer konstruktivistischen, zuhörenden Grundhaltung eher ›wissend‹ unterwegs sind, sodass man das Gefühl hat, sie wären an anderen Perspektiven und Auffassungen als ihrer eigenen nicht ernsthaft interessiert.«

Die Macht der Grundannahmen und Verhaltensmuster

Was uns allen – wie auch den Therapeuten bei Systelios selbst, die sich davon ebenfalls nicht völlig ausnehmen – in unserer Beziehungsgestaltung immer wieder Steine in den Weg legt, ist schlicht und ergreifend unsere Sozialisation, also unsere sozialen Erfahrungen, Grundannahmen sowie unsere Wahrnehmungs- und Verhaltensmuster: »Wir treffen, egal ob bei uns im Haus oder in jedem anderen Betrieb, in der Zusammenarbeit auf 30 bis 50 Jahre Sozialisation einer ganz anderen Art«, weiß Gunther Schmidt, der bei seinen Beobachtungen auch aus der therapeutischen Arbeit mit Führungskräften und Mitarbeitern aus Hunderten Unternehmen schöpft. »Wir sind alle mit Kategorien großgeworden wie ›Es gibt immer richtig und falsch‹, ›Wer es richtig weiß, ist gut, und wer es falsch weiß, ist dumm‹, ›Fehler müssen bestraft werden‹ und ›Einer ist immer oben, und die anderen müssen sich unterordnen‹ –

nicht nur im Arbeitskontext, nicht nur in der Schule, sondern schon vom Kleinkindalter an.«

Solche Weltbilder oder Grundannahmen sind für die meisten von uns regelrechte Selbstverständlichkeiten, so tief sind sie in uns verankert, und sie stehen uns oftmals im Weg, wenn wir ein vertrauensvolles, resilientes Miteinander kultivieren wollen. »Sie sind im Hirn einfach schneller, instinktiver, automatischer, ›besser gebahnt‹, wie wir Therapeuten sagen«, erläutert Gunther Schmidt weiter, »und das macht den Wettbewerbsvorteil all unserer alten Wahrnehmungs- und Verhaltensmuster aus.« Daher seien im gemeinsamen Alltag immer wieder Impulse nötig, um das alte Verhalten zu verlernen und die Vorteile der neuen Beziehungs- und Rollenerfahrung hervorzuheben und spürbar zu machen, was Mechthild Reinhard als eine ihrer wichtigsten Aufträge an sich selbst als »Führungsperson« sieht.

Grundkonsens: Das Gefühl von Stimmigkeit stets im Blick

So beschreiten die Mitarbeiter im Systelios Gesundheitszentrum ihren gemeinsamen Weg zu einem Miteinander auf Augenhöhe, sowohl untereinander als auch im Umgang mit den Patienten, und arbeiten stetig an ihrer persönlichen Entwicklung. »Diese alten Automatismen ändern sich nur, wenn wir reale positive Erfahrungen mit neuen Verhaltensweisen machen – das ist der Unterschied zwischen Wissen und Können, und dieses Können ist es, das bei den Kollegen die Beziehungsqualität und bei den Klienten den Heilungserfolg ausmacht«, fasst Alexander Herr die Herausforderung zusammen, vor der alle Mitarbeiter gleichermaßen stehen. Denn nicht nur Neuankömmlinge müssen sich auf diese neuartige Unternehmenskultur erst einmal einstellen und einlassen – auch ein noch so kultiviertes Miteinander ist kein Selbstläufer. Gegenseitiger Respekt kann manchmal richtig anstrengend sein, gerade bei der Arbeit im Großkreis des Mittagsteams. »Manchmal fallen wir auch auf der anderen Seite vom Pferd wieder herunter, statt es zu reiten«, räumt Mechthild Reinhard offen ein. »Natürlich wäre es leichter, wenn wir durch klare Vorgaben, fixe Regeln et cetera. das Erleben von Komplexität reduzieren würden, um in einer großen Runde schnell abstimmen zu können. Wir versuchen stattdessen jedoch am Einzelfall in einen offenen Diskurs zu kommen, um allgemeine Muster zu erkennen, daraus zu lernen und gemeinsam Meta-Regeln zu entwickeln. Das ist eindeutig nachhaltiger – allerdings auch oft anstrengender.«

Zugleich schafft die nicht selten als schwierig erlebte Herausforderung, in großer Runde komplexe Fragen zu erörtern, auch einen wichtigen Übungsort für die Beziehungsqualität – etwa auch bei unterschiedlichen Sichtweisen behutsam und wohlwollend miteinander umzugehen: Wer in alte Verhaltensmuster zurückfällt, spürt das verständnisvolle Zutrauen der anderen und lernt hinzu. »Ich will gar nicht sagen, dass es besser ist«, sagt Alexander Herr. »Es ist einfach stimmig, so zu arbeiten, weil es zutiefst gesundheitsförderlich ist, für uns wie für die Klienten. Dieses Gefühl von Stimmigkeit stets im Blick zu behalten und bei Störungen nach Kräften dazu beizutragen, es wieder herzustellen, das ist unsere Aufgabe, sowohl als Therapeuten wie auch als Mitarbeiter, damit die Gemeinschaft ihre Kraft entfalten kann. Das ist eine logische Konsequenz für ein Unternehmen im Gesundheitswesen.« Und das nicht nur im Gesundheitswesen, sondern in der Arbeitswelt, ja in der Gesellschaft überhaupt.

Social Energy als Lebensgefühl

Viele unterschiedliche Eindrücke haben Sie nun erhalten, und es erscheint womöglich gar nicht so leicht, die angebotenen Einstiege und Räume zu nutzen und individuell für sich weiterzuentwickeln. Wir sind oft geübter im Gegeneinander als im Miteinander, aus allerlei Gründen, die viel mit traditionellen Menschenbildern und Prägungen zu tun haben. Dabei steckt alles Gute in jedem von uns.

Seit meinem Wechsel von der internationalen zur deutschen Arbeitswelt im Herbst 2001 wurde mir immer klarer, dass die großen Chancen und Herausforderungen unserer Unternehmen und Institutionen viel tiefer wurzeln als in unterschiedlichen Arbeitsweisen: Wer Innovation, Agilität oder Veränderungskraft einer Organisation verbessern will, befasst sich im Grunde damit, wie wir unser menschliches Dasein und das Leben verstehen. Ich entdeckte mehr und mehr für mich, dass die Haltungen, in denen Innovationen und Organisationen gedeihen, viel mit jenen Haltungen zu tun haben, in denen auch Gesundheit, Beziehungen, Kinder und das Leben selbst gedeihen. Heute bin ich überzeugt: Unsere Zukunftsfähigkeit als Betrieb wie als Gemeinwesen hängt von unserer Beziehungsgestaltung zu uns selbst, zu anderen Menschen, und zur Welt insgesamt ab. So wie wir uns selbst und die Welt sehen, so gehen wir mit uns, miteinander und mit der Welt um. In dieser Erkenntnis liegt die große Chance jedes Perspektivwechsels, zum Ausgangspunkt tiefgreifender Veränderungen zu werden.

Ich glaube, Beziehungsgestaltung ist heutzutage und zukünftig so bedeutsam für unsere Lebensqualität wie vor 100 Jahren die Technik. Vor einem Jahrhundert war gerade erst das Radio erfunden worden, ermöglicht durch ein seinerzeit bahnbrechend neues Naturverständnis, das viele hinderliche Mythen ein für alle Mal aus dem Weg räumte. Heute erlaubt uns die Weiterentwicklung der damaligen Neuerungen, im mobilen Internet jederzeit mit jedem Menschen an jedem Ort der Erde zusammenzuarbeiten. Ein ähnlich fundamentales Umdenken wie bei den Anfängen des Radios zur Zeit von Michael Faraday, Heinrich Hertz und James Clerk Maxwell in den Naturwissenschaften hat sich mittlerweile, wie Sie gesehen haben, in den Humanwissenschaften vollzogen: Wieder haben sich viele Mythen als überholt und hinderlich erwiesen, und wieder revolutionieren umwälzende Erkenntnisse einen Lebensbereich nach dem anderen – diesmal jedoch nicht was die Technik, sondern was unser Menschenbild und unser Miteinander betrifft, von der Kundenbeziehung bis zur Kindererziehung.

Stellen wir uns vor, wir würden in den kommenden 100 Jahren unsere Lebensqualität *emotional* in ähnlichem Ausmaß steigern, wie wir sie in den vergangenen 100 Jahren *technisch* gesteigert haben. Was für ein Frieden, was für ein Miteinander und was für ein Lebensglück könnten uns auf diese Weise möglich werden! Sie mögen skeptisch abwinken — ich wäre vor 100 Jahren auch skeptisch gewesen, als sich in den ersten Radioprototypen die Grundlagen des heutigen mobilen Internets zeigten.

Hoffnung gibt mir vor allem, dass unsere *emotionale* Lebensqualität vollständig in *unserer* Hand liegt – anders als unsere *technische* Lebensqualität, die zunehmend von kontinuierlichen Höchstleistungen komplexer Infrastrukturen ganzer Industriezweige abhängt. Welche Technologien uns umgeben, können wir kaum beeinflussen. In welchen Haltungen wir unsere Beziehungen gestalten und unser Leben führen, bestimmen wir hingegen selbst. Unseren vielfältigen Möglichkeiten, unsere emotionale Lebensqualität jeden Tag weiterzuentwickeln, mögen wir oft aus Angst oder Bequemlichkeit ausweichen. Gleichwohl liegen die großen Chancen jedes Einzelnen wie der Menschheit insgesamt darin, Wege zu finden, uns gegenseitig zu erleichtern, mit den unvermeidlichen Spannungen des Lebens gut umzugehen. Beziehungsgestaltung meint eben nicht die Überredungstechniken von Verkaufsgenies, sondern die Lebenskunst, auch Widrigkeiten zum Trotz gemeinsam besser zu gedeihen. Als Meister der Beziehungsgestaltung werden wir Chancen und Bedrohungen resilienter begegnen können als im Gegeneinander oder mit bloßer Technik.

Ich bin davon überzeugt, dass dieser Weg gar nicht so schwer zu gehen ist, wie es Ihnen nach der ersten Lektüre dieses Buchs womöglich erscheinen mag. Denn unser Potenzial – das Streben nach stimmigeren Bindungen – steckt von Geburt an in uns, und zwar nicht nur in unserer Spezies als »geselliges Säugetier«, sondern in der gesamten Natur. Manchmal erleben wir dieses Potenzial nur als vage Impulse unseres Inneren Teams; manchmal spüren wir Stimmigkeit auch sehr deutlich: Etwa wenn Souveränität, Entwicklung und Gemeinschaft gelingen, ob im Film, in einer Erzählung oder im eigenen Leben – wenn wir gerührt sind, Gänsehaut erleben, tiefe Freude, womöglich mit Tränen in den Augen.

Dieses Gefühl von Rührung, dem wir gerade im Berufsleben leider meist so künstlich wenig Raum geben, ist für mich immer wieder der spürbarste Beleg dafür, dass Social Energy uns leiten kann, als ein starkes Gefühl von Potenzial und Lebendigkeit: im Beruf wie im Privatleben. Wir stehen in unserer Entwicklung zu diesem zutiefst menschlichen Potenzial heute an einem höchst vielversprechenden Anfang – und diese Entwicklung können Sie mitgestalten! Als Autor kann ich Ihnen Erfahrungen, Begriffe und Räume anbieten, dieses Potenzial klarer wahrzunehmen und sich von ihm leiten zu lassen. Ihr Weg, Ihr inneres Gespür weiter zu verfeinern und ihm zu folgen, liegt vor Ihnen.

Wir haben unser Potenzial, unser Miteinander erfüllend zu gestalten, noch lange nicht ausgeschöpft haben, im Gegenteil: Viele heutige Vorstellungen und Strukturen in Arbeit, Erziehung und Gesellschaft verhindern dies noch. Doch Social Energy ist ein Weg und kein Ziel – ein überaus motivierender Weg, weil er uns zu uns selbst führt.

Nicht nur in der Arbeitswelt, sondern auch in der Erziehung, in der Bildung, im Gemeinwesen und in der Politik haben wir die Wahl, wie wir uns und andere wahrnehmen, wie wir mit den Umständen unseres Daseins umgehen und wie wir mit der Art unserer Beziehungsgestaltung dazu beitragen, dass jeder das leisten kann, was für ihn und die Gemeinschaft die größte Stimmigkeit und Bedeutung hat. Das ist Social Energy als Lebensgefühl: etwas Beflügelndes, das man in andere Bereiche mitnehmen kann als nur in die Arbeitswelt – von neuen Erkenntnissen zu neuer Bedeutung, zu neuer Bereitschaft, zu neuen Haltungen uns selbst und unserer Welt gegenüber und somit zu Entwicklungen, auf die wir in vollem Vertrauen ins Leben hoffen dürfen, auch wenn wir sie nicht gestalten können. Gemeinschaftliches Engagement lässt sich auf Dauer nicht durch Druck erzwingen, aber es lässt sich freisetzen, indem wir Menschen in geeigneter Weise Raum geben und sie inspirieren – sodass Betroffene nicht nur zu Beteiligten, sondern womöglich selbst zu Initiatoren des Kulturwandels werden. So verwandelt sich der Veränderungsdruck in eine Welle, ein gemeinsames Streben nach Weiterentwicklung – nach Lebendigkeit.

Dank

Vielen Menschen bin ich zutiefst dankbar dafür, mich und meine Haltungen mitgeprägt zu haben. Jeden Einzelnen aufzuführen, wäre unmöglich, und ich möchte daher an dieser Stelle vor allem jene Menschen würdigen, die zur Entstehung dieses Buches direkt oder indirekt in besonderer Weise beigetragen haben.

Viele wegweisende Impulse haben mir Daniel Kahneman, Richard Thaler, Peter Senge, Otto Scharmer, Mihály Csíkszentmihályi, Ikujiro Nonaka, Hirotaka Takeuchi, Gerd Gigerenzer, Dietrich Bonhoeffer, Anselm Grün, Victor Frankl, Marshall B. Rosenberg, Moshé Feldenkrais, Robert Laughlin und Dee Hock mit ihrem Denken und ihren Werken gegeben. Ich empfehle sehr, sich mit ihnen zu beschäftigen.

Ganz persönlich danke ich für die wertvollen Gespräche mit vielen inspirierenden Menschen, die mich auf meinem Weg auch zu diesem Buch ein gutes Stück weitergebracht haben; ein lebendiger Austausch und manche Zusammenarbeit und Unterstützung, die mir selbst und diesem Buch sehr zugute kamen. Dazu zählen vor allem (in alphabetischer Reihenfolge) Alexander Herr, Andrea Lachnik, Andreas Zeuch, Anika Jessen, Anna Lehmann, Anne Kjaer Riechert, Babette Bruhn, Bärbel Behar-Kremer, Bernd Oesterreich, Bijan Sobhani, Christa Spannbauer, Christiane Mundhenk, Christina Buck, Christine Wank, Christoph Hinske, Christoph Kraller, Christoph von Ungern-Sternberg, Christopher Tamdjidi, Cornelius Fischer, Daniela Hintze-Nicolaus, Darja Samdan, David Weinberger, Detlef Lohmann, Earl Scholz, Elke Pickartz, Erich Klein, Eugen Unger, Florian Junge, Frank Oelze, Frederic Laloux, Fulbert Steffensky, Gerald Hüther, Gerald Krüger, Gesine Schwan, Gunther Schmidt, Günter Seifert, Heiko Büttner, Heinz Erretkamps, Henrik Kniberg, Ilja Preuss, Ina Bockholt, Ines Hörr, Isolde Fischer, Jeremy Tai

Abbett, Jerry Michalsky, Johannes Gerner, Johannes Hoffenreich, Jörg Schaub, Jos de Blok, Jutta Herzog, Jutta Rodemann, Kaija Peters, Karla Schildt-Rudloff, Karsten Foth, Karsten Leckebusch, Katharina Meiners, Katharina Stoll, Katrin Blank, Katrin Dreyer, Klaus Lüber, Lena Jurich, Liane Stephan, Marcel Marien, Markus Wittwer, Martin Gak, Matthias Glaub, Matthias Lehmann, Matthias Nitsche, Matthias Preiser, Mechthild Reinhard, Melanie Baka, Michael Krämer, Miriam Janke, Monika Huber, Nessim Behar-Kremer, Nils Torben Kohle, Olaf Lenzmann, Pedro Jardim, Peter Kruse, Peter Spiegel, Philipp Behar-Kremer, Rainer Kossow, Reinhard Selten, Rick Sheridan, Rike Wiecha, Robert Harms, Ronny Grossjohann, Rüdiger Grube, Ruha Reyhani, Sabine Junginger, Sabine Soeder, Silke Luinstra, Simon Baka, Simon Sinek, Simone Thomsen, Sonja Schönemann, Sonja Sturm, Stefan Bauer, Stefan Hillebrand, Stefan Roock, Stefan Truthän, Susan Betito, Susanne Grünhagen, Thomas Martin, Thomas Sattelberger, Thomas Schindler, Thomas van Aken, Toby Haug, Tony Tsai, Uli Weinberg, Ute Reinhard, Yves Hanoulle und die vielen Mitarbeiter der Unternehmen, die ich während der Arbeit an diesem Buch in ihrem Kulturwandel begleitet habe. Ich fühle mich allen ausgesprochen verbunden – insbesondere auch Peter Kruse und Reinhard Selten, die leider viel zu früh gestorben sind.

Last but certainly not least danke ich Desirée Šimeg für ihre unermüdliche, überaus genaue, wortgewandte, verlässliche und wohltuende Begleitung im Schreibprozess und meiner Agentin Aenne Glienke für ihre unfassbar geduldige, unerschütterlich zuversichtliche und schöpferische Begleitung dieses Buchprojekts; Manuel Dorn für seine einfühlsame, engagierte und prägnante Grafik; und als treue, liebevolle Basis von allem meiner Frau Barbara, meinen Söhnen Jonathan, Jasper und Richard, und auch meinen Eltern Günter und Margret und meinen Schwiegereltern Theo und Luise: Ihr habt mich reich beschenkt, mir den Rücken freigehalten und zu mir gestanden, jeder von euch auf seine Weise. Wäret ihr nicht in mein Leben gekommen, wäre all dies nicht möglich gewesen.